U0225959

国家出版基金项目
NATIONAL PUBLICATION FOUNDATION

矿区生态环境修复丛书

铬污染微生物治理理论与技术

柴立元　杨志辉　杨卫春　廖　骐　著

科 学 出 版 社
龙 门 书 局
北 京

内 容 简 介

本书围绕国家重金属污染堆场修复的重大需求，针对铬渣、铬污染土壤治理现状，结合作者多年来的研究成果，系统介绍铬污染微生物治理的最新理论与技术成果。全书共5章，第1章介绍环境中铬的污染来源，包括主要涉铬行业典型工艺产排污节点与铬污染物种类；第2章介绍铬渣及土壤中Cr(Ⅵ)的化学行为，包括铬渣中Cr(Ⅵ)的释放与扩散、土壤中Cr(Ⅵ)吸附行为与迁移规律、铬渣-土壤-地下水系统中Cr(Ⅵ)迁移模拟；第3章介绍微生物还原Cr(Ⅵ)的机理，包括高效Cr(Ⅵ)还原菌的筛选鉴定及其还原Cr(Ⅵ)的电化学特征与行为特征、抗性与还原分子机理；第4章介绍铬渣微生物解毒技术，包括铬渣微生物解毒方式及其影响因素、表面活性剂强化作用、工艺及中试案例；第5章介绍铬污染土壤微生物治理技术，包括铬污染土壤污染及其微生物群落特征、铬渣堆场土壤微生物修复效应、修复工艺及案例。

本书可供从事涉铬化工、环境保护的科研和工程技术人员使用，也可作为环境科学与工程、土壤学、化学化工等相关专业研究生的教材及参考书。

图书在版编目（CIP）数据

铬污染微生物治理理论与技术/柴立元等著.—北京：龙门书局，2020.9
（矿区生态环境修复丛书）
国家出版基金项目
ISBN 978-7-5088-5798-5

Ⅰ.①铬… Ⅱ.①柴… Ⅲ.①微生物－应用－铬－废渣－污染防治－研究
Ⅳ.①X781

中国版本图书馆 CIP 数据核字（2020）第 161739 号

责任编辑：李建峰 杨光华 刘 畅/责任校对：高 嵘
责任印制：彭 超/封面设计：苏 波

科学出版社
龙门书局 出版

北京东黄城根北街 16 号
邮政编码：100717
http://www.sciencep.com

武汉精一佳印刷有限公司印刷
科学出版社发行 各地新华书店经销
*

开本：787×1092 1/16
2020 年 9 月第 一 版 印张：13 1/4
2020 年 9 月第一次印刷 字数：315 000
定价：169.00 元
（如有印装质量问题，我社负责调换）

"矿区生态环境修复丛书"

编 委 会

顾问专家

傅伯杰　彭苏萍　邱冠周　张铁岗　王金南
袁　亮　武　强　顾大钊　王双明

主　编

干　勇　胡振琪　党　志

副主编

柴立元　周连碧　束文圣

编　委（按姓氏拼音排序）

陈永亨　冯春涛　侯恩科　黄占斌　李建中　李金天
林　海　刘　恢　卢桂宁　罗　琳　马　磊　齐剑英
沈渭寿　涂昌鹏　汪云甲　夏金兰　谢水波　薛生国
杨胜香　杨志辉　余振国　赵廷宁　周爱国　周建伟

秘　书

杨光华

"矿区生态环境修复丛书" 序

　　我国是矿产大国，矿产资源丰富，已探明的矿产资源总量约占世界的12%，仅次于美国和俄罗斯，居世界第三位。新中国成立尤其是改革开放以后，经济的发展使得国内矿山资源开发技术和开发需求上升，从而加快了矿山的开发速度。由于我国矿产资源开发利用总体上还比较传统粗放，土地损毁、生态破坏、环境问题仍然十分突出，矿山开采造成的生态破坏和环境污染点多、量大、面广。截至2017年底，全国矿产资源开发占用土地面积约362万公顷，有色金属矿区周边土壤和水中镉、砷、铅、汞等污染较为严重，严重影响国家粮食安全、食品安全、生态安全与人体健康。党的十八大、十九大高度重视生态文明建设，矿业产业作为国民经济的重要支柱性产业，矿产资源的合理开发与矿业转型发展成为生态文明建设的重要领域，建设绿色矿山、发展绿色矿业是加快推进矿业领域生态文明建设的重大举措和必然要求，是党中央、国务院做出的重大决策部署。习近平总书记多次对矿产开发做出重要批示，强调"坚持生态保护第一，充分尊重群众意愿"，全面落实科学发展观，做好矿产开发与生态保护工作。为了积极响应习总书记号召，更好地保护矿区环境，我国加快了矿山生态修复，并取得了较为显著的成效。截至2017年底，我国用于矿山地质环境治理的资金超过1 000亿元，累计完成治理恢复土地面积约92万公顷，治理率约为28.75%。

　　我国矿区生态环境修复研究虽然起步较晚，但是近年来发展迅速，已经取得了许多理论创新和技术突破。特别是在近几年，修复理论、修复技术、修复实践都取得了很多重要的成果，在国际上产生了重要的影响力。目前，国内在矿区生态环境修复研究领域尚缺乏全面、系统反映学科研究全貌的理论、技术与实践科研成果的系列化著作。如能及时将该领域所取得的创新性科研成果进行系统性整理和出版，将对推进我国矿区生态环境修复的跨越式发展起到极大的促进作用，并对矿区生态修复学科的建立与发展起到十分重要的作用。矿区生态环境修复属于交叉学科，涉及管理、采矿、冶金、地质、测绘、土地、规划、水资源、环境、生态等多个领域，要做好我国矿区生态环境的修复工作离不开多学科专家的共同参与。基于此，"矿区生态环境修复丛书"汇聚了国内从事矿区生态环境修复工作的各个学科的众多专家，在编委会的统一组织和规划下，将我国矿区生态环境修复中的基础性和共性问题、法规与监管、基础原理/理论、监测与评价、规划、金属矿冶区/能源矿山/非金属矿区/砂石矿废弃地修复技术、典型实践案例等已取得的理论创新性成果和技术突破进行系统整理，综合反映了该领域的研究内容，系统化、专业化、整体性较强。本套丛书将是该领域的第一套丛书，也是该领域科学前沿和国家级科研项目成果的展示平台。

　　本套丛书通过科技出版与传播的实际行动来践行党的十九大报告"绿水青山就是金山银山"的理念和"节约资源和保护环境"的基本国策，其出版将具有非常重要的政治意义、理论和技术创新价值及社会价值。希望通过本套丛书的出版能够为我国矿区生态环境修复事业发挥积极的促进作用，吸引更多的人才投身到矿区修复事业中，为加快矿区受损生态环境的修复工作提供科技支撑，为我国矿区生态环境修复理论与技术在国际上全面实现领先奠定基础。

干　勇　胡振琪　党　志

柴立元　周连碧　束文圣

2020 年 4 月

前　　言

铬（Cr）盐系列产品是化工–轻工–高级合金材料的重要基础原料，在国民经济中具有重要战略地位。随着我国铬盐、电镀、鞣革工业生产的迅速发展，土壤铬污染日益严重，已成为制约工业可持续发展、危害人体健康的重要因素之一。工业生产活动排放的三废是造成土壤铬污染的直接原因，尤其是铬盐生产企业，由于历史遗留铬渣的大量堆积，不但对土壤环境造成严重破坏，而且铬污染物可以进入周边水体，对地表水和地下水造成严重污染威胁。铬污染治理一直是困扰我国涉铬行业发展的环境问题。

环境中的铬通常以 Cr(III) 和 Cr(VI) 两种稳定价态存在，Cr(III) 毒性低，而 Cr(VI) 具有致癌作用，国内外对 Cr(VI) 污染治理主要采用物理和化学方法，但投资运行成本大，且均没有广泛应用；已有利用外源或土著微生物修复 Cr(VI) 轻度污染农田土壤的报道，但仅限于试验阶段，没有形成工艺技术，而且对于 Cr(VI) 重污染的土壤修复还未见研究报道，更谈不上行之有效的方法。因此，对铬渣堆场重污染土壤修复新技术的研究，已成为保护湘江水资源和周边居民健康的当务之急。

本书的研究工作得到了国家高技术研究发展计划（863 计划）项目"细菌解毒铬渣及其选择性回收铬的产业化关键技术研究"（2006AA06Z374），国家重点研发计划项目"多污染物协同修复材料研发及长效安全适用性评估"（2018YFC1802204），国家自然科学基金项目"铬渣的微生物解毒机理研究"（20477059）、"铬渣堆场重污染土壤微生物–化学耦合修复的基础研究"（51074191）、"复合 Cr(VI) 还原菌群修复铬污染土壤分子机理研究"（51304250），国家科技惠民计划项目"湘乡铬污染区居民生活环境质量保障技术应用示范"（2013GS430203），湖南省科技重大专项"湘乡工业区钢铝冶金重要辅助原料生产节能减排技术开发与示范"（2009FJ1009），湖南省科技计划重点项目"铬渣堆场重污染土壤微生物生化回灌原位修复技术研究"（2008SK2007）等的资助，在此表示感谢。另外，还要感谢团队的博士研究生朱文杰、马泽民、黄顺红、王振兴、王洋洋、丁春连，以及硕士研究生盛灿文、龙腾发、李雄、邓蓉、赵堃、陈丽娟、许友泽、王兵、苏长青、廖映平、李航彬等为本书所做的贡献。

由于作者水平所限，书中难免存在疏漏之处，敬请读者批评指正。

作　者
2020 年 1 月

目　　录

第1章 环境中铬的污染来源

金属铬（Cr）和铬盐是重要的工业原料及化工产品，在国民经济建设中起着重要的作用。全国 10%的商品品种与铬盐产品有关，铬盐产品主要被用于电镀、鞣革、印染、医药、颜料、催化剂、有机合成氧化剂、火柴及金属缓蚀等方面。金属铬主要用于炼制高温合金、电阻合金、精密合金和其他非铁合金，含铬 10%～25%的超合金主要用于制造喷气发动机、航天机具及材料、火箭发动机和热交换器等。

1.1　铬盐工业铬污染

我国的铬盐生产经历了 70 年的发展历史，铬化合物的生产和消费量已位居世界第一。我国先后有 70 余家单位生产过铬盐，累计产生铬渣约 600 万 t。铬盐生产工艺不断地改进优化，但铬盐产品生产和使用过程中产生的含铬废水、废气和废渣的排放形势依然严峻，造成周边场地的土壤和地下水污染。

铬盐生产分为钙焙烧和无钙焙烧两大技术，工艺流程和主要设备大体相似，最大区别是无钙焙烧不使用钙质填料。钙焙烧排渣量大、Cr(VI)含量高，由其造成的污染在国内外备受关注。钙焙烧生产过程中，将磨细的铬铁矿，白云石与纯碱等按一定配比混匀，把混合料加入回转窑内氧化焙烧使铬铁矿中的 Cr_2O_3 绝大部分转化成铬酸钠（Na_2CrO_4），残余固体废渣即为铬渣。具体工艺流程如图 1.1 所示。钙焙烧法每生产 1 t 红矾钠（$Na_2Cr_2O_7 \cdot 2H_2O$）将排出 1.7～4.2 t 铬渣，每生产 1 t 金属铬将排出 7 t 铬渣。

铬渣为大小不一、较坚硬的黄绿色碱性颗粒状烧结固体。铬渣因原料成分和生产条件不同，其成分、性质也呈现出较大差异。钙焙烧铬渣主要成分大致为 CaO（30%）、MgO（20%）、Fe_2O_3（10%）、Al_2O_3（10%）、SiO_2（10%）、总铬（4.5%）等，其中水溶性 Cr(VI)占 0.3%，酸溶性 Cr(VI)占 0.5%左右。钙焙烧工艺条件下产生的铬渣碱度极高，其中还含有大量未浸提完全的 Cr(VI)，被列为危险固体废物。铬渣主要物相组成见表 1.1，X 射线衍射分析图谱见图 1.2。

水溶性 Cr(VI)主要是指生产过程中焙烧产物浸出不完全而剩余的 Na_2CrO_4，酸溶性 Cr(VI)是指游离的 $CaCrO_4$ 及存在于硅酸钙（Ca_2SiO_4）、$4CaO \cdot Al_2O_3 \cdot Fe_2O_3$ 晶格内，以 $4CaO \cdot Al_2O_3 \cdot CrO_3 \cdot 12H_2O\text{-}CaCrO_4$、$Ca_2SiO_4\text{-}CaCrO_4$、$4CaO \cdot Al_2O_3 \cdot Fe_2O_3\text{-}CaCrO_4$ 固溶体形式存在的 Cr(VI)。水溶性 Cr(VI)和酸溶性 Cr(VI)并无严格界限，铬渣在水中长时间受热或受室外雨水和 CO_2 长期作用,酸溶性 Cr(VI)亦将慢慢转变为水溶性 Cr(VI)。铬渣 Cr(VI)的浸出行为主要取决于酸溶性的 $CaCrO_4$ 在外部环境下的溶解行为。因此,酸溶性 Cr(VI)的存在是造成铬渣持续污染和铬渣彻底解毒难度大的主要原因。

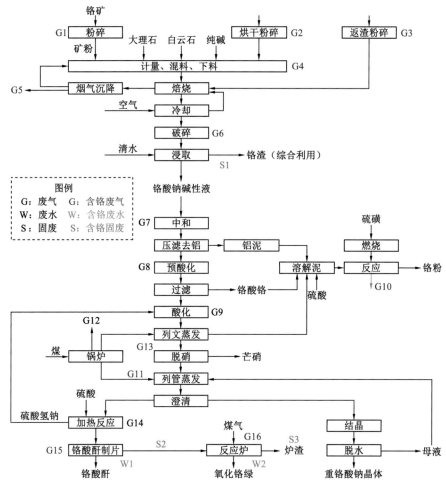

图 1.1 钙焙烧铬盐生产工艺流程（王兴润 等，2015）

表 1.1 铬渣的物相组成

物相	分子式	质量分数
方镁石	MgO	约 20%
硅酸二钙	β-2CaO·SiO$_2$	约 25%
铁铝酸钙	4CaO·Al$_2$O$_3$·Fe$_2$O$_3$	约 25%
亚铬酸钙	CaCr$_2$O$_4$	5%～10%
铬尖晶石	(Mg,Fe)Cr$_2$O$_4$	
铬酸钙	CaCrO$_4$	1%
四水铬酸钠	Na$_2$CrO$_4$·4H$_2$O	2%～3%
铬铝酸钙	4CaO·Al$_2$O$_3$·CrO$_3$·12H$_2$O	1%～3%
碱式铬酸铁	Fe(OH)CrO$_4$	0.5%
碳酸钙	CaCO$_3$	2%～3%
水合铝酸钙	3CaO·Al$_2$O$_3$·6H$_2$O	约 1%

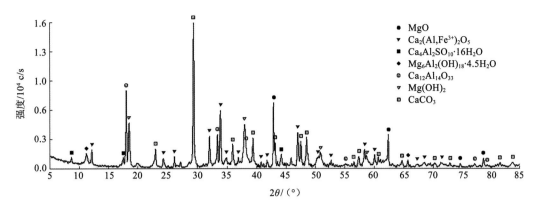

图 1.2　铬渣的 X 射线衍射分析图谱

　　铬盐生产中含铬废水主要由铬酸酐（CrO_3）生产车间废水、地面及设备冲洗废水、化验室废水组成。铬盐生产系统产生的废水非常少，但是由于物料及废渣流失、阀门泄漏等，对地面和设备的冲洗及蒸发带沫等产生的冲洗水量大，且铬浓度高。铬盐生产中含铬废水来源及特点见表 1.2。

表 1.2　铬盐生产中含铬废水来源及特点

来源	特点
铬酸酐生产车间	水量相对较小，酸性废水，Cr(VI)浓度高
地面及设备冲洗	产生量大，主要含 Cr(III)，浓度较高
化验室用水	产生量较小，主要含 Cr(III)，浓度相对较低

　　含铬废气污染物主要产生于回转窑、铬渣烘干、粉磨、中和、酸化、铬酸酐反应。主要污染物为烟尘、粉尘及烟（粉）尘中含有的 Cr(VI)和总铬，同时由于燃料燃烧及蒸发等过程还产生 SO_2、氮氧化物、铬酸雾、HCl、氯气等气态污染物。铬盐生产中含铬废气的来源及特点见表 1.3。

表 1.3　铬盐生产中含铬废气的来源及特点

来源	特点
铬矿粉碎	粉尘颗粒，含总铬浓度高
烘渣炉	产生于铬渣烘干过程，产生量较大，总铬浓度高，含有部分 Cr(VI)
回转窑	产量大，总铬浓度高
蒸发水喷淋	产量较小，含有少量铬酸雾
铬酸酐反应炉	产量小，主要含铬酸雾

1.2　电镀工业铬污染

电镀厂镀铬、镀锌等表面处理过程的主要设施包括镀铬车间、镀锌车间和喷塑车间及污水处理站,电镀工艺流程见图1.3。电镀工业产生的污染物主要以污水中重金属污染物为主,同时也有废气和废渣的产生。工业上广泛使用的镀铬液由铬酸酐辅以少量的阴离子构成。镀铬电解液中存在的铬酸根离子有 $Cr_2O_7^{2-}$ 和 CrO_4^{2-}。目前应用较广泛的催化剂为 H_2SO_4。因此,镀铬电解液中存在的离子有 $Cr_2O_7^{2-}$、CrO_4^{2-}、H^+ 和 SO_4^{2-}。在镀铬过程中约有 2/3 铬酸酐消耗在废水或废气中,只有 1/3 的铬酸酐用于铬镀层上,从而对环境造成了严重污染。

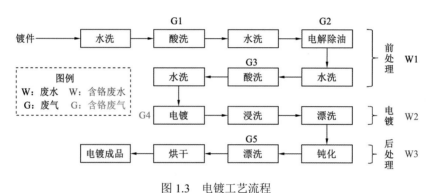

图 1.3　电镀工艺流程

1.3　鞣革工业铬污染

鞣制是制革过程中最重要的一道工序。经过 100 多年的发展,现代制革工业已形成以铬鞣法为基础的一整套较完善的制革工艺体系。但随着制革工业的发展,严重的铬污染问题也出现了。

传统的铬鞣包括浸酸、铬鞣和铬复鞣三个工序（图 1.4）。铬复鞣是在皮革几乎对铬已经饱和吸收的铬鞣基础上进行的,铬的吸收率低和被洗脱率高。常规铬鞣法中铬的利用率只有 65%～75%,其余的铬则残留在废铬液中,质量浓度高达 25 g/L（以 Cr_2O_3 计）。因此鞣制工业铬污染不仅给生态环境带来了巨大的压力,而且造成了铬资源的浪费。

铬鞣和铬复鞣产生的铬污染主要是 Cr(III)污染。按照制革业现行对铬的处理办法,除单独分离的铬鞣废液经碱沉淀变成富铬污泥外,其他的铬基本上都进入综合污泥。制革综合污泥中的 Cr(III)主要以氢氧化铬形式存在,在高温、有氧存在下较易转化成铬酸而形成铬酸雾。

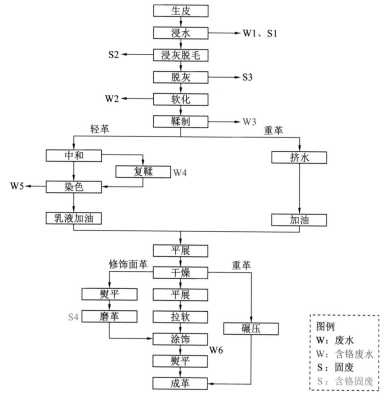

图 1.4　传统铬鞣的工艺流程（闫喆 等，2016）

1.4　其他工业铬污染

除铬盐、电镀及铬鞣工业以外，冶金、建材、医药、防腐、染料及农药化肥等行业也广泛存在铬污染。在冶金领域，铬污染一般来源于铬矿冶炼厂，其洗涤废液中的总铬质量浓度可达 136 mg/L，且其中 Cr(VI)平均质量浓度达 112 mg/L。在锌冶炼过程中，粉尘中的铬污染平均质量分数达到 42 mg/kg，而在喷淋塔排放水和铬铁-硅铁合金冶炼厂矿渣加工废液中的 Cr(III)质量浓度分别为 4.4 mg/L 和 1 964 mg/L。建材领域的铬污染来源于耐高温的镁铬砖的使用和水泥生产中的副产品 Cr(VI)。水泥中铬的溶出受 pH 变化影响明显，碱性条件下 Cr(VI)的溶出量极少，当 pH 降到 6～8 时，铬的溶出量剧增，达到 2.0～2.5 mg/L，大大超过正常饮用水铬质量浓度低于 0.05 mg/L 的标准。油漆污泥中的铬污染质量分数高达 1 500 mg/kg。医药行业的铬污染主要来源于药物合成中的有机合成反应，CrO_3氧化反应所用到的 $Na_2Cr_2O_7 \cdot 2H_2O$ 产生的铬污染一直以来是医药工业重金属污染治理的关注核心。相对而言，防腐中用到的铬量相对较少，也方便统一回收处理。在纺织印染中，铬一般作为助染剂和媒染剂，在其废水中总铬质量浓度达到 600 mg/L。蛇纹石和铬渣制钙镁磷肥等化学肥料和施入农田的污泥、垃圾、煤泥等通常也含有铬，长期施用可引起农田铬污染。

第 2 章　铬渣及土壤中 Cr(VI)的化学行为

铬在环境中的迁移转化行为频繁，可以在含铬固体废物、水体、土壤和生物等不同环境介质间迁移并发生形态转变。铬的迁移转化过程是物理过程（渗滤、胶体吸附/解吸、过滤等）、化学过程（络合、溶解、沉淀、离子交换、氧化/还原等）和生物过程（积累、氧化还原等）的复杂耦合过程，与铬污染的扩散和解毒机制密切相关。

2.1　铬渣中 Cr(VI)的释放特性

2.1.1　静态淋溶条件下铬渣中 Cr(VI)的溶解释放特性

1. 固液比对铬渣中 Cr(VI)溶解释放的影响

在铬渣粒径小于 150 μm，水溶液 pH 为 7.0 的条件下，不同固液比对静态淋溶条件下铬渣 Cr(VI)的溶解释放具有一定影响。当铬渣的固液比分别为 1:5、1:10、1:20 时，浸出液 pH 经过 5 天时间达到 12.3 以上，并在为期 12 天的实验中基本保持稳定（图 2.1）。铬渣物相中含有大量 MgO（游离氧化镁）、β-2CaO·SiO$_2$、4CaO·Al$_2$O$_3$·Fe$_2$O$_3$ 等矿物，水化分别生成水镁石（Mg(OH)$_2$）和 Ca(OH)$_2$，上述氢氧化物的生成使铬渣浸出液呈现高碱性。

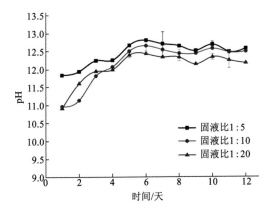

图 2.1　不同固液比铬渣浸出液中 pH 变化曲线

由主要污染组分 Cr(VI)的变化曲线（图 2.2）可知，随着浸泡时间的延长，固液比越小的浸出液中 Cr(VI)浓度越低，反之亦然；并且当固液比为 1:20 时，溶液中 Cr(VI)浓度较低，浓度梯度较大，从而有利于铬渣中 Cr(VI)的溶解释放，因此单位质量铬渣溶解释放的速率最快，释放 Cr(VI)量越多，反之亦然（图 2.3）。

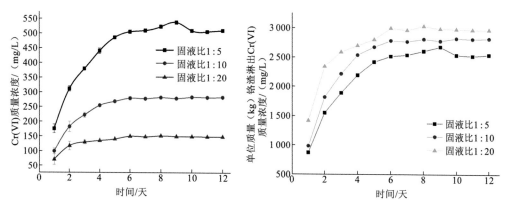

图 2.2　不同固液比铬渣浸出液中 Cr(VI)浓度变化曲线

图 2.3　单位质量铬渣淋滤 Cr(VI)浓度变化曲线

2. 铬渣粒径对 Cr(VI)溶解释放的影响

随着时间推移，露天堆放的铬渣被不断风化，导致部分铬渣粒径逐渐变小。人为因素的干扰也会对铬渣的粒径产生一定影响。粒径大小对铬渣浸出液的 pH 无明显影响（图 2.4）。浸出液 pH 在初期上升较快，但很快就保持在 12.4 左右，并且保持稳定。

铬渣粒径大小对浸泡初期 Cr(VI)的溶解释放有较为显著的影响（图 2.5）。在浸提初期，铬渣粒度越小，浸出的 Cr(VI)浓度越大；但是 48 h 以后，粒径范围在 150～250 μm 的铬渣浸出液 Cr(VI)浓度超过其在粒径范围<150 μm 的铬渣浸出液的浓度，并且随着浸泡时间的延长，不同粒径铬渣 Cr(VI)浸出趋势基本保持稳定。由此可见，铬渣中水溶性 Cr(VI)极易释放，且溶解速度快，可在较短时间内释放绝大部分水溶性 Cr(VI)。

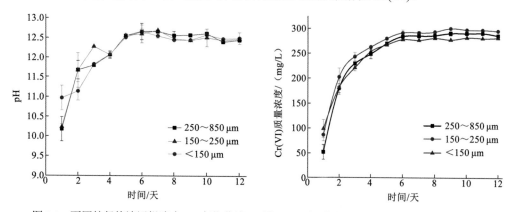

图 2.4　不同粒径铬渣浸提液中 pH 变化曲线

图 2.5　不同粒径铬渣浸提液中 Cr(VI)浓度变化曲线

2.1.2　动态淋溶条件下铬渣中 Cr(VI)的溶解释放特征

1. 摇瓶振荡对铬渣中 Cr(VI)溶解释放的影响

1）温度对 Cr(VI)释放的影响

温度升高，Cr(VI)的释放率有所增加（图 2.6）。升高温度增加了离子运动速率，降低了液相黏度,同时铬渣中主要的水溶性 Cr(VI)物相——$Na_2CrO_4 \cdot 4H_2O$ 在水中的溶解度升高,但温度升高到 40℃后,Cr(VI)总的释放率增加较少。在反应开始很短时间内,铬渣表面溶解度相对较大的 $Na_2CrO_4 \cdot 4H_2O$(8.66 mol/L)几乎已经全部溶解出并进入溶液,渣中残留的少量 $CaCrO_4$ 在水溶液中属于难溶盐($Ksp=10^{-2.27}$),且溶解度随温度升高而减小,反应后期溶液中 Cr(VI)释放率的增加主要是由铬渣固相层内被包裹的 $Na_2CrO_4 \cdot 4H_2O$ 缓慢扩散到溶液中及酸溶性 $CaCrO_4$ 的缓慢溶解引起的。

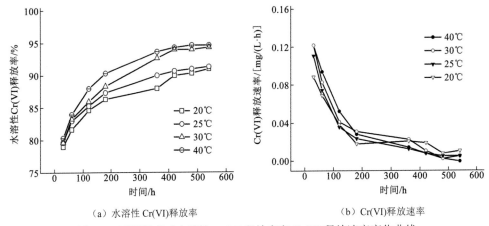

（a）水溶性 Cr(VI)释放率　　　　　　　（b）Cr(VI)释放速率

图 2.6　不同温度时水溶性 Cr(VI)释放率和 Cr(VI)释放速率变化曲线

2）搅拌速率对 Cr(VI)释放的影响

搅拌产生高速的涡流能迅速地将扩散层厚度减小至一定程度,从而减小 Cr(VI)从固相表面通过扩散层扩散至液相中时的扩散阻力,从而使扩散速率增加。但是即使激烈的搅拌也不能去掉全部的扩散层,当搅拌速率达到一定值后,进一步提高搅拌速率也不能提高离子或分子的扩散速率。在此情况下,反应的进行不再受扩散条件的限制,而是受其动力学因素限制。随着搅拌速率增加,Cr(VI)释放率增大,当搅拌速率提高到 300 r/min 后,Cr(VI)释放率几乎不再增加(图 2.7),而此时液膜扩散的影响已经可以忽略,该过程可能受渣内固相层内扩散控制或化学反应控制,表明搅拌速率对 Cr(VI)释放率的影响并不显著,同时也说明了液膜扩散不起主导作用。

3）铬渣粒径对 Cr(VI)释放的影响

Cr(VI)释放率随铬渣粒径的减小而增大(图 2.8)。其中粒径范围 0.02 mm$<R_{s1}<$0.07 mm 时,其水溶性 Cr(VI)释放率达到 92%以上,说明颗粒越小,铬渣越细,对渣中矿物晶格的破坏可能就越大,从而越有利于 Cr(VI)的释放。同时,随着粒径的减小,单位质量铬渣总表面积增大,固液接触面积相应增加,促进了铬酸盐的溶解。随着表面 Cr(VI)的快速溶出,Cr(VI)在溶液中浓度增加最终趋向平缓,表现在反应后期释放率随粒度减小增加并不明显。对于液–固之间的多相反应过程,其释放速率与液–固接触表面呈正比,因此,Cr(VI)的释放速率随着矿块的减小而增大。但是,矿块不宜过分磨细,否则将会使矿浆黏度增大,从而降低释放速率。

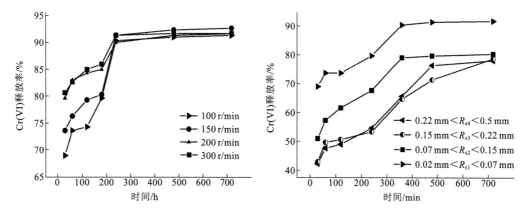

图 2.7 不同搅拌速率时 Cr(VI)释放率变化曲线　　图 2.8 不同粒径铬渣 Cr(VI)释放率变化曲线

4）反应时间对铬渣水浸的影响

在反应初期，Cr(VI)释放速率很快，随着反应的进行，释放速率渐趋缓慢，Cr(VI)的释放渐趋平衡，释放率几乎不再增加，直至达到最终的释放率（图 2.6～图 2.8）。

2. 柱浸对铬渣中 Cr(VI)溶解释放的影响

1）液固比对 Cr(VI)释放的影响

液固比对 Cr(VI)的释放过程具有重要影响。Cr(VI)释放浓度和液固比呈反比，释放率和液固比呈正比 [图 2.9（a）]。在铬渣质量和可溶性 Cr(VI)质量一定的情况下，液体体积越大，换算成单位溶液体积中的 Cr(VI)量就越少，故浓度越低；同时由于水溶性 Cr(VI)（主要是 Na_2CrO_4）溶解度很大，能够在与水接触后快速溶解释放到溶液中，Cr(VI)总释放率主要取决于水溶性 Cr(VI)在铬渣中的存在形式及分布状况。铬渣中水溶性 Cr(VI)主要以游离 $Na_2CrO_4 \cdot 4H_2O$ 形式存在，而且它在铬渣中的存在形式和质量分数相对比较固定，一定程度上导致三种不同液固比条件下铬渣水溶性 Cr(VI)释放率并无明显差别 [图 2.9（b）]。

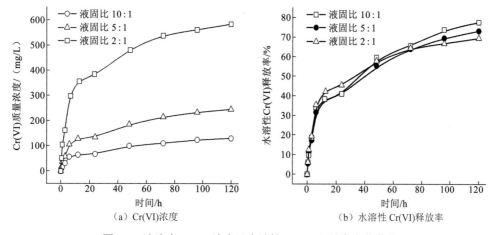

（a）Cr(VI)浓度　　　　　　　　　　（b）水溶性 Cr(VI)释放率

图 2.9 溶液中 Cr(VI)浓度及水溶性 Cr(VI)释放率变化曲线

铬渣水浸起始阶段 Cr(VI)释放速率快速升高,然后急剧下降,20 h 后其释放速率几乎为 0,溶液中 Cr(VI)浓度几乎不再发生变化,说明此时铬渣中水溶性 Cr(VI)已基本释放到溶液中,水溶性 Cr(VI)释放率达到最大（图 2.10）。Cr(VI)的释放是一个快速反应的过程,反映了铬渣中大部分的可溶性 Cr(VI)在与水接触后,能从铬渣表面（或是经内部孔隙扩散至表面）快速扩散至溶液中。

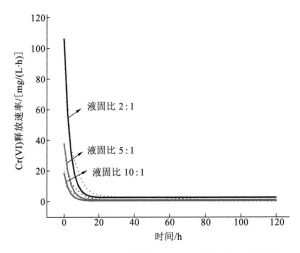

图 2.10　三种不同液固比 Cr(VI)释放速率拟合曲线

2）反应时间对 Cr(VI)释放的影响

反应开始时,Cr(VI)释放很快,反应到一定时间后,释放速率逐渐减小,Cr(VI)释放率几乎不再增加,直至达到最终的释放率（图 2.9 和图 2.10）。

3）不同液固比对体系 pH 变化的影响

水溶液浸提铬渣时溶液 pH 迅速升高到 9 以上,其中液固比为 5 时,最高可达 11.37,说明铬渣的碱度极高,且铬渣中碱性物质能在短时间内迅速溶解释放到溶液中,引起溶液 pH 的升高（图 2.11）。低液固比情况下,由于空气中的 CO_2 溶解到浸出溶液,pH 存在下降的情况,这反映出小液固比浸出溶液的 pH 缓冲能力相对大液固比体系更弱。

4）浸出液 pH 连续变化条件下 Cr(VI)释放行为

考虑用 H_2SO_4 做溶浸剂时,由于 H_2SO_4 与铬渣中的 $CaCO_3$ 反应生成致密的 $CaSO_4$ 沉淀沉积在铬渣表面,阻止了浸出的进一步进行,选择 HCl 作为溶浸剂。通过向浸出液中缓慢滴加 HCl 来改变溶液的 pH,以此来考察不同 pH 条件下,铬渣中不同存在形态 Cr(VI)在酸性环境下的溶出行为（图 2.12）。pH 从 9 缓慢降低到 2 的过程中,浸出液中 Cr(VI)质量浓度维持在 220～260 mg/L,pH＝6 时 Cr(VI)质量浓度达到最大,其后 Cr(VI)质量浓度显示出一定的波动。在渗滤过程中存在铬酸盐（主要是 Na_2CrO_4）的电离平衡:$Na_2CrO_4 \rightleftharpoons 2Na^+ + CrO_4^{2-}$。随着浸出液的不断循环,Cr(VI)浓度不断增加,Na^+ 和 CrO_4^{2-} 浓度越高,越不利于铬渣中铬酸盐的溶解。另外,随着 HCl 加入量的增加,溶液酸度的增加会使铬渣表面性质发生改变,产生质子化,而带正电荷的矿物或土壤表面一定条件下能吸附 Cr(VI)阴离子,造成浓度的降低。

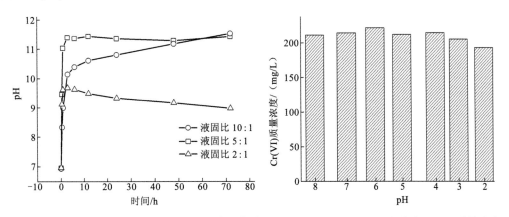

图 2.11　不同液固比下铬渣浸出液 pH 的变化曲线　　　图 2.12　不同 pH 浸出液中 Cr(VI)质量浓度

铬渣浸出液颜色随着 pH 的变化而变化,由亮黄色逐渐变成黄色再到橙黄色。Cr(VI)在水溶液中一般以 $Cr_2O_7^{2-}$、$HCrO_4^-$、CrO_4^{2-} 三种离子形式存在,当溶液中总的 Cr(VI)质量浓度为 0.1 mol/L 时,pH 下降至 8 以后,CrO_4^{2-} 开始向 $Cr_2O_7^{2-}$ 和 $HCrO_4^-$ 转化,CrO_4^{2-} 质量浓度开始逐渐降低,pH=5 时,溶液中几乎不再存在 CrO_4^{2-} 阴离子(图 2.13)。

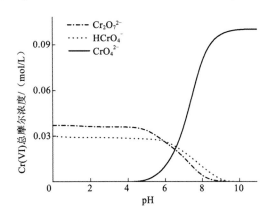

图 2.13　不同 pH 时溶液中 Cr(VI)总摩尔浓度分布

在溶液中三种离子之间存在如下的平衡:

$$H_2CrO_4 \rightleftharpoons H^+ + HCrO_4^-; \quad K_1^\phi = 4.1 \tag{2.1}$$

$$HCrO_4^- \rightleftharpoons H^+ + CrO_4^{2-}; \quad K_2^\phi = 3.2 \times 10^{-7} \tag{2.2}$$

同时还存在如下平衡:

$$2HCrO_4^- \rightleftharpoons Cr_2O_7^{2-} + H_2O; \quad K_3^\phi = 12 \tag{2.3}$$

式(2.3)−式(2.3)×2,得

$$CrO_4^{2-} + 2H^+ \rightleftharpoons Cr_2O_7^{2-} + H_2O; \quad K_4^\phi = 1.2 \times 10^{14} \tag{2.4}$$

即 $[Cr_2O_7^{2-}]/[CrO_4^{2-}]^2 = 1.2 \times 10^{14}[H^+]^2$，表明溶液中 CrO_4^{2-} 或 $Cr_2O_7^{2-}$ 的浓度受溶液中 H^+ 浓度的影响。

在酸性溶液中，设 pH=2，则 $[Cr_2O_7^{2-}]/[CrO_4^{2-}]^2 \approx 10^{10}$，溶液中以 $Cr_2O_7^{2-}$ 为主，呈橙色；在碱性溶液中，设 pH=10，则 $[Cr_2O_7^{2-}]/[CrO_4^{2-}]^2 \approx 10^{-6}$，溶液中以 CrO_4^{2-} 为主，呈黄色。

5）其他金属阳离子的溶解行为

随着滴加 HCl 量的不断增加，溶液中各离子的浓度（除了 Al^{3+}）呈增加趋势（图 2.14）。溶液中的阳离子主要表现以 Ca^{2+} 和 Mg^{2+} 增加为主。Fe^{3+} 浸出浓度较低，与渣中铁含量呈正相关。当 pH 小于 6 时，Ca^{2+} 的增加幅度较大。铬渣中的含钙物相（如 $CaCO_3$ 等）在 HCl 作用下被逐渐分解，生成其他的化合物，同时释放出 Ca^{2+} 到溶液中。此外，微溶于水的酸溶性 $CaCrO_4$ 在酸性环境下逐渐溶解，引起溶液中 Ca^{2+} 和 Cr(VI)浓度升高。Ca^{2+} 和 Mg^{2+} 的溶解过程消耗了绝大部分的 HCl，相应的铬渣中含镁和含钙物相逐渐溶解消化，矿物晶格被破坏，释放出金属阳离子，此时还可能会使原来被包裹在晶格内部的 Cr(VI)释放出来（图 2.15）。同时，pH 小于 6 会明显促使 CrO_4^{2-} 向 $HCrO_4^-$ 和 $Cr_2O_7^{2-}$ 转化，这个过程也会消耗一部分 HCl。此时溶液中的 Cr(VI)浓度基本保持不变，说明在控制溶液 pH 基本不变的情况下，当 pH<6 时，铬渣中的 Cr(VI)溶解速率已相当缓慢，此时通过铬渣表面向里的毛细管渗透作用，HCl 对铬渣中残留在矿物相里的 Cr(VI)已经不能起到很好的浸出作用，所消耗 HCl 主要用于溶解 Ca^{2+}、Mg^{2+}。

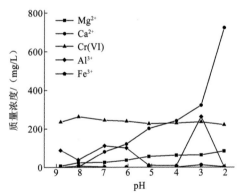

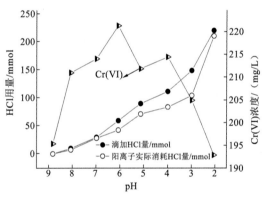

图 2.14　不同 pH 下溶液中离子浓度变化曲线　　图 2.15　Ca^{2+}、Mg^{2+} 消耗 HCl 量和
实际消耗 HCl 量对比曲线

从冶金原理的观点来看，按浸出过程主要反应（即有价成分转入溶液的反应）的特点可将浸出分为三大类：简单溶解、溶质价态不发生变化的化学溶解和溶质价态发生变化的电化学溶解。铬渣为铬铁矿高温焙烧产生的废渣，从 X 射线衍射（X-ray diffraction，XRD）物相分析可知，铬渣内含物相几乎全为金属的氧化物或金属氧化物的水化物，属于比较典型的"氧化矿"，其化学性质决定了其浸出过程中只能发生简单溶解和溶质价态不发生变化的化学溶解两类，不存在诸如硫化矿等还原性矿石在浸矿时发生的电化学溶解现象。因此，铬渣中 Cr(VI)主要是通过以下几个溶解过程释放到溶液中。

（1）与水的简单的溶解反应，有价成分从固相转入液相的简单溶解：

$$Na_2CrO_4(s)+aq \longrightarrow Na_2CrO_4(l)+aq \tag{2.5}$$

$$CaCrO_4(s)+aq \longrightarrow CaCrO_4(l)+aq \tag{2.6}$$

（2）与盐酸反应发生的化学溶解：

$$CaCrO_4(s)+2HCl \longrightarrow CaCl_2(l)+H_2CrO_4 \tag{2.7}$$

式（2.5）所示是一个快速溶解反应，水溶性 Cr(VI)主要通过该反应释放，酸溶性 Cr(VI)则主要通过式（2.6）反应释放到溶液中，在自然环境下其反应速率较慢，是造成铬渣长期污染的主要原因。另外，由于不同 pH 环境下溶液中的 Cr(VI)离子存在形式会发生转化，转化的过程也有 H$^+$的得失。

浸出前铬渣晶形比较规则，具有相对饱满的晶体形状，某些晶体外部棱角呈现明显被破坏的痕迹（图 2.16），这可能是在铬渣研磨粉碎的过程中，外部机械力作用使晶格遭到破坏所形成的。在经盐酸浸出后，铬渣表面显得破碎多孔，晶体形状也很不规则，呈现出被酸溶蚀的痕迹（图 2.17），被溶蚀的物相主要是方镁石、$Ca_{12}Al_{14}O_{33}$ 和 $Ca_4Al_2SO_{10} \cdot 16H_2O$。

图 2.16　未经浸出铬渣表面扫描电镜图　　　图 2.17　铬渣 HCl 浸出后表面扫描电镜图

2.1.3　模拟酸雨动态淋溶下铬渣中 Cr(VI)的溶解释放特性

1. 酸雨 pH 对 Cr(VI)的淋出影响

铬渣受酸雨淋溶的影响主要表现为铬渣 Cr(VI) 的淋溶浓度随酸雨 pH 减小而增大（图 2.18）。因此，当下酸雨时 pH 不断降低，加剧了铬渣对环境的危害程度。另一方面，铬渣中有机–金属络合物的稳定性随 pH 升高而加强，氧化物表面专性吸附点位随 pH 升高而增多，因此，大部分的 Cr(VI)因为专性吸附强度的提高而难被淋溶出来。

2. 铬渣粒径对 Cr(VI)的淋出影响

为了分析不同粒径对铬渣中 Cr(VI)在动态淋溶下的溶解释放规律的影响，分别选取铬渣粒径范围为<150 μm、150～250 μm 和 250～850 μm 的粒径，淋溶液 pH 为 5.6。在不同粒径的情况下，模拟酸雨淋溶铬渣的初期，淋溶液中 Cr(VI)质量浓度最高达 1 624 mg/L（<150 μm，pH=5.6），最低质量浓度为 723 mg/L（250～850 μm，pH=5.6）（图 2.19）。

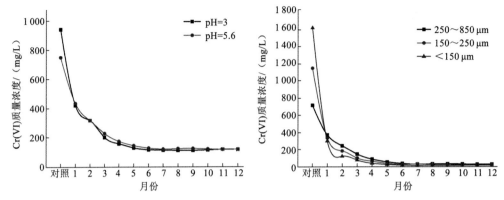

图 2.18　不同酸雨 pH 下铬渣淋滤液 Cr(VI)浓度　　图 2.19　不同粒径铬渣淋滤液中 Cr(VI)浓度
　　　　 变化曲线　　　　　　　　　　　　　　　　　　　 变化曲线

初始时铬渣中溶解度大的水溶态铬酸钠含量高，且在模拟大气降雨动态淋溶条件下，铬渣固液界面更新速率加快，动态流动的降雨使溶液中 Cr(VI) 的浓度一直无法达到饱和状态，导致 Cr(VI)的浓度梯度变大，因此 Cr(VI)溶解释放速率加快，且淋溶液的 pH 较高。随着淋溶时间的延续，累积淋入的降雨量也越多，铬渣中的 Cr(VI)逐渐被降雨淋溶水量淋出，Cr(VI)的淋溶浓度呈现明显的急剧下降趋势。当淋溶液总量接近湖南省 4 月平均降雨量时，淋滤液中 Cr(VI) 浓度渐渐减小并趋于平缓。此时铬渣中的水溶态铬酸钠含量越来越少，Cr(VI)的溶解释放浓度梯度越来越小，逐渐以淋溶水溶态 $CaCrO_4$ 为主，淋溶速率逐渐降低；且因为受到溶液溶解度的限制，$CaCrO_4$ 逐步溶出，最后趋于平缓，所以动态淋溶时铬渣中 Cr(VI)的溶解释放也受扩散控制。

在同一 pH 条件下，Cr(VI)的淋溶浓度随粒径的变化趋势为：粒径小于 150 μm＞粒径 150～250 μm＞粒径 250～850 μm，表明铬渣中 Cr(VI)的淋溶浓度随粒径的减小而增大（图 2.19）。在淋溶初期，粒径＜150 μm 铬渣样品的淋溶液 Cr(VI)浓度要远大于粒径 150～250 μm 和粒径 250～850 μm 的样品。但是随着淋溶时间的延长，粒径 250～850 μm 的铬渣样品的 Cr(VI)溶出浓度反而略大于粒径 150～250 μm 和粒径＜150 μm 的样品（图 2.19）。这是由于单位质量铬渣中的 Cr(VI)含量是一定的，且铬渣中水溶性 Cr(VI)极易释放，在淋溶初期粒径小的铬渣样品会比粒径大的样品溶出更多的 Cr(VI)，而且溶解释放速率很快，在很短时间内就释放绝大部分 Cr(VI)，在淋溶后期粒径小的铬渣样品的溶出浓度反而会小于粒径大的样品。

但是粒径越小的铬渣样品在淋溶过程中固液接触界面的面积越大，Cr(VI)的溶解释放速率越快，Cr(VI)的累积淋溶量也会越大（图 2.20）。同一 pH（pH=5.6）的淋溶条件下，0.5 kg 铬渣在模拟酸雨淋溶 13 天后，Cr(VI)的累积淋出量由大到小依次为粒径＜150 μm（2 363.4 mg）、150～250 μm（2 123.6 mg）、250～850 μm（1 925.4 mg）；与此同时，同一粒径（250～850 μm）的条件下，0.5 kg 铬渣 Cr(VI)累积淋出量为 pH=3（2 012.3 mg）＞pH=5.6（1 925.4 mg）。

3. 淋溶前后铬渣的矿物组成、形貌及能谱分析

铬渣的主要矿物组成为 $4CaO\cdot Al_2O_3\cdot Fe_2O_3$、$Mg(OH)_2$、$CaCO_3$、$SiO_2$ 和少量的 $CaCrO_4$（图 2.21）。$4CaO\cdot Al_2O_3\cdot Fe_2O_3$ 是铬盐生产中的高温产物，其含量较高。$CaCO_3$ 既是浸取时熟料中未反应的 $NaCO_3$ 与 $CaCrO_4$ 复分解的产物，也是多年堆存铬渣中 $4CaO\cdot Al_2O_3\cdot Fe_2O_3$ 等物质风化、水化生成的 $Ca(OH)_2$ 吸收大气中 CO_2 的产物，故其含量也较高。由于熟料冷却时未来得及结晶，铬渣中还含有少量无定形的 SiO_2。铬渣中的 $Mg(OH)_2$ 是由炉料中白云石分解的游离 MgO 水化生成。

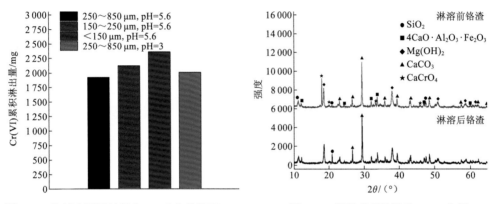

图 2.20　铬渣在不同粒径和 pH 动态淋溶下 Cr(VI) 累积淋出量　　图 2.21　淋溶前后铬渣的 XRD 分析

对比模拟酸雨淋溶前后的铬渣 XRD 图谱（图 2.21），发现两者主体上差别不大，存在一些较小区别，主要体现在 $CaCrO_4$ 的峰强发生改变，含量减少；另外在淋溶后的铬渣 XRD 图谱出现了一个新的峰和一个增强的峰，经过分析证实分别为 SiO_2 和 $CaCO_3$。

淋溶前的铬渣表面粗糙且存在许多微孔（图 2.22），经过模拟酸雨的淋溶以后，铬渣颗粒粒径变小，表面变得光滑且结构更加紧密。从铬渣淋溶前的能谱图（图 2.23）可以得出铬渣中 O 的含量最高，Mg 和 Ca 的含量其次，Si、Al 和 Fe 的含量相对较少，Cr 的含量最少。

（a）淋溶前　　　　　　　　（b）淋溶后

图 2.22　淋溶前后铬渣的 SEM 照片

SEM 为扫描电子显微镜（scanning electron microscope）

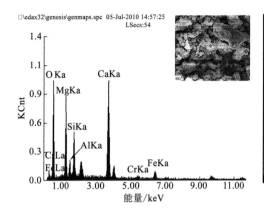

图 2.23　淋溶前铬渣的 EDS 分析

EDS 为能量色谱仪（energy dispersive spectrometer）

2.1.4　铬渣中 Cr(VI)的淋溶释放模拟预测

1. 铬渣中 Cr(VI)释放模型与参数的选定

铬渣样品中 Cr(VI)的淋溶释放系数计算公式为

$$I = \frac{V \cdot C(V)}{M} \tag{2.8}$$

式中：I 为铬渣中 Cr(VI)的淋溶释放系数（μg/g）；$C(V)$ 为铬渣样品累计淋溶液量与累计淋溶浓度的回归方程；M 为铬渣样品总质量（g）；V 为淋滤液量（L）。

$$R = \frac{M}{V} \tag{2.9}$$

式中：R 为淋溶实验的固液比。

$C(V)$ 可根据表 2.1 的数据对铬渣中 Cr(VI)的累计淋溶浓度和累计淋溶液量进行回归拟合计算得到，见表 2.2。

表 2.1　动态淋溶铬渣累计滤 Cr(VI)量和累计淋溶 Cr(VI)浓度

淋溶时间/天	淋溶液累计量/mL	pH=5.6						pH=3	
		粒径：250~850 μm		粒径：150~250 μm		粒径：<150 μm		粒径：250~850 μm	
		Cr(VI)累计淋溶量/mg	Cr(VI)累计淋溶浓度/(mg/L)	Cr(VI)累计淋溶量/mg	Cr(VI)累计淋溶浓度/(mg/L)	Cr(VI)累计淋溶量/mg	Cr(VI)累计淋溶浓度/(mg/L)	Cr(VI)累计淋溶量/mg	Cr(VI)累计淋溶浓度/(mg/L)
1	1 000	724	724	1 156	1 156	1 624	1 624	935	935
2	1 500	913	609	1 327	885	1 777	1 185	1 118	745
3	2 160	1 080	500	1 452	672	1 861	861	1 285	595
4	3 020	1 212	401	1 543	511	1 932	640	1 392	461
5	4 190	1 322	316	1 623	387	1 985	474	1 482	354
6	5 740	1 418	247	1 689	294	2 033	354	1 553	271

续表

| 淋溶时间/天 | 淋溶液累计量/mL | pH=5.6 | | | | | | pH=3 | |
| | | 粒径：250～850 μm | | 粒径：150～250 μm | | 粒径：<150 μm | | 粒径：250～850 μm | |
		Cr(VI)累计淋溶量/mg	Cr(VI)累计淋溶浓度/(mg/L)	Cr(VI)累计淋溶量/mg	Cr(VI)累计淋溶浓度/(mg/L)	Cr(VI)累计淋溶量/mg	Cr(VI)累计淋溶浓度/(mg/L)	Cr(VI)累计淋溶量/mg	Cr(VI)累计淋溶浓度/(mg/L)
7	7 130	1 479	207	1 737	244	2 064	290	1 597	224
8	7 840	1 504	192	1 763	225	2 079	265	1 618	206
9	8 610	1 533	178	1 788	208	2 095	243	1 638	190
10	9 140	1 555	170	1 804	197	2 105	230	1 652	181
11	9 520	1 568	165	1 815	191	2 113	222	1 664	175
12	10 050	1 586	158	1 829	182	2 124	211	1 682	167
13	10 390	1 597	154	1 839	177	2 132	205	1 693	163

表 2.2　铬渣中 Cr(VI)的淋溶释放回归方程

项目	回归方程	相关系数 R^2
pH=5.6，粒径：250～850 μm	$C(V)=96\ 838\ V^{-0.693\ 5}$	0.992 6
pH=5.6，粒径：150～250 μm	$C(V)=354\ 564\ V^{-0.820\ 7}$	0.998 7
pH=5.6，粒径：<150 μm	$C(V)=833\ 264\ V^{-0.897}$	0.999 5
pH=3，粒径：250～850 μm	$C(V)=215\ 909\ V^{-0.774\ 9}$	0.995 6

1）堆放场地中堆体的降雨可渗体积 $V_{渗}$

$$V_{渗}=H \cdot S \qquad (2.10)$$

式中：$V_{渗}$ 为铬渣堆体的降雨可渗体积（m³）；H 为铬渣堆体的降雨平均可渗深度（m）；S 为铬渣堆体的表面积（m²）。

2）铬渣可渗堆体质量与降雨量累计达到淋溶实验固液重量比的时间

$$T=\frac{\gamma \cdot V_{渗}}{q \cdot A \cdot R} \qquad (2.11)$$

式中：T 为可渗堆体质量与降雨量累计达到淋溶实验固液重量比的时间（a）；γ 为铬渣堆体的堆积密度（kg/m³）；q 为年均降雨量（mm）；A 为铬渣堆体占地面积（m²）。

3）铬渣堆中 Cr(VI)的年均释放量

$$Q=\frac{\gamma \cdot V_{渗} \cdot I}{T} \qquad (2.12)$$

式中：Q 为铬渣堆体中铬的年均释放量（mg）。

4）铬渣堆中 Cr(VI)的年均释放质量浓度

$$C = \frac{Q}{q \cdot A} \qquad (2.13)$$

式中：C 为 Cr(VI)的年均释放质量浓度（mg/L）。

2. 铬渣中 Cr(VI)释放数量的模拟预测

近年来国家对环境保护监管力度不断加大，企业环保意识逐渐加强，目前我国大部分铬渣得到了安全处置。但是铬渣长期露天堆存，且缺乏必要防渗设施，利用上述模型对露天铬渣堆场中 Cr(VI)的淋溶进行预测具有较大的现实意义。以某市铬盐厂为例，其历年累积堆存的铬渣多达 150 000 m³，40 余万 t，露天堆存所占土地面积近 30 亩 ①，渣场与湘江的最近距离约 70 m，与该厂生活区相隔 30 m。铬渣中所含 Cr(VI)经雨水冲刷，地下水浸泡，不但污染了当地的水土环境，而且给下游水域造成了严重威胁。

从 20 世纪 60 年代起铬渣露天堆存在厂区内土壤上方，且未采取任何防护措施。假设铬渣堆直径约 30 m、高 3 m，平均渗水深度取淋滤实验时填充高度，根据模型计算，结果见表 2.3。

表 2.3　铬渣中 Cr(VI)的淋溶释放参数及模拟结果表

参数	pH=5.6			pH=3
	粒径: 250～850 μm	粒径: 150～250 μm	粒径: <150 μm	粒径: 250～850 μm
堆体直径/m	30	30	30	30
堆体高度/m	3	3	3	3
年均降雨量/mm	1 410	1 410	1 410	1 410
淋溶释放系数	396.9	1 078.9	2 120.9	731.4
实验固液比	0.048	0.048	0.048	0.048
平均渗水深度/m	0.23	0.22	0.21	0.23
堆体表面积/m²	720	720	720	720
可渗体积/m³	165.6	158.4	151.2	165.6
堆积密度/（kg/m³）	800	800	800	800
堆体占地面积/m²	707	707	707	707
可渗堆体质量与降雨量累计达到淋滤实验固液重量比的时间/a	2.76	2.64	2.52	2.76
Cr(VI)的年均释放量/mg	30 939 609	84 110 487	165 337 119	57 014 753
Cr(VI)的年均释放质量浓度/（mg/L）	31.04	84.37	165.86	57.19

由表 2.3 可得，铬渣堆场中 Cr(VI)的年均释放量最高达 165.337 kg，最低为 30.939 kg，且相应的最高年均释放质量浓度为 165.86 mg/L，最低为 31.04 mg/L，其最低值已超过我

---

① 1 亩≈666.67 m²

国《生活饮用水卫生标准》（GB 5749—2006）0.05 mg/L 的限值将近 620 倍，故应对堆放场地进行防渗处理，防止淋滤液向土壤渗透污染地下水。由此可知，铬渣堆场对周围环境有严重的影响，是周围地区土壤与地下水污染的重要原因和长期污染源。

2.2　铬渣中 Cr(VI)的化学强化浸出特征

2.2.1　铬渣中 Cr(VI)的 NaCl 强化浸出

1. Cr(VI)的 NaCl 浸出动力学

铬渣 NaCl 浸出的反应方程为

$$2NaCl+CaCrO_4 \Longrightarrow CaCl_2+Na_2CrO_4 \tag{2.14}$$

$$CaCl_2+H_2O \Longrightarrow Ca(OH)_2+2HCl \tag{2.15}$$

式（2.14）与式（2.15）相加得

$$2NaCl+CaCrO_4+H_2O \Longrightarrow Ca(OH)_2+2HCl+Na_2CrO_4 \tag{2.16}$$

其中，NaCl 作为传递物质参与该反应，反应前后 NaCl 的量不变。$CaCrO_4$ 微溶，溶度积为 2.3×10^{-2}，而 $Ca(OH)_2$ 的溶度积为 5.5×10^{-6}，故随着液相中初始 NaCl 浓度增加，CrO_4^{2-} 浓度也将随之增大。

式（2.16）的反应速率方程可表示为

$$v=-\frac{1}{2}\frac{dc}{dt}=k'c_{NaCl}^{n_1}c_{CaCrO_4}^{n_2}c_{H_2O}^{n_3} \tag{2.17}$$

式中：c 为对应物质的浓度；t 为反应时间；k' 为反应常数；n_1、n_2、n_3 为物质在反应式中的化学计量数。由于 $CaCrO_4$ 溶解度很小，将其活度近似看作常数，H_2O 活度为 1，则 $k=k'c_{CaCrO_4}^{n_2}c_{H_2O}^{n_3}$，式（2.17）转化为

$$v=-\frac{1}{2}\cdot\frac{dc_{NaCl}}{dt}=kc_{NaCl}^{n} \tag{2.18}$$

由式（2.16）可知

$$v=-\frac{1}{2}\cdot\frac{dc_{NaCl}}{dt}=\frac{dc_{Na_2CrO_4}}{dt}=\frac{dc_{CrO_4^{2-}}}{dt}=kc_{NaCl}^{n} \tag{2.19}$$

在温度 30℃、pH=10、振荡速率 100 r/min 的条件下，初始 NaCl 质量浓度分别为 0.5 mg/L、1 mg/L、2 mg/L、3 mg/L 和 4 mg/L 时，Cr(VI)质量浓度随时间变化的趋势类似，且随 NaCl 质量浓度升高而速率加快，如图 2.24 所示。

根据式（2.17）和图 2.24 中的数据，求出不同 NaCl 初始质量浓度下 $t=0$ 时的反应速率 $v_0=\left(\dfrac{dc}{dt}\right)_{t=0}$，结果如表 2.4 所示。

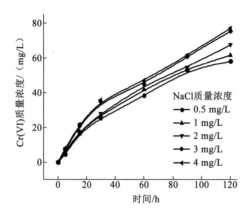

图 2.24　不同初始 NaCl 质量浓度时 Cr(VI)
质量浓度变化曲线

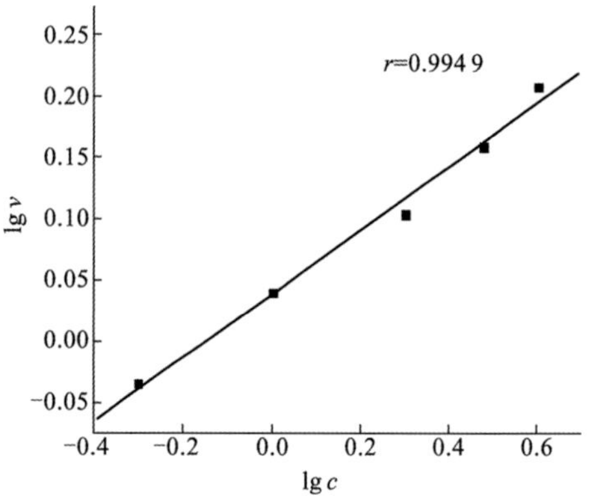

图 2.25　lg$v$-lg$c$ 及其线性拟合图

表 2.4　$t=0$ 时 NaCl 初始质量浓度对反应速率的影响

参数	NaCl 初始质量浓度/（mg/L）				
	0.5	1	2	3	4
v_0/[mg/（L·min）]	0.924	1.096	1.27	1.442	1.614

由式（2.18）得

$$\lg v=\lg\left(\frac{\mathrm{d}c}{\mathrm{d}t}\right)_{t=0}=\lg k+n\lg c \tag{2.20}$$

根据表 2.4 和式（2.20），以 lg$v$ 对 lg$c$ 作图，可得图 2.25 直线，反应速率常数为：$k=1.0944\ \mathrm{mg/(L·min)}=3.38\times10^{-7}\ \mathrm{mol/(L·s)}$。反应级数为：$n=0.25969\approx0.26$。

由式（2.20）可得铬渣 NaCl 浸出反应为 0.26 级反应，故得其速率方程式为

$$v=-\frac{1}{2}\cdot\frac{\mathrm{d}c_{\mathrm{NaCl}}}{\mathrm{d}t}=3.38\times10^{-7}c_{\mathrm{NaCl}}^{0.25969} \tag{2.21}$$

可近似写为

$$v=3.38\times10^{-7}c_{\mathrm{NaCl}}^{0.26} \tag{2.22}$$

2. 浸出反应速率常数的影响因素

1）初始 pH 对反应速率常数的影响

pH=8 时，Cr(VI)质量浓度随时间增长而增高，且与 NaCl 质量浓度呈正相关（图 2.26）。同样采用初始浓度微分法求速率常数 k，以 lg$v$ 对 lg$c$ 作图，可知 pH=8 时的速率常数 $k=1.22\times10^{-7}\ \mathrm{mol/(L·s)}$（图 2.27）；同理可得 pH 分别为 9、10、11、12 时的速率常数 k，结果列于表 2.5。随 pH 的增大，k 不断增大。原因是 pH 增加，式（2.16）中产物 HCl 浓度减小，反应右移，故 CaCrO$_4$ 溶解速率增加。

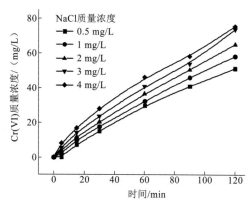

图 2.26 pH=8 时不同浓度 NaCl 条件下 Cr(VI)
质量浓度变化曲线

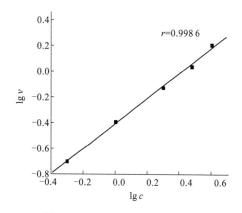

图 2.27 lg v-lg c 及其线性拟合图(pH=8)

表 2.5 初始 pH 对反应速率常数 k 的影响

反应速率常数	pH=8	pH=9	pH=10	pH=11	pH=12
k_{Cr}^{6+}/ [10^{-7} mol/ (L·s)]	1.22	1.89	3.38	4.94	5.53

2) 振荡速率对反应速率常数的影响

随振荡速率增大,k 不断增大。表明振荡速率大,反应粒子碰撞概率增大,故 CaCrO$_4$ 溶解速率增大(表 2.6)。

表 2.6 振荡速率对反应速率常数 k 的影响

反应速率常数	振荡速率/ (r/min)				
	0	50	100	150	200
k_{Cr}^{6+}/ [10^{-7} mol/ (L·s)]	1.23	2.84	3.38	6.48	9.18

3. 表观活化能

由初始浓度微分法求得不同温度下的反应速率常数 k(表 2.7)。根据阿伦尼乌斯方程:$\ln k = \ln k_0 - \dfrac{E_a}{RT}$,以 $\ln k$ 对 $\dfrac{1}{T}$ 作图,得到一条直线,其斜率为 −4 117.9,截距为 13.71,r=0.997 0(图 2.28)。计算表观活化能 E_a=−(−4 117.9×8.314)=34.24 kJ/mol,表明 Cr(VI) 浸出速率受温度影响较大。k 与温度关系式为:$k(T)$=exp(13.71−4 117.9/T)。

表 2.7 不同温度下的反应速率常数 k

反应速率常数	T/K				
	298	303	308	313	318
k_{Cr}^{6+}/ [10^{-7} mol/ (L·s)]	2.84	3.38	4.39	5.38	6.66

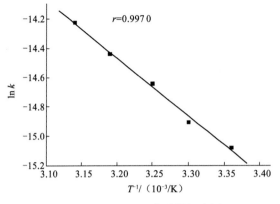

图 2.28　ln k-1/T 及其线性拟合图

2.2.2　铬渣中 Cr(VI) 的 HCl 强化浸出

1. pH 对 Cr(VI) 浸出率的影响

pH 为 2～4 时，随 pH 减小，Cr(VI) 浸出率线性增加，且增加幅度大。pH 大于 4 后，随 pH 减小，Cr(VI) 浸出率也增加，但增加幅度小。可见选择性浸出 pH 应控制在 4 以下，可得到较高的 Cr(VI) 浸出率（图 2.29，图 2.30）。

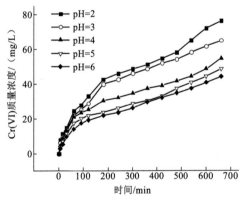

图 2.29　不同 pH 条件下 Cr(VI) 质量浓度
变化曲线

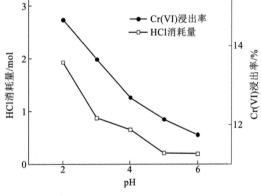

图 2.30　不同 pH 条件下 HCl 消耗量和 Cr(VI)
浸出率

2. pH 对 HCl 消耗量的影响

pH=2 时，HCl 单位消耗量为 0.13 mol，pH 为 3～6 时，HCl 单位消耗量随 pH 增加由 0.06 mol 下降到 0.01 mol，可见选择性浸出控制 pH 为 3 时，Cr(VI) 浸出率较大，HCl 单位消耗量较小（图 2.31）。

3. 液固比对 Cr(VI) 浸出率的影响

随液固比增加，Cr(VI) 浸出率增加，且液固比 5∶1 与 10∶1 时浸出率几乎相同（图 2.32）。

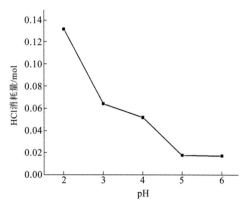

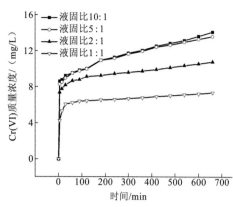

图 2.31　不同 pH 条件下 Cr(VI)浸出率的 HCl
　　　　　单位消耗量

图 2.32　不同液固比条件下 Cr(VI)质量浓度
　　　　　变化曲线

4. 流速对 Cr(VI)浸出率的影响

随流速增加，浸出液中 Cr(VI)质量浓度增加，即 Cr(VI)浸出率增加（图 2.33）。

5. 温度对 Cr(VI)浸出率的影响

随温度增加，Cr(VI)浸出率增加。随温度增加，浸出反应速率加快（图 2.34）。

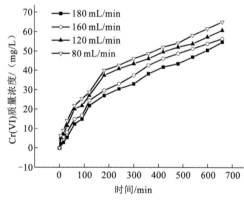

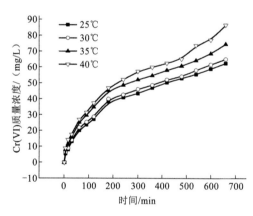

图 2.33　不同流速条件下 Cr(VI)质量浓度
　　　　　变化曲线

图 2.34　不同温度条件下 Cr(VI)质量浓度
　　　　　变化曲线

6. 铬渣中 Cr(VI)的 HCl 浸出动力学

由上述可知，铬渣中 Cr（VI）的 HCl 浸出条件为：pH=3，液固比 5∶1，流速
180 mL/min，温度 40℃（图 2.35）。

将图 2.35 中曲线用下式进行拟合

$$c = at^b \tag{2.23}$$

两边取对数得

$$\ln c = \ln a + b \ln t \tag{2.24}$$

以 $\ln c$ 对 $\ln t$ 作图，得到一条直线，如图 2.36 所示，直线斜率为 $b=0.46$，截距为 $\ln a=1.4011$，得 $a=4.06$。故得到铬渣 HCl 浸出过程数学模型为

$$c=4.06t^{0.46} \tag{2.25}$$

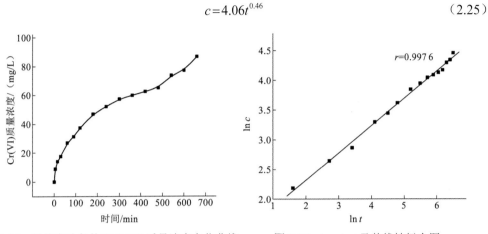

图 2.35 最佳实验条件下 Cr(VI)质量浓度变化曲线　　图 2.36 $\ln c$-$\ln t$ 及其线性拟合图

c 对 t 求导得 Cr(VI)浸出过程表观速率方程式为

$$v=\frac{dc}{dt}=4.06\times0.46t^{0.46-1}=1.8676t^{-0.54} \tag{2.26}$$

式中：v 为表观速率[mol·/(L·min)]，常数为 1.8676[mol·/(L·min$^{0.46}$)]。

HCl 浸出铬渣的浸出速率 v 随时间 t 呈−0.54 级指数衰减，即随浸出时间增加，浸出速率逐渐减小［式（2.26）］。铬渣浸出为选择性浸出，浸出过程不断加入 HCl，控制 pH 为指定值，之所以浸出速率随时间下降，可能原因是 CaCrO$_4$ 被不溶物质或其他脉石成分所生成的产物形成的阻碍层包裹，导致反应物扩散速率减小，因而提高浸出液的循环速率，使反应物及产物的扩散速率增加，故铬渣浸出率增加。随温度增加，反应粒子活性增大，Cr(VI)离子扩散速率加快，浸出反应速率增加，故提高反应温度铬渣浸出率增加。由于 CaCrO$_4$ 被不溶物质包裹，减小铬渣的粒度可以提高 Cr(VI)的浸出率。

低 pH 时 Cr(VI)的浸出率高，可能原因为高酸性浸出液易于破坏浸出过程所产生的阻碍层及不溶物质所形成的包裹层。但 pH 太低，脉石消耗 HCl 量大，故 pH 应存在最佳值。pH 控制在 3 时 HCl 的消耗少，浸出率高。pH 为 3 时脉石中的易溶物质所形成的包裹层易被破坏，形成毛细管，使反应物易于扩散，提高了浸出率。但脉石中不易溶的物质在 pH=3 时不易发生溶解反应，故 HCl 消耗量也少。

2.3　铬渣中 Cr(VI)的扩散

2.3.1　Cr(VI)在铬渣中的扩散模型

Cr(VI)离子从铬渣球团中心向外扩散时，不断受到外界环境的扰动（图 2.37），因此扩散过程初期遵循瞬时行为，可根据菲克第二定律计算 Cr(VI)的扩散系数。

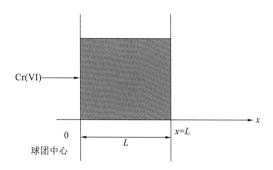

图 2.37 Cr(VI)在铬渣球团中的扩散模型

1. 菲克第二定律及其解

菲克第二定律为

$$\frac{\partial C}{\partial t}=D\frac{\partial^2 C}{\partial x^2} \tag{2.27}$$

式中：C 为扩散物质的体积浓度（kg/m³）；t 为扩散时间（s）；D 为扩散系数；x 为距离（m）。

初始条件：

$$C(0,t)=C_2^0 \tag{2.28}$$

$$C(L,t)=0 \tag{2.29}$$

边界条件：

$$C(\infty,t)=C_1^0 \tag{2.30}$$

$$C(0,t)=C_2^0 \tag{2.31}$$

令

$$\lambda=\frac{x}{\sqrt{t}} \tag{2.32}$$

$$\frac{\partial C}{\partial t}=\frac{\partial C}{\partial \lambda}\times\frac{\partial \lambda}{\partial t}=\frac{\partial C}{\partial \lambda}\times\left(-\frac{x}{2t^{\frac{3}{2}}}\right)=-\frac{\lambda}{2t}\times\frac{\partial C}{\partial \lambda} \tag{2.33}$$

$$\frac{\partial C}{\partial x}=\frac{\partial C}{\partial \lambda}\times\frac{\partial \lambda}{\partial x}=\frac{\partial C}{\partial \lambda}\times\frac{1}{\sqrt{t}} \tag{2.34}$$

所以

$$\frac{\partial^2 C}{\partial x^2}=\frac{1}{\sqrt{t}}\times\frac{\partial^2 C}{\partial x^2}\times\frac{\partial \lambda}{\partial x}=\frac{1}{t}\times\frac{\partial^2 C}{\partial \lambda^2} \tag{2.35}$$

即方程变为

$$-\frac{\lambda}{2t}\times\frac{\partial C}{\partial \lambda}=D\times\frac{1}{t}\times\frac{\partial^2 C}{\partial \lambda^2} \tag{2.36}$$

所以

$$\frac{\partial^2 C}{\partial \lambda^2}+\frac{\lambda}{2D}\times\frac{\partial C}{\partial \lambda}=0 \tag{2.37}$$

解上式常微分方程，通解为

$$C = A\int_0^\lambda e^{-\frac{1}{4D^2}\lambda^2} d\lambda + B \tag{2.38}$$

式中：A、B 为二阶微分常数。设 $\frac{\lambda}{2\sqrt{D}} = \beta$，则

$$C = A\int_0^\lambda e^{-\beta^2} d\beta + B = 2\sqrt{D}A\int_0^\lambda e^{-\beta^2} d\beta + B, \quad \beta = \frac{x}{2\sqrt{Dt}} \tag{2.39}$$

当 $t=0$，$x>0$ 时，$C=C_1^0$，$\beta = \frac{x}{2\sqrt{Dt}} = \alpha$，即

$$C_1^0 = 2\sqrt{D}A\int_0^\lambda e^{-\alpha^2} d\alpha + B \tag{2.40}$$

当 $t=0$，$x<0$ 时，$C=C_2^0$，$\beta = \frac{x}{2\sqrt{Dt}} = -\alpha$，即

$$C_2^0 = 2\sqrt{D}A\int_0^\lambda e^{-\alpha^2} d(-\alpha) + B \tag{2.41}$$

式（2.40）+式（2.41）得

$$C_1^0 + C_2^0 = 2B, \qquad B = \frac{C_1^0 + C_2^0}{2} \tag{2.42}$$

其中

$$\int_0^\lambda e^{-\alpha^2} d\alpha = \frac{\sqrt{\pi}}{2} \tag{2.43}$$

所以

$$A = \frac{C_1^0 - C_2^0}{2\sqrt{D\pi}} \tag{2.44}$$

$$C = \frac{C_1^0 + C_2^0}{2} + \frac{C_1^0 - C_2^0}{2} \times \frac{2}{\sqrt{\pi}}\int_0^\lambda e^{-\beta^2} d\beta \tag{2.45}$$

当 $C_1^0 = 0$ 时，得

$$C = \frac{C_2^0}{2} - \frac{C_2^0}{2} \times \frac{2}{\sqrt{\pi}}\int_0^\lambda e^{-\beta^2} d\beta \tag{2.46}$$

$$\text{efc}(\lambda) = \frac{2}{\sqrt{\pi}}\int_0^\lambda e^{-\beta^2} d\beta \tag{2.47}$$

$$C = \frac{C_1^0 + C_2^0}{2} + \frac{C_1^0 - C_2^0}{2}\text{erf}(\lambda) \tag{2.48}$$

当 $C_1^0 = 0$ 时，

$$C = \frac{C_2^0}{2} - \frac{C_2^0}{2}\text{erf}(\lambda) \tag{2.49}$$

式（2.49）为菲克第二定律的解。

2. 扩散系数的实验方程式

为了由式（2.49）求得扩散系数实验式，引入菲克第一定律：

$$i = -nFAD\left(\frac{dC}{dx}\right)_{x=L} \tag{2.50}$$

式中：i 为电流密度；n 为电子转移量；A 为横截面；F 为法拉第常数。将式（2.49）对 x 求导

$$\frac{dC}{dx} = -\frac{C_2^0}{2} \times \frac{2}{\sqrt{\pi}} e^{-\left(\frac{x}{2\sqrt{Dt}}\right)^2} \times \frac{1}{2\sqrt{Dt}} \tag{2.51}$$

令 $x=L$

$$\left(\frac{dC}{dx}\right)_{x=L} = -\frac{C_2^0}{\sqrt{\pi}} \times e^{-\frac{L^2}{4Dt}} \times \frac{1}{2\sqrt{Dt}} \tag{2.52}$$

式（2.52）代入式（2.50）得

$$i = nFAD \cdot \left(-\frac{C_2^0}{\sqrt{\pi}} \times e^{-\frac{L^2}{4Dt}} \times \frac{1}{2\sqrt{Dt}}\right) \tag{2.53}$$

两边取对数

$$\ln i = \ln nFA\sqrt{D}\frac{C_2^0}{2\sqrt{\pi}} - \frac{L^2}{4Dt} + \ln\frac{1}{t} \tag{2.54}$$

$$\ln\left(it^{\frac{1}{2}}\right) = \ln nFA\sqrt{D}\frac{C_2^0}{2\sqrt{\pi}} - \frac{L^2}{4Dt} \tag{2.55}$$

上式为线性方程式，用 $\ln\left(it^{\frac{1}{2}}\right)$ 对 $\frac{1}{t}$ 作图，为一条直线，由直线的斜率 $\tan\alpha$ 可求得扩散系数

$$D = -\frac{L^2}{4\tan\alpha} \tag{2.56}$$

2.3.2　Cr(VI)在铬渣球团中的扩散系数

采用电势阶跃法测量并计算 CrO_4^{2-} 离子在铬渣球团中的扩散系数。进行电势阶跃法实验前，先将铬渣板用清水浸泡 4 h，以去除铬渣板中水溶性 Cr(VI)。浸泡完成后进行电势阶跃实验，电势阶跃应控制在 Cr(VI) 到 Cr(III) 的极限电流密度–0.65 V（相比于饱和甘汞电极的电机电势）之内（图 2.38）。

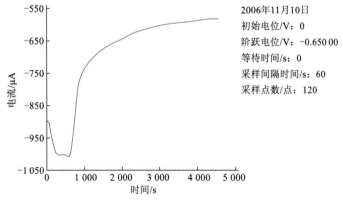

图 2.38　单电位阶跃计时电流曲线

以 $\ln(it^{\frac{1}{2}})$ 对 $\frac{1}{t}$ 作图，为一条直线，直线的斜率为 $-1\,419.527$，$r=0.995\,33$（图 2.39）。

故 $D=-\dfrac{L^2}{4\tan\alpha}=-\dfrac{5^2}{4\times(-1\,419.529)}=4.4\times10^{-3}\,\text{mm}^2/\text{s}=4.4\times10^{-9}\,\text{m}^2/\text{s}$。

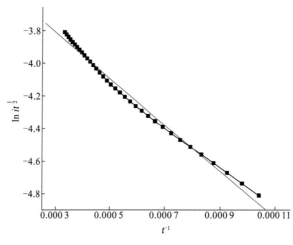

图 2.39　$\ln(it^{1/2})\text{-}\dfrac{1}{t}$ 及其线性拟合图

2.3.3　微生物解毒对铬渣中 Cr(VI)扩散系数的影响

设定培养温度为 30℃，pH=10，按 20%细菌接种量，加入相应比例培养基配制菌液，浸泡铬渣 16 h 后，采用单电位阶跃计时电流法，所得曲线如图 2.40 所示。以 $\ln(it^{\frac{1}{2}})$ 对 $\frac{1}{t}$ 作图，为一条直线，直线的斜率为 $-238.143\,12$，$r=0.994\,2$（图 2.41），故 $D=-\dfrac{L^2}{4\tan\alpha}=$

$-\dfrac{5^2}{4\times(-238.143\,12)}=2.62\times10^{-2}\,\text{mm}^2/\text{s}=2.62\times10^{-8}\,\text{m}^2/\text{s}$。

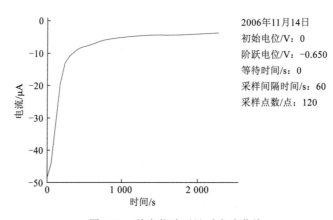

图 2.40　单电位阶跃计时电流曲线

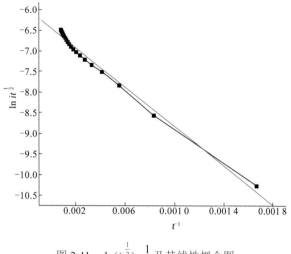

图 2.41　$\ln(it^{\frac{1}{2}})-\dfrac{1}{t}$ 及其线性拟合图

细菌解毒铬渣后的 Cr(VI)扩散系数为 2.62×10^{-8} m^2/s，大于细菌解毒铬渣前 Cr(VI)的扩散系数 4.4×10^{-9} m^2/s。细菌解毒铬渣工艺过程中，随细菌解毒时间增加，扩散系数增大，更利于铬渣内部的 Cr(VI)溶出。铬渣经过 16 h 解毒后，CrO_4^{2-} 扩散系数增加了一个数量级，其原因可能是随着细菌解毒时间的增加，铬渣中孔径增加，表面结构疏松（图 2.42），而且生成的 $Cr(OH)_3$ 沉淀不阻塞铬渣的毛细孔，由于重力作用，沉积到槽底。

（a）原渣

（b）细菌浸出后渣样

图 2.42　原渣及细菌浸出后渣样扫描电镜图

2.4　Cr(VI)在土壤中吸附行为

土壤胶体的吸附性是范德瓦耳斯力、化学键、氢键作用力及静电引力等几种作用力的综合表现。根据作用力情况，可将吸附分为物理吸附和化学吸附两种基本方式。土壤的离子吸附和交换是土壤最重要的化学性质之一，对于重金属来说，吸附是最普遍和最主要的保持机理，是对重金属元素具有一定的自净能力和环境容量的根本原因。

2.4.1　Cr(VI)吸附动力学

为了研究 Cr(VI)在供试土壤中的传质和化学反应吸附过程的控制机理，采用两种典型的动力学方程即拟一级和拟二级动力学方程来分析 Cr(VI)在供试土壤吸附过程的速率控制进程。

拟一级动力学方程是一种简单的吸附动力学分析模型，是建立在标准化动力学模型基础上的方程，如下：

$$dq_t / dt = k_1(q_e - q_t) \tag{2.57}$$

式中：k_1 为拟一级动力学方程的吸附速率常数（min^{-1}）；q_t 为 t 时刻土壤对 Cr(VI)的表观吸附量（mg/kg）；q_e 为达到平衡时土壤对 Cr(VI)的表观吸附量（mg/kg）。

将初始条件 $t=0$ 时 $q_t=0$ 及当 $t=t$ 时 $q_t=q_t$ 代入式（2.57）并定积分可得线性方程

$$\ln(q_e - q_t) = \ln(q_e) - \frac{k_1}{2.303} t \tag{2.58}$$

吸附平衡容量模型的拟二级动力学方程如下：

$$dq_t / dt = k_2(q_e - q_t)^2 \tag{2.59}$$

式中：k_2 为拟二级动力学方程的吸附速率常数 ［kg/（mg·min）］，其余符号同拟一级动力学方程。

同样，将初始条件 $t=0$ 时 $q_t=0$ 及当 $t=t$ 时 $q_t=q_t$ 代入上式并定积分可得线性方程

$$\frac{t}{q_t} = \frac{1}{k_2 q_e^2} + \frac{1}{q_e} t \tag{2.60}$$

式中：k_2 和 q_e 可以直接从以 t/q_t 和 t 分别为 y 和 x 的图中斜率和截距计算出来。

将供试土壤对 Cr(VI)的吸附量随时间的变化采用拟一级和拟二级动力学方程进行统计拟合，结果如表 2.8 所示。

表 2.8　不同温度下土壤中 Cr(VI)吸附动力学模型的参数

温度/℃	拟一级动力学方程			拟二级动力学方程		
	q_e/（mg/kg）	k_1/min^{-1}	R^2	q_e/（mg/kg）	k_2/［kg/（mg·min）］	R^2
15	39.06	0.009 0	0.859 3	232.56	0.000 6	0.999 8
25	66.98	0.009 5	0.954 8	286.53	0.000 4	0.999 9
35	78.20	0.007 4	0.904 3	312.20	0.000 3	0.999 7

在三种不同温度下土壤对 Cr(VI)的吸附，拟二级动力学吸附模型的拟合效果都要明显好于拟一级动力学吸附模型（图 2.43 和图 2.44），供试土壤对 Cr(VI)的吸附与拟二级动力学吸附模型的相关系数在 15℃、25℃和 35℃时分别达到了 0.999 8、0.999 9 和 0.999 7。土壤吸附 Cr(VI)拟二级动力学模型拟合中吸附线性回归曲线接近于直线，且拟合所得在15℃、25℃和 35℃时的 q_e 分别为 232.56 mg/kg、286.53 mg/kg 和 312.20 mg/kg，与供试土壤的表观吸附量的实测值 229.62 mg/kg、281.67 mg/kg 和 309.21 mg/kg 相差不大。与此同

时,拟一级动力学吸附模型在 15℃、25℃和 35℃时的预期表观吸附量分别为 39.06 mg/kg、66.98 mg/kg 和 78.20 mg/kg,却大大低于实测值。由此可见,供试土壤 Cr(VI)的动力学吸附更加符合拟二级动力学吸附模型。

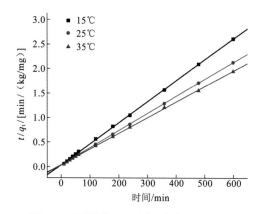

图 2.43 不同温度下土壤吸附 Cr(VI)拟二级
动力学模型拟合曲线

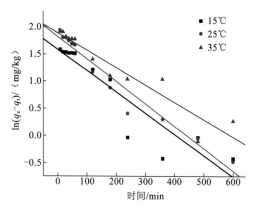

图 2.44 不同温度下土壤吸附 Cr(VI)拟一级
动力学模型拟合曲线

2.4.2 Cr(VI)吸附热力学

1. Cr(VI)吸附自由能

热力学参数,如吉布斯自由能(ΔG_o)、焓变(ΔH_o)、熵变(ΔS_o),可通过以下公式求得:

$$\ln K_c = \frac{\Delta S_o}{R} - \frac{\Delta H_o}{RT} \tag{2.61}$$

$$\Delta G_o = \Delta H_o - T\Delta S_o \tag{2.62}$$

式中:R 为气体常数[8.314 J/(mol·K)];T 为绝对温度(K);K_c 为标准热力学平衡常数,(L/kg)。由于供试土壤对 Cr(VI)的吸附符合拟二级动力学吸附模型,平衡吸附量 q_e 由表 2.8 可得,而平衡浓度 C_e 实验可得,故式(2.61)中的 K_c 可由 q_e/C_e 求得,以 $\ln K_c$ 和 $1/T$ 分别为纵、横轴画图(图 2.45),ΔH_o 和 ΔS_o 可以通过斜率和截距计算得出(表 2.9)。

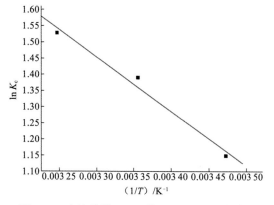

图 2.45 土壤吸附 Cr(VI)的 $\ln K_c$ 对 $1/T$ 关系图

表 2.9　供试土壤对 Cr(VI)吸附的热力学参数

温度/K	ΔG_o/（kJ/mol）	ΔH_o/（kJ/mol）	ΔS_o/[J/（mol·K）]
288	−2.78	14.01	58.33
298	−3.36		
308	−3.94		

土壤对 Cr(VI)的吸附是自发过程，并且是吸热反应（$\Delta G_o<0$，$\Delta H_o>0$）。土壤吸附Cr(VI)时，固-液界面的随机无序性现象在土壤内部发生（$\Delta S_o>0$）。

2. Cr(VI)等温吸附线

供试土壤对 Cr(VI)的吸附量随 Cr(VI)溶液初始浓度的增大而增大，且温度越高，单位质量土壤对 Cr(VI)的吸附量也越大（表 2.10）。对平衡浓度与吸附量作图得到供试土壤在三种不同温度（15℃、25℃和35℃）下对 Cr(VI)的吸附等温线（图 2.46）。

表 2.10　不同温度下土壤对 Cr(VI)的等温吸附特性（pH=12）

温度/℃	项目	初始浓度/（mg/L）						
		10	20	40	60	80	100	200
15	平衡浓度/（mg/L）	7.11	13.51	31.23	46.15	65.50	85.13	184.98
	吸附量/（mg/kg）	28.89	64.87	87.68	138.53	145.04	148.73	150.14
25	平衡浓度/（mg/L）	4.83	11.41	28.01	42.80	61.13	81.19	181.64
	吸附量/（mg/kg）	51.69	85.88	119.92	172.03	188.70	188.14	183.62
35	平衡浓度/（mg/L）	3.63	10.08	27.04	41.13	59.13	78.92	172.11
	吸附量/（mg/kg）	63.66	99.15	129.58	188.73	208.73	210.70	278.87

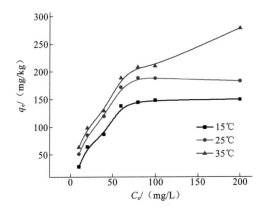

图 2.46　不同温度下土壤对 Cr(VI)的吸附量与 Cr(VI)溶液初始浓度的关系

依据朗缪尔吸附等温式的线性化方程对实验测定的 Cr(VI)溶液的不同初始浓度下的平衡吸附量 q_e 与平衡浓度 C_e 进行处理，分别以 C_e 和 C_e/q_e 为横、纵坐标作图，得到土壤吸附 Cr(VI)的吸附等温线（图 2.47）。由直线的截距及斜率可求出 q_{max} 和 b，并计算出朗缪尔等温吸附模型参数。同理，依据弗伦德里希吸附等温式的线性化方程对实验测定的 Cr(VI)溶液的不同初始浓度下的平衡吸附量 q_e 与平衡浓度 C_e 进行处理，得到土壤吸附 Cr(VI)的等温吸附线（图 2.48）。

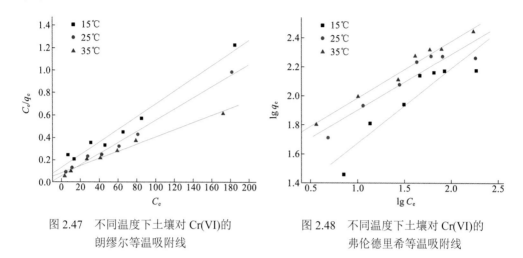

图 2.47　不同温度下土壤对 Cr(VI)的　　　　图 2.48　不同温度下土壤对 Cr(VI)的
　　　　　朗缪尔等温吸附线　　　　　　　　　　　　弗伦德里希等温吸附线

表 2.11　等温吸附模型参数

温度/℃	朗缪尔常数			弗伦德里希常数		
	b	q_{max}	R^2	K_d	$1/n$	R^2
15	0.043	175.44	0.975	14.60	0.513	0.845
25	0.087	200.40	0.990	33.13	0.384	0.882
35	0.038	310.56	0.977	39.39	0.391	0.980

对比图 2.47 和图 2.48，结合表 2.11 可知，虽然实验结果表明朗缪尔等温吸附模型和弗伦德里希等温吸附模型在一定程度上都符合 Cr(VI)吸附行为，但是供试 Cr(VI)–土壤吸附系统更符合朗缪尔等温吸附模型。在 25℃时其最大相关系数 R^2 为 0.990，供试土壤对 Cr(VI)的饱和吸附量为 200.40 mg/kg。在初始 Cr(VI)浓度为 10 mg/L 时，R_L 值为 0.535，当初始浓度为 200 mg/L 时，R_L 值为 0.054，即 R_L 值介于 0.054～0.535，说明在 pH=12 时，虽然供试土壤对 Cr(VI)的饱和吸附量很低，但 R_L 值小于 1 表明供试土壤对 Cr(VI)的吸附是高亲和吸附且化学吸附占主导作用。

2.4.3　Cr(VI)吸附影响因素

1. 土壤对 Cr(VI)吸附平衡时间

在不同温度（15℃、25℃和35℃）下，Cr(VI)吸附量随时间变化的趋势基本保持一致，即随着温度的升高和振荡时间的延长，土壤对 Cr(VI)的吸附量逐渐增大，最后均达到吸附平衡状态（图 2.49）。供试土壤对 Cr(VI)的吸附可以分为两个阶段：①吸附量快速增加阶段，即在吸附开始的前 2 h 内，吸附量快速增加直至接近吸附平衡；②吸附量缓慢增加阶段,即在吸附发生 2 h 后,吸附量随着时间的延长缓慢增加。由于与土壤接触初期,土壤与 Cr(VI)之间的相互作用以 Cr(VI)的吸附作用为主,在前一阶段吸附量快速增加。随着时间的延长,还原作用所占的比例逐渐增加,因此在第二阶段中吸附速率减缓,并逐渐达到吸附平衡。

2. pH 对 Cr(VI)吸附的影响

溶液体系中的 pH 明显影响供试土壤 Cr(VI)的吸附(图 2.50),供试土壤对 Cr(VI)的吸附量随着 pH 的上升而减少,曲线的变化趋势可分为三段:①3<pH<9 时,土壤对 Cr(VI)的吸附量随 pH 的上升而缓慢减少;②9<pH<11 时,吸附量随 pH 的变化不甚明显;③11<pH<13 时,吸附量随 pH 上升急剧减少,且当 pH 达到 13 左右时,土壤对 Cr(VI)的吸附量很低。Cr(VI)在溶液体系中主要以酸性铬酸根($HCrO_4^-$)、铬酸根(CrO_4^{2-})和重铬酸根($Cr_2O_7^{2-}$)等阴离子的形式存在。当 pH 较低时,质子化作用使土壤胶体对阴离子的吸附量增大;而 pH 较高时,土壤表面正电荷随 OH^- 的增加而减少,不利于其对 Cr(VI)阴离子的电性吸附。

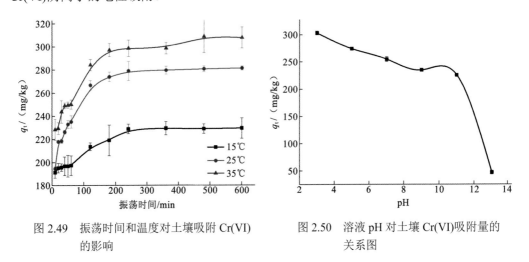

图 2.49　振荡时间和温度对土壤吸附 Cr(VI)的影响

图 2.50　溶液 pH 对土壤 Cr(VI)吸附量的关系图

另外,当 pH 较低时,Cr(VI)-H_2O 体系以 $HCrO_4^-$ 为主;随着 pH 的上升,当 pH>5.0 时,体系中 $HCrO_4^-$ 的比例迅速减少,而 CrO_4^{2-} 的比例迅速增加;当 pH>8.5 时,体系中仅有 CrO_4^{2-} 存在。因此,土壤对 Cr(VI)的吸附量随 pH 上升而减少,当 pH 较高时,吸附量变得极少。并且,土壤对 Cr(VI)的吸附可能以 $HCrO_4^-$ 为主。

3. 不同固液比对 Cr(VI)吸附的影响

在同一固液比条件下,Cr(VI)的吸附量随 Cr(VI)溶液初始浓度的增大而增大(表 2.12)。不过固液比越小,单位质量土壤对 Cr(VI)的吸附量也越大。对平衡浓度与吸附量作图得到供试土壤在三种不同固液比(25℃)下对 Cr(VI)的等温吸附线(图 2.51)。

表 2.12　不同固液比下土壤对 Cr(VI)的吸附量与 Cr(VI)溶液初始浓度的关系

固液比	项目	初始浓度/（mg/L）						
		10	20	40	60	80	100	200
1:5	平衡浓度/（mg/L）	0.00	1.83	10.14	21.97	35.37	51.10	129.36
	吸附量/（mg/kg）	50.00	90.83	149.31	190.14	223.17	244.50	353.21
1:10	平衡浓度/（mg/L）	1.33	6.15	20.41	34.54	50.64	67.52	162.16
	吸附量/（mg/kg）	86.70	138.53	195.87	254.59	293.58	324.77	378.44
1:20	平衡浓度/（mg/L）	3.99	11.42	27.94	45.05	58.94	76.56	173.62
	吸附量/（mg/kg）	120.18	171.56	241.28	299.08	421.10	468.81	527.52

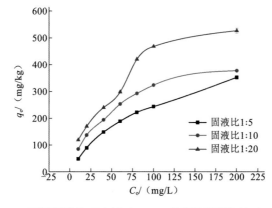

图 2.51　不同固液比下土壤对 Cr(VI)的等温吸附特性（25℃）

2.5　Cr(VI)在土壤中迁移规律

研究重金属迁移转化机理的常用方法主要有等温吸附法和土柱淋滤法。等温吸附法具有简便快速的优点，便于对机理进行探讨；土柱淋滤法的优势在于实验条件更接近自然，实验结果更具有实用性，并且省时省力，是迁移过程分析必不可少的研究手段。

2.5.1　Cr(VI)在非饱和土壤中的穿透迁移规律

与氯离子的浓度穿透实验相似，持续注入 Cr(VI)溶液（pH=11.8,质量浓度=100 mg/L）5.5 h 之后，在土柱底部出流口检测有 Cr(VI)流出。注入 7 h 左右时，出流液 Cr(VI)浓度开始逐渐增大，曲线呈明显上升趋势（图 2.52）。在注入 25 h 后，曲线逐渐平缓，且出流浓度已达到入流浓度的 99.5%以上，可以认为此时 Cr(VI)已经完全穿透土柱。

在相同的土柱中，Cr(VI)在非饱和土壤中的穿透速率比氯离子低，且 Cr(VI)完全穿透土柱的时间约为氯离子的 5 倍（图 2.53）。另外，Cr(VI)的穿透曲线与氯离子相比向右偏移，这说明 Cr(VI)在非饱和土壤中迁移时有明显的迟滞现象。这可能是因为 Cr(VI)在供试土壤中发生了化学作用，可能包括离子交换、氧化还原、沉淀溶解和吸附解吸等。

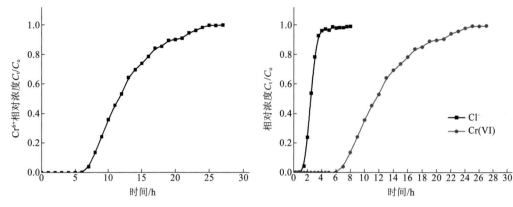

图 2.52　Cr(VI)在非饱和土壤中的浓度穿透曲线　　图 2.53　氯离子（Cl⁻）和 Cr(VI)在非饱和土壤中
穿透曲线对比图

2.5.2　Cr(VI)在饱和土壤中的穿透迁移规律

注入 Cr(VI)溶液 20 h 后，从土柱底部检测到 Cr(VI)离子流出；48 h 后，出流浓度开始逐渐增大，曲线开始向上攀升；在注入 153 h 后，曲线变得平缓，其出流浓度达到入流浓度的 99.5%以上，可以认为此时 Cr(VI)已经基本穿透土柱（图 2.54）。与 Cr(VI)离子在非饱和土壤中的穿透曲线相比，两者有非常明显的区别：Cr(VI)离子达到完全穿透饱和土柱的时间是其达到完全穿透非饱和土柱的时间的 6.1 倍。原因可能为：两者入流液的 Cr(VI)离子浓度不同，穿透饱和土壤 Cr(VI)离子质量浓度为 200 mg/L，而穿透非饱和土壤 Cr(VI)离子质量浓度为 100 mg/L；同时，不同的实验前提、实验装置规格和出水流量等原因亦可造成两者间显著的差异。

在相同的饱和土柱中，Cr(VI)在饱和土壤中的穿透速率同样比氯离子慢，且 Cr(VI)完全穿透土柱的时间约为氯离子的 5.1 倍（图 2.55）。此外，Cr(VI)的穿透曲线与氯离子相比向右偏移，这说明 Cr(VI)在饱和土壤中的迁移过程也存在很明显的迟滞现象。与图 2.53 相比，两者趋势基本相似，且迟滞效果也较为一致。

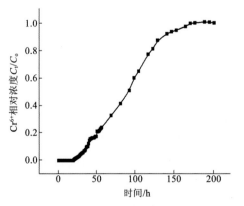
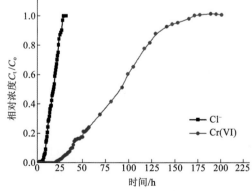

图 2.54　Cr(VI)在饱和土壤中的浓度穿透曲线　　图 2.55　氯离子（Cl⁻）和 Cr(VI)在饱和土壤中
穿透曲线对比图

pH 为 11.8、质量浓度为 100 mg/L 的 Cr(VI)溶液淋溶土壤前后主要光谱特征存在差异（图 2.56）：在高岭石羟基波段的振动主要发生在 3 695 cm^{-1} 和 3 620 cm^{-1}。淋溶前后土壤的红外光谱在这一波段的峰强发生较明显的变化，表明含氧阴离子可能在黏土矿物界面被吸附。而水分子不稳定，可被无机阴离子交换。另外在黏土矿物界面上有单独的羟基官能团，它们可以和 Al^{3+} 配合形成 β-苯酚二磺酸铝官能团，在 Cr(VI)溶液淋溶后的土壤样品中，β-苯酚二磺酸铝官能团的红外光谱特征峰（约 694 cm^{-1}）出现了下降，这是因为该官能团会离解和结合质子。由此可见，这些官能团影响并干预了土壤对 Cr(VI)的含氧阴离子的吸附过程。

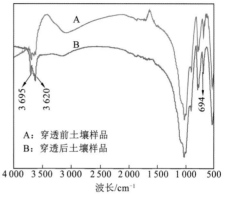

图 2.56　Cr(VI)穿透前后土壤红外光谱图

2.5.3　Cr(VI)在土壤中的吸附分配系数和迟滞因子

1. 土壤渗透系数

在非饱和土壤中 Cr(VI)的渗透系数与土壤含水率有关，测定比较困难，而且目前为止测量方法也都是在一定的假设条件前提下进行的。非饱和土壤试验的含水率处于不断变化的过程，非饱和土壤的渗透系数不再是常数，所以仅需测定饱和土壤中的渗透系数。

当土柱达到饱和水状态时，1、2、3 取样管中的水位保持不变，终端出水口处水流稳定。此时，观察取样管 1 中水位上升到距土柱中心 565 mm 处，取样管 3 中水位上升到 130 mm 处，1、3 取样管之间的垂直距离 ΔH=565−130=435 mm，水平距离为 l=600−200= 400 mm，终端出水口处每隔 t_i=10 min，出水量 Q_i=4.5 mL。

从 120 min 的测定来看，出水量基本保持一致为 4.5 mL，此时可视为稳定渗透阶段（表 2.13），所以渗透系数 K_{t_i} 可以通过下式计算得出

$$K_{t_i} = \frac{10 \cdot Q_i}{S \cdot t_i} \times \frac{l}{\Delta H} = \frac{10 \times 4.5}{95 \times 10} \times \frac{400}{435} (\text{mm}/\text{min}) = 0.044 (\text{mm}/\text{min}) = 63.36 (\text{mm}/\text{d}) \quad （2.63）$$

表 2.13　土壤渗透性测定记录表

渗透时间/min	每段时间出水量 Q_i/mL	单位面积渗出总量/mm	渗透速率 $V=\dfrac{10 \cdot Q_i}{S \cdot t_i}$/（mm/min）	温度 T_i/℃	渗透系数 K_{t_i}/（mm/min）
0	0.0	0.000	0.000 0	5.3	0.000
10	4.6	0.484	0.048 4	5.3	0.045
20	4.5	0.958	0.047 4	5.4	0.044
30	4.5	1.432	0.047 4	5.4	0.044
40	4.5	1.906	0.047 4	5.4	0.044

渗透时间/min	每段时间出水量 Q_i/mL	单位面积渗出总量/mm	渗透速率 $V=\dfrac{10\cdot Q_i}{S\cdot t_i}$ /（mm/min）	温度 T_i/℃	渗透系数 K_{t_i} /（mm/min）
50	4.5	2.380	0.047 4	5.5	0.044
60	4.5	2.854	0.047 4	5.5	0.044
70	4.5	3.328	0.047 4	5.5	0.044
80	4.5	3.802	0.047 4	5.5	0.044
90	4.5	4.276	0.047 4	5.5	0.044
100	4.5	4.750	0.047 4	5.5	0.044
110	4.5	5.224	0.047 4	5.5	0.044
120	4.5	5.698	0.047 4	5.5	0.044

2. Cr(Ⅵ)在非饱和土壤中的吸附分配系数和迟滞因子

由于 Cr(Ⅵ)被土壤吸附，需确定其在特定的土壤中的吸附分配系数 K_d 及迟滞因子 R_d。吸附平衡实验得到的等温吸附线、等温吸附方程、吸附分配系数、最大吸附容量等参数并不能完全反映实际环境中污染物的运移情况。而土柱动态吸附实验与之相比更符合实际情况，且所需费用、时间与野外现场试验相比要少得多，因而是目前测定迟滞因子 R_d 和吸附分配系数 K_d 的主要方法。

根据线性等温平衡吸附规律，利用非饱和土壤 Cr(Ⅵ)吸附穿透曲线，可求得非饱和土壤中吸附分配系数 K_d 和迟滞因子 R_d。

Cr(Ⅵ)的吸附分配系数 K_d 可以通过下式确定：

$$K_d=\frac{\eta_e}{\rho_b}\left(\frac{vt_{0.5}}{L}-1\right) \tag{2.64}$$

式中：ρ_b 为土的干容重（N/m³）；η_e 为土壤介质的孔隙率（%）；$t_{0.5}$ 为 Cr(Ⅵ)的相对浓度 C_t/C_o 达到 0.5 的时间（h）；由 Cr(Ⅵ)在非饱和土壤的吸附穿透曲线（图 2.52）可知，当 $C_t/C_o=0.5$ 时，$t_{0.5}=11.59$ h；L 为取样管到土柱起端的距离；v 为土柱中液体的实际流速。

将 L、ρ_b、η_e、$t_{0.5}$、v 代入式（2.64），经计算得

$$K_d^{(Cr)}=\frac{0.51}{1.64}\left(\frac{0.1027\times60\times11.59}{15}-1\right)=1.169\,6(cm^3/g)\approx1.17\times10^{-3}(m^3/kg)$$

对于非饱和土壤，在吸附作用能用分配系数来描述的场合，迟滞因子 R_d 可用下式来确定：

$$R_d=\frac{\theta_s}{\theta}+\frac{\rho_b}{\theta}K_d \tag{2.65}$$

式中：θ_s 为土壤介质的饱和含水率；θ 为土壤介质的实际含水率（g/100 g）；其他符号含义同式（2.64）。非饱和土壤试验的含水率是处于不断变化的过程，非饱和土壤的迟滞因子 R_d 不再是常数，所以无法计算具体数值。

3. Cr(VI)在饱和土壤中的吸附分配系数和迟滞因子

同上利用饱和土壤实验测定的 Cr(VI)吸附穿透曲线,可求得吸附分配系数 K_d 和迟滞因子 R_d。由 Cr(VI)在饱和土壤的吸附穿透曲线(图 2.54)可知,当 $C_t/C_0=0.5$ 时,$t_{0.5}$ 为 88.96 h,L 为 200 mm,v 为 0.004 4 cm/min,代入式(2.64),经计算得

$$K_d^{(Cr)}=\frac{0.51}{1.64}\left(\frac{0.004\ 4\times60\times88.96}{20}-1\right)=0.054\ 2(cm^3/g)=0.054\ 2\times10^{-3}(m^3/kg)$$

对于饱和土壤,由于 θ_s 基本等于 θ,所以迟滞因子 R_d 可用下式确定:

$$R_d=1+\frac{\rho_b}{\eta_e}K_d \tag{2.66}$$

将 Cr(VI)的吸附分配系数 $K_d^{(Cr)}$ 代入式(2.66),经计算得

$$K_d^{(Cr)}=1+\frac{1.64}{0.51}\times0.054\ 2=1.17$$

2.6 Cr(VI)在铬渣-土壤-地下水系统中的迁移模拟

重金属在土壤中的迁移模型主要包括确定性模型和随机模型。确定性模型,即对流-弥散模型(convective-dispersive model),是最常用的模型,其主要应用于受植被、气象、水分和污染源影响的具体微观尺度的模拟研究。随机模型的求解常根据经验简化边界条件,主要应用于区域性的土壤重金属传输研究。

2.6.1 Cr(VI)在铬渣-土壤-地下水系统中的整体迁移模型

1. 整体模型建立技术路线

整体模型的建立技术路线如图 2.57 所示:首先,利用回归方程和人工神经网络理论建立酸雨淋溶状态下 Cr(VI)淋滤浓度与总量的仿真模型,并运用遗传算法对模型进行优化,计算酸雨条件下铬渣中 Cr(VI)的释放浓度与通量;然后,通过等温吸附法研究对土壤 Cr(VI)的吸附特性,利用土柱实验研究 Cr(VI)在土壤中的迁移参数,在分析对流、弥散等水动力作用的基础上建立土壤 Cr(VI)迁移的数学模型,根据上一步计算的 Cr(VI)释放浓度与通量对其在土壤中的迁移进行模拟;最后,针对研究区水文地质情况,建立地下水 Cr(VI)迁移的概念模型与数学模型,运用土壤迁移模型的计算结果,对 Cr(VI)在地下水中的迁移进行模拟。

2. 研究区水文地质概况

根据湖南省国土资源规划院和湖南省地质调查院相关地质资料,研究区域地势平缓,坡度为 2°～5°,属河漫滩阶地地形,宽度为 1～5 km。地质结构由第四纪松散堆积物和古近纪红岩组成(表 2.14,图 2.58)。第四纪松散堆积物的成分有砂层、亚砂层、亚砂土、砂砾石,此层总厚度为 4～27 m。第四纪红色黏土及砂质黏土的耐压强度一般为 20 t/m²

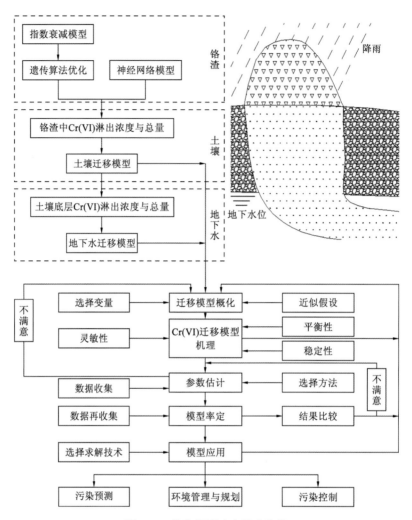

图 2.57　整体模型建立技术路线

表 2.14　综合地层柱状剖面图

界	系	统	符号	柱状图	厚度/m	岩性描述
新生界	第四系	全新统	Q_h		9	砂层、亚砂土，砂砾层
		更新统	Q_p		126	黄色亚黏土、红色网纹状亚黏土、砂砾及砾石层
	古近系	始新统	E_2		500	上部，灰黑色、黄绿色沥青质灰岩，泥灰岩夹油页岩产鱼化石：*Pararutilus orientalis*；*Osteochilus linliensis*；*Osteochilus hunanensis* 及介形虫化石。下部紫红色灰绿色花岗质砾岩，砂砾岩

图 2.58　研究区域地质图

以上，未发现溶洞、崩塌、滑坡、地陷等不利地质现象，砂砾石层含丰富的孔隙水，地下水埋藏很浅，地下水矿化度约为 0.25 g/L，水质类型为 HCO_3-Ca 和 HCO_3-(Ca+Mg)型水，是比较好的饮用水源。古近纪红岩系泥沙质胶结，厚度达数百米，在裂隙不发育的地段成为良好的隔水层，对深层地下水免遭污染起到了良好的屏障作用。

3. 水文地质概化模型的建立

1）模拟区范围确定

模拟计算范围的东南侧标识为涟水河，北侧以湘黔铁路附近的地下水等水位线（70 m）为准，东北及西侧各距某铁合金生产企业约 2.8 km，模拟区域总面积约 20 km²。

2）单元剖分

平面上：渣场最小剖分尺度为 30 m×30 m；其他区域剖分为 60 m×60 m。垂向上：分两层，第一层为潜水层，第二层为隔水层。模拟的高程范围约 20 m。浅层地下水主要埋藏在第四纪红土层底部的砂砾石层中，从地质钻孔数据看（表 2.14），砂砾层厚度主要在 4～10 m，局部地段厚度可达 14.20 m，因此，将潜水层设为 10 m。

3）含水层类型概化

根据类型、岩性、厚度和导水特征等分析，含水层应为非均质。但由于研究范围较小且模拟对象为潜水层地下水，模型将含水层类型概化为均质各向同性含水层。

4）地下水流类型概化

研究区地势较平缓，潜水含水层遍布全区，为层流运动，水流运移符合达西定律，忽略地下水位受枯丰水期影响的变化，将全区视为稳定二维平面流。

5）研究区边界类型划分

垂直边界：上部边界为潜水面，是水量交换边界，下部边界为古近纪红岩，是区域性隔水层，概化为隔水边界。

侧向边界：东北侧、西侧和西南侧以流线为边界，将其设为零通量隔水边界。东南面涟水河为已知水位河流边界。北部没有自然边界，但可以依据长期观测的等水位线划定指定水头边界（图 2.59）。

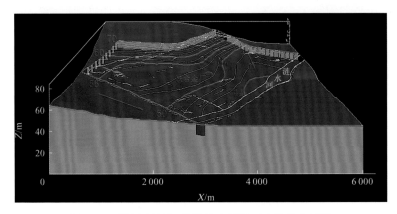

图 2.59　研究区地形、边界及实测地下水位分布情况

溶质边界：对于溶质边界，本次模拟将铬渣场设为一溶质通量边界，主要通过连接 2.5 节中的土壤迁移模拟结果赋铬浓度值来实现溶质通量。具体方法是通过土壤迁移模拟计算每一时段 Cr(VI)从土壤底部的淋滤浓度，然后将结果导入地下水模拟的污染物通量设置中。

6）地下水源汇计算

研究区地下水补给项主要为降雨和洪水期涟水河对地下水季节性的侧向回灌补给，主要考虑降雨带来的地下水补给。地下水消耗项主要是蒸发和水井开采，主要考虑蒸发排泄产生的地下水消耗。降雨入渗量及蒸发量通过降雨入渗系数及潜水蒸发系数控制。

$$R_降 = P \times a_降 \tag{2.67}$$

式中：$R_降$为降雨入渗补给量（mm）；P 为年降雨量（mm）；$a_降$为降雨渗入量与降雨总量的比值，称为降雨入渗系数。降雨入渗系数主要受地表土层的岩性和结构、降雨量大小、降雨形式、地形坡度，以及植被覆盖等因素的影响。其中，地表土层的岩性影响一般最为显著。该研究区水位埋深较浅，渗透性强，降雨能很快入渗到含水层，降雨入渗是主要补给来源，根据地下水动态长期观测资料及水利部公布的《水利水电工程水文计算规范》（SL/T 278—2020），该区域的 $a_降$取值为 0.17。

另外，结合研究区所在地区的水文地质情况，依据水利部公布的《水利水电工程水文计算规范》（SL/T 278—2020），潜水蒸发系数和潜水极限蒸发深度分别给值为 0.4 和 4 m。

2.6.2　地下水污染物运移耦合动力学模型

1. 地下水运动微分方程

建立污染物迁移转化数学模型，首先要建立微分方程（控制方程，governing equation），包括地下水运动和污染物迁移转化两方面的控制方程。

1）渗流的连续性方程

在充满流体的研究域内，以 $P(x, y, z)$ 为中心取一无限小的平行六面体作为均衡单元体（图 2.60，边长分别为 $\Delta x, \Delta y, \Delta z$）。设流体密度为 ρ，流体沿 x, y, z 轴方向的渗流速率（达西流速）分别为 $v_x(x, y, z)$，$v_y(x, y, z)$，$v_z(x, y, z)$，流入单元体为正，则在 Δt 时间内单元体内的水均衡情况如图 2.60 所示。

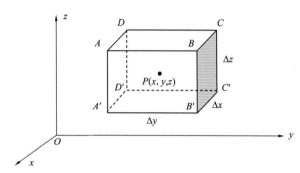

图 2.60　渗流区中的均衡单元体

在 x 方向上，用 $\rho v_x\big|_{x+\frac{1}{2}\Delta x, y, z}$ 表示 ρ 和 v_x 在 $\left(x+\dfrac{1}{2}\Delta x, y, z\right)$ 位置（$ABB'A'$ 面位置）的值，则从 $ABB'A'$ 面进入单元体的水质量为

$$M_{ABB'A'} = -\rho v_x\bigg|_{x+\frac{1}{2}\Delta x, y, z} \Delta y \Delta z \Delta t \tag{2.68}$$

同时，从 $DCC'D'$ 面进入的水质量为

$$M_{DCC'D'} = \rho v_x\bigg|_{x-\frac{1}{2}\Delta x, y, z} \Delta y \Delta z \Delta t \tag{2.69}$$

因而，在 x 方向上单元体内水质量的增加量为

$$\Delta M_x = M_{ABB'A'} + M_{DCC'D'} = -\left[\rho v_x\bigg|_{x+\frac{1}{2}\Delta x, y, z} - \rho v_x\bigg|_{x-\frac{1}{2}\Delta x, y, z}\right] \Delta y \Delta z \Delta t$$
$$= -\frac{\partial}{\partial x}(\rho v_x) \Delta x \Delta y \Delta z \Delta t \tag{2.70}$$

同理，在 y 和 z 方向上的水质量增量分别为

$$\begin{cases} \Delta M_y = -\dfrac{\partial}{\partial y}(\rho v_y) \Delta x \Delta y \Delta z \Delta t \\[3mm] \Delta M_z = -\dfrac{\partial}{\partial z}(\rho v_z) \Delta x \Delta y \Delta z \Delta t \end{cases} \tag{2.71}$$

因此，单元体内总的水质量增量为

$$\Delta M = \Delta M_x + \Delta M_y + \Delta M_z = -\left[\frac{\partial}{\partial x}(\rho v_x) + \frac{\partial}{\partial y}(\rho v_y) + \frac{\partial}{\partial z}(\rho v_z)\right] \Delta x \Delta y \Delta z \Delta t \tag{2.72}$$

另外，设单元体的空隙度为 n，则单元体内水所占体积为 $n\Delta x \Delta y \Delta z$，相应的质量为 $\rho n \Delta x \Delta y \Delta z$。因而，单元体内的水质量在 Δt 时间内的变化量为

$$\Delta M' = (\rho n \Delta x \Delta y \Delta z)|_{t+\Delta t} - (\rho n \Delta x \Delta y \Delta z)|_t = \frac{\partial}{\partial t}(\rho n \Delta x \Delta y \Delta z)\Delta t \quad (2.73)$$

根据质量守恒定律,由流入和流出引起的均衡单元体内水质量的变化差值应该与单元体内部水的贮存质量变化相等,因而有 $\Delta M = \Delta M'$,即

$$\frac{\partial}{\partial t}(\rho n \Delta x \Delta y \Delta z) = -\left[\frac{\partial}{\partial x}(\rho v_x) + \frac{\partial}{\partial y}(\rho v_y) + \frac{\partial}{\partial z}(\rho v_z)\right]\Delta x \Delta y \Delta z \quad (2.74)$$

这就是渗流的连续性方程,其物理意义为:进入和流出单元体的水质量之差等于单元体内水质量的变化量。当为稳定流时,连续性方程简化为

$$\frac{\partial}{\partial x}(\rho v_x) + \frac{\partial}{\partial y}(\rho v_y) + \frac{\partial}{\partial z}(\rho v_z) = 0 \quad (2.75)$$

2)地下水三维渗流控制方程

地下水多孔介质的变形主要表现为垂向,侧向由于受到约束而变形很小,可以忽略,即

$$\frac{\partial \Delta z}{\partial t} \neq 0, \qquad \frac{\partial}{\partial t}(\Delta x \Delta y) = 0$$

另外,由于水密度 ρ 的空间变化也很小,可以忽略,式(2.74)简化为

$$\frac{\partial}{\partial t}(\rho n \Delta z) = -\left[\frac{\partial v_x}{\partial x} + \frac{\partial v_y}{\partial y} + \frac{\partial v_z}{\partial z}\right]\rho \Delta z \quad (2.76)$$

当坐标轴方向与渗流的主方向一致时,渗流的达西定律为

$$\begin{cases} v_x = -K_{xx}\dfrac{\partial H}{\partial x} \\[2mm] v_y = -K_{yy}\dfrac{\partial H}{\partial y} \\[2mm] v_z = -K_{zz}\dfrac{\partial H}{\partial z} \end{cases} \quad (2.77)$$

式中:H 为水头(L)。

另外,考虑流体和多孔介质的压缩性和贮水率 S_s(L^{-1}),得到地下水运动的三维微分方程为

$$S_s\frac{\partial H}{\partial t} = \frac{\partial}{\partial x}\left(K_{xx}\frac{\partial H}{\partial x}\right) + \frac{\partial}{\partial y}\left(K_{yy}\frac{\partial H}{\partial y}\right) + \frac{\partial}{\partial z}\left(K_{zz}\frac{\partial H}{\partial z}\right) \quad (2.78)$$

式(2.78)右端是单位时间流入与流出水体积的差。当研究域中有源汇存在时,地下水三维渗流控制方程变为

$$S_s\frac{\partial H}{\partial t} = \frac{\partial}{\partial x}\left(K_{xx}\frac{\partial H}{\partial x}\right) + \frac{\partial}{\partial y}\left(K_{yy}\frac{\partial H}{\partial y}\right) + \frac{\partial}{\partial z}\left(K_{zz}\frac{\partial H}{\partial z}\right) + W \quad (2.79)$$

式中:W 为单位时间、单位体积介质得到的汇源水体积(T^{-1}),研究域得到水时取正,失去水时取负。

当为稳定渗流时,地下水运动不随时间变化,即 $\dfrac{\partial H}{\partial t} = 0$,因而三维稳定渗流微分方

程为

$$\frac{\partial}{\partial x}\left(K_{xx}\frac{\partial H}{\partial x}\right)+\frac{\partial}{\partial y}\left(K_{yy}\frac{\partial H}{\partial y}\right)+\frac{\partial}{\partial z}\left(K_{zz}\frac{\partial H}{\partial z}\right)+W=0 \tag{2.80}$$

2. 污染物迁移转化控制方程

与地下水运动微分方程推导相似,同样基于质量守恒定律,在研究域中取一无限小的平行六面体作为均衡单元体进行分析。与地下水运动不同,单元体内污染物质量的增加来自三个方面:弥散作用、对流作用、源汇作用。另外,对于污染物迁移而言,介质变形的影响很小,可以忽略。最后结合菲克定律,可得污染物迁移的控制方程。

$$\frac{\partial nC}{\partial t}=\frac{\partial}{\partial x}\left(nD_{xx}\frac{\partial C}{\partial x}+nD_{xy}\frac{\partial C}{\partial y}+nD_{xz}\frac{\partial C}{\partial z}\right)+\frac{\partial}{\partial y}\left(nD_{yx}\frac{\partial C}{\partial x}+nD_{yy}\frac{\partial C}{\partial y}+nD_{yz}\frac{\partial C}{\partial z}\right)$$
$$+\frac{\partial}{\partial z}\left(nD_{zx}\frac{\partial C}{\partial x}+nD_{zy}\frac{\partial C}{\partial y}+nD_{zz}\frac{\partial C}{\partial z}\right)-\frac{\partial nu_xC}{\partial x}-\frac{\partial nu_yC}{\partial y}-\frac{\partial nu_zC}{\partial z}+I \tag{2.81}$$

式中:C 为污染物质量浓度（M/L^3）;D_{xx}、D_{xy}、D_{xz}、D_{yx}、D_{yy}、D_{yz}、D_{zx}、D_{zy}、D_{zz} 为水动力弥散系数张量 D 的坐标分量（L^3/T）;u_x、u_y、u_z 为地下水运动实际速率（L/T）,由地下水流模型确定;I 为源汇项[M/（L^3·T）],定义为单位时间内单位体积中多孔介质得到的污染物质量;n 为空隙度。

当研究域中含有开采/注水、吸附/解吸、化学/生物反应等源汇作用时,将源汇项

$$WC_w-\rho_b\frac{\partial C_s}{\partial t}+nf(C)+\rho_bf_s(C_s)+I \tag{2.82}$$

代入式（2.81）,可得到地下水中污染物迁移转化控制方程的一般形式:

$$\frac{\partial nC}{\partial t}=\frac{\partial}{\partial x}\left(nD_{xx}\frac{\partial C}{\partial x}+nD_{xy}\frac{\partial C}{\partial y}+nD_{xz}\frac{\partial C}{\partial z}\right)+\frac{\partial}{\partial y}\left(nD_{yx}\frac{\partial C}{\partial x}+nD_{yy}\frac{\partial C}{\partial y}+nD_{yz}\frac{\partial C}{\partial z}\right)$$
$$+\frac{\partial}{\partial z}\left(nD_{zx}\frac{\partial C}{\partial x}+nD_{zy}\frac{\partial C}{\partial y}+nD_{zz}\frac{\partial C}{\partial z}\right)-\frac{\partial nu_xC}{\partial x}-\frac{\partial nu_yC}{\partial y}-\frac{\partial nu_zC}{\partial z}$$
$$+WC_w-\rho_b\frac{\partial C_s}{\partial t}+nf(C)+\rho_bf_s(C_s)+I \tag{2.83}$$

式中:C_s 为污染物在固相中的浓度（M/M）;ρ_b 为多孔介质的密度（M/L^3）;W 为流入或流出研究域的水强度（T^{-1}）,即在单位时间和单位体积内多孔介质得到的水体积;C_w 为 W 的浓度（M/L^3）,在补给问题中为补给水所含污染物浓度,在开采问题中其值与 C 相同;$f(C)$ 为反应速率[M/（L^3·T）],表示为因液相化学反应在单位时间单位体积的液体中得到的污染物的质量;$f_s(C_s)$ 为固相反应速率[M/（L^3·T）],为因固相化学生物反应而在单位时间内人单位体积的多孔介质的固体骨架中释放到液相的污染物质量;I 为其他源汇项[M/（L^3·T）]。

在现实情况中,污染物迁移微分方程是非线性的。由于浓度的变化可能会使流体的密度和黏度均发生变化,水运动方程和污染物迁移微分方程是相互依存的。但在地下水研究中,由于这种变化在很多情况下并不大,要求模型中可以进行简化并忽略。从而,可以认为地下水的运动速率独立于污染物的浓度,两者可以分开求解。因而研究中首先求

解地下水运动方程,确定地下水流速场分布,然后再求解污染物迁移微分方程来确定污染物的浓度分布。

2.6.3 地下水系统水流及 Cr(VI)迁移模拟与验证

依据铬渣-土壤-地下水系统中的整体迁移模型,结合地下水污染物运移耦合动力学模型,利用 Modflow 软件对模型进行可视化实现。

1. 流场模拟结果分析与验证

地下水等水位线平面分析（图 2.61 和图 2.62）和地下水流场分析（图 2.63）表明研究区域地下水位在 40~70 m,西北面水头较高,东南面水头较低。经验证,计算水头与实测水头差均小于 3 m。

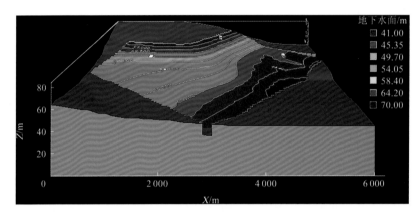

图 2.61　地下水等水位线模拟图

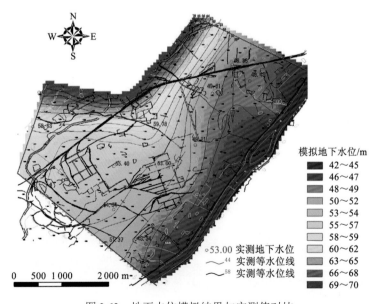

图 2.62　地下水位模拟结果与实测值对比

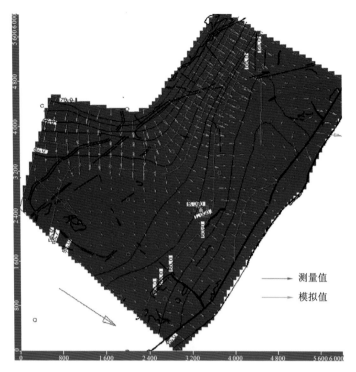

图 2.63　地下水流场模拟结果与实测结果对比

2. Cr(VI)迁移模拟结果分析与检验

从流场和流向分析可知,模型所建立的地下水流场也较好地反映了研究区地下水的补、径、排关系:地下水主要接受大气降雨补给;受地形影响,地下水在横向上基本向涟水河运动,纵向上大体顺河流向下游逐渐降低。

同时,研究区一弧形富水带也已被较好地模拟出,说明所建立的模型与真实情况十分吻合。特别是模型在被用于污染物迁移模拟的情况下,预测模型所提供的仅仅是污染物迁移的区间范围。鉴于以上考虑,该模型的精度可以满足科研、生产需求。

在流场确定的基础上,根据铬渣淋溶和土壤迁移模拟结果、水文地质资料及室内实验所得的迁移参数,进行模拟输出。该模拟时间从建厂满一年有一定量的铬渣堆存量的情况开始计算,在模拟输出中,选取了模拟开始后 10 天、1 a(1966 年)、2 a(1967 年)、20 a(1985 年)及 45 a(2010 年)作为模拟输出点(图 2.64～图 2.68)。

模拟结果显示:随着时间的推移,地下水中 Cr(VI)迁移范围也逐渐增大,污染晕沿地下水流方向朝涟水河扩散(东南方向);但是随着铬渣淋溶液中 Cr(VI)浓度的降低,进入土壤和地下水中的 Cr(VI)量也相应减少,因而在模拟的后 25 a,污染晕的高浓度值面积有缩小的趋势。在 45 a 的模拟时段里,研究区地下水 Cr(VI)污染晕继续向涟水河及涟水河下游延伸,使研究区很大面积的区域内地下水中 Cr(VI)质量浓度高于标准值(0.05 mg/L),对涟水河水质产生了很大的影响。由于污染晕范围内有居民用井,地下水 Cr(VI)污染迁移行为对当地居民健康具有潜在威胁。

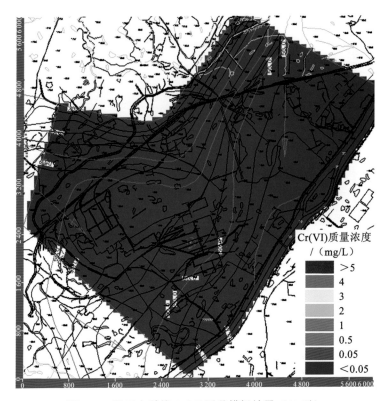

图 2.64　地下水系统 Cr(VI)迁移模拟结果（10 天）

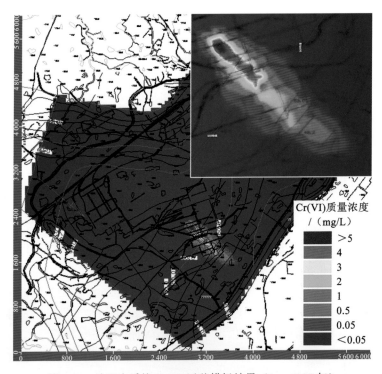

图 2.65　地下水系统 Cr(VI)迁移模拟结果（1 a，1966 年）

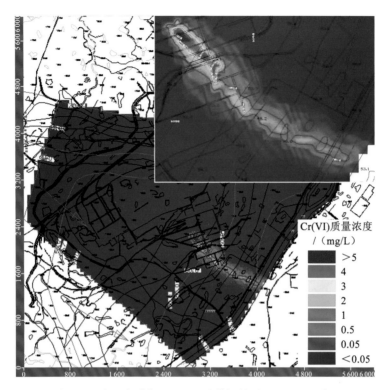

图 2.66　地下水系统 Cr(VI)迁移模拟结果（2 a，1967 年）

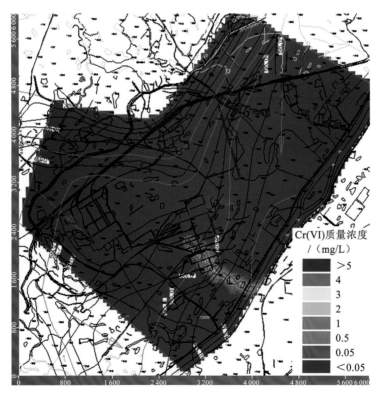

图 2.67　地下水系统 Cr(VI)迁移模拟结果（20 a，1985 年）

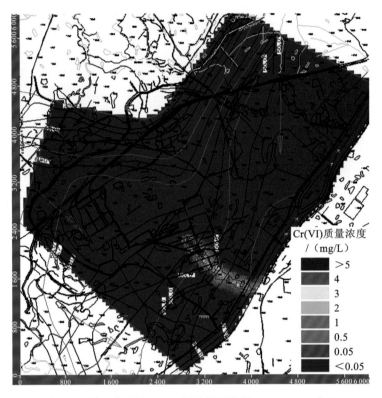

图 2.68　地下水系统 Cr(Ⅵ)迁移模拟结果（45 a，2010 年）

为了检验模拟结果的可信度，在 2009 年下半年对该企业附近居民的井水进行了采样分析，并将分析结果与 2009 年的模拟值进行对比（表 2.15）。

表 2.15　模拟值与实测值对比

实测值/（mg/L）	模拟值/（mg/L）	相对误差/%	实测值/（mg/L）	模拟值/（mg/L）	相对误差/%
0.004	0.003	25.00	4.170	3.012	27.77
0.205	0.181	11.71	1.774	1.225	30.95
0.032	0.026	18.75	2.720	2.263	16.80
0.046	0.052	13.04	0.004	0.003	25.00
0.066	0.048	27.27	0.004	0.003	25.00

由表 2.15 可知，实测值与模拟值最大相差 1.158 mg/L，最小相差 0.001 mg/L；相对误差最大为 30.95%，最小为 11.71%；平均误差为 0.221，均方误差为 0.430 3。由此可见，实测值与预测值基本吻合，从而表明建立的数学模型基本可靠。

预测值存在较实测值偏小的趋势，可能是由于模型构建过程中对实际情况的简化（表 2.15）。现实情况中，该企业三分厂的含铬废水虽然经处理达标后才排放至涟水河，但废水中排出的 Cr(Ⅵ)总量每年仍为 6 170 kg（1991 年统计数据）。而通过 2008 年对该厂排污口的废水进行采样分析表明，所有样品中 Cr(Ⅵ)质量浓度均达到 6.49 mg/L 以上，超过我国《污水综合排放标准》（GB 8978—1996）的阈值 0.5 mg/L 达 13 倍之多。另外，由于在洪水期涟水河对城区地下水呈季节性的侧向回灌补给，涟水河的 Cr(VI)含量超标还可能使地下水污染情况日趋恶化。另外，对于排污管道的破损泄漏及其他生产厂家的铬污染（如某市皮革厂也有可能存在铬污染物的排放），地表水水位的季节性变化与地表水 Cr(VI)污染物的排放，均未在本节的考虑范围，因而造成了模拟值比实测值要稍微偏低的结果。

3. 地下水 Cr(VI)迁移预测及分析

在所建模型通过可靠性验证的基础上，设计三种方案。方案一：铬渣不经处理，且生产维持原状；方案二：无新渣产生且铬渣被无害化处理完 50%；方案三：无新渣产生且铬渣被完全无害化处理。对 2015 年、2040 年和 2060 年的地下水 Cr(VI)迁移情况进行预测分析（图 2.69～图 2.71）。

方案一的预测结果显示（图 2.69），虽然旧渣中 Cr(VI)的淋滤量和浓度均在减小，但由于不断有新渣的加入，Cr(VI)的淋滤总量和浓度仍呈上升趋势，污染晕不断扩大，且高浓度区域的面积也在逐渐增大。因此，必须对铬渣进行无害化处理，切断地下水中 Cr(VI)的污染源头。

方案二的预测结果表明（图 2.70），即使到了 2060 年，地下水中 Cr(VI)污染晕范围也没有缩小的趋势。但也可以看出，仅对铬渣无害化处理 5 a 后（2015 年），Cr(VI)高浓度区域的面积就已明显缩小。由此可知，对 50%的铬渣进行无害化处理后，地下水中 Cr(VI)浓度值减小，地下水水质已有好转。

通过方案三进一步体现了铬渣无害化处理的效果（图 2.71）。高浓度污染区域范围缩小的趋势更为明显，最高质量浓度基本上不高于 3 mg/L。截至 2060 年，对于大部分区域，在铬渣未经处理前，地下水中 Cr(VI)的最高浓度是完全无害化处理后同时期浓度的 10～40 余倍。可见，铬渣的无害化处理对周围区域地下水环境具有明显的改善作用。但是，从方案三的分析结果亦可看出，即使在铬渣被完全处理后，仍然有很大面积的地下水中 Cr(VI)含量超出《地下水质量标准》（GB/T 14848—2017）和《生活饮用水卫生标准》（GB 5749—2006）。

可见，Cr(VI)的污染危害具有长期性，一旦造成地下水污染，其自然修复过程需要很长的时间。根除现有污染区域的铬污染问题，使其恢复原有状态，需要进行十分艰巨而复杂的工作和投入大量的资金，甚至即使投入再大也难以完全恢复。

另外，假设渣场的污染质量浓度为 3 000 mg/L，由模拟结果（图 2.72）可知，随着污染源 Cr(VI)浓度的提高，污染区域明显向东南方区域的市区扩展。且由于涟水河的影响，Cr(VI)不断向河流的下游迁移，有可能引起城区大部分区域的地下水污染，严重影响当地的日常生产与生活。可见，针对该厂引起的污染问题，必须要从源头进行管控，配合多种修复手段，从根本上改善当地的环境质量。

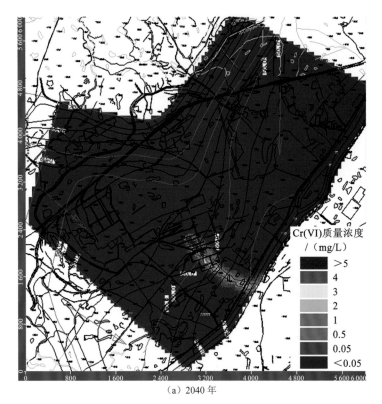

（a）2040 年

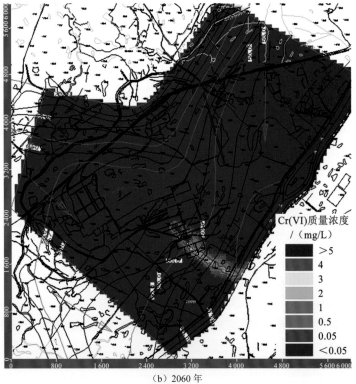

（b）2060 年

图 2.69　铬渣不处理情况下的地下水 Cr(VI)迁移预测（方案一）

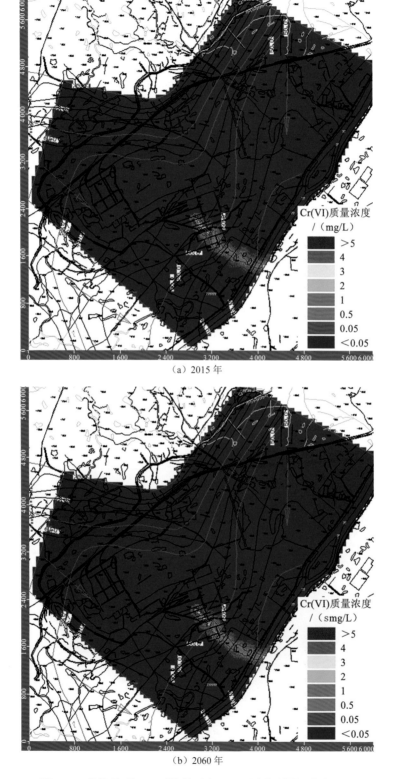

（a）2015 年

（b）2060 年

图 2.70 铬渣处理 50%后的地下水 Cr(VI)迁移预测（方案二）

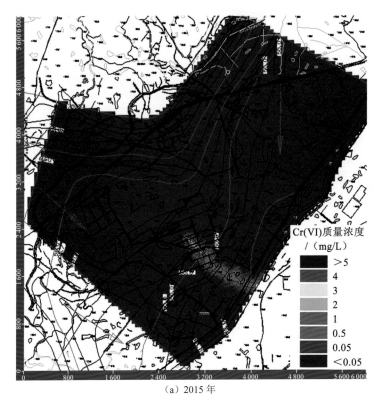

（a）2015 年

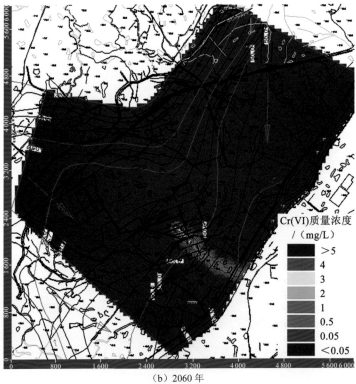

（b）2060 年

图 2.71　铬渣处理 100%后的地下水 Cr(VI)迁移预测（方案三）

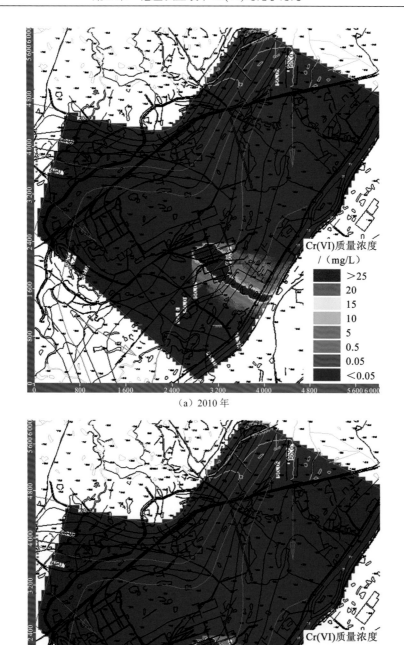

（a）2010 年

（b）2060 年

图 2.72 污染源浓度达 3 000 mg/L 的地下水 Cr(VI)迁移模拟及预测

第3章 微生物还原 Cr(VI)的机理

目前，大量的 Cr(VI)还原菌被分离，并应用于 Cr(VI)污染的治理及修复，主要利用细菌对 Cr(VI)的还原作用将高毒性易迁移的 Cr(VI)转化为低毒性的 Cr(III)。分离源不同、种属不同的细菌，因其基因及酶存在巨大差异，对 Cr(VI)的还原也存在极大差异。

3.1 Cr(VI) 还 原 菌

3.1.1 Cr(VI)还原菌的筛选及鉴定

1. *Leucobacter* sp. CRB1

1）菌株形态

Cr(VI) 还原菌 *Leucobacter* sp. CRB1，光学显微镜下呈现为短杆状，能在培养液中四处游动，有较强的活动能力［图 3.1（a）］，革兰氏染色为阴性。扫描电镜下观察到该细菌周生鞭毛，直径为 0.5~0.8 μm，长度为 1.0~3.0 μm［图 3.1（b）］。

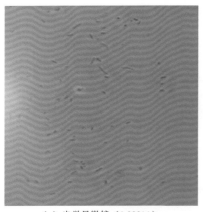
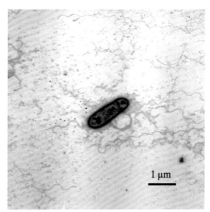

（a）光学显微镜（1 000×）　　　　　　　（b）扫描电子显微镜（8 000×）

图 3.1　Cr(VI)还原菌 CRB1 的形态观察

2）菌株种属鉴定及系统发育树

基于细菌 16S rDNA 序列，绘制菌株系统发育进化树（图 3.2）。目前报道的白色杆菌属有 9 个种，在发育地位上分为两个亚属，而 *Leucobacter* sp. CRB1 位于其中一个亚属的分枝之上，但又与亚属中其他菌有一定进化距离，因此 CRB1 是白色杆菌属的一个新种。

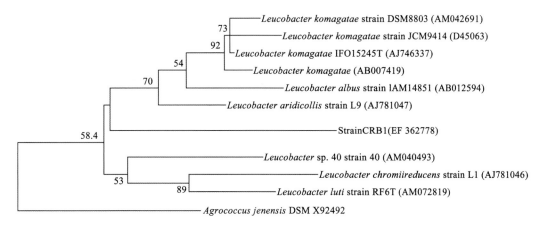

图 3.2　基于 CRB1 菌 16S rRNA 序列的系统发育树

2. *Pannonibacter phragmitetus* BB

1）菌株形态

Pannonibacter phragmitetus BB 菌落在 250 mg/kg Cr(VI)的固体培养基中呈蓝灰色，圆形，中间隆起，表面光滑、湿润，边缘整齐（图 3.3）。

在有 Cr(VI)和无 Cr(VI)培养下，细菌 BB 的细胞形态没有明显差异，均表现为表面形态完整，呈杆状，尾部生有鞭毛，表面附有少量丝状物质（图 3.4 和图 3.5）。在 500 mg/L Cr(VI)刺激下，细胞没有破裂和穿孔，表明 BB 可以耐受 500 mg/L Cr(VI)甚至更高浓度的 Cr(VI)（图 3.5）。细菌的细胞形态能否在有 Cr(VI)环境中保持完整，取决于细菌耐受 Cr(VI)的能力。相同浓度 Cr(VI)对不同微生物所造成的毒害强度不同，说明不同类型的微生物抗 Cr(VI)能力存在差异，而这种差异存

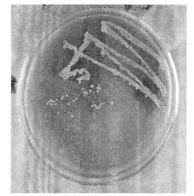

图 3.3　Cr(VI)耐受菌 BB 的菌落形态

在的一个重要原因是其解毒抗性机制不同。真核微生物主要通过利用金属硫蛋白螯合体内重金属，以减少破坏性较大的活性游离态重金属，而原核微生物则通过减少重金属的摄取和增加细胞内重金属的外排来减少胞内金属离子浓度。

2）菌株种属鉴定及系统发育树

根据细菌 BB 的 16S rDNA 序列与相关属种 16S rDNA 序列构建了系统无根发育树（图 3.6）。细菌 BB 位于 *Pannonibacter phragmitetus* 分枝上，说明 BB 菌是 *Pannonibacter phragmitetus* 的一个种。

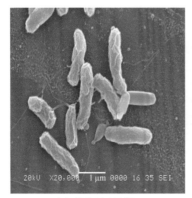 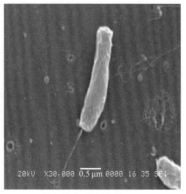

（a）放大 20 000 倍　　　　　　　　（b）放大 30 000 倍

图 3.4　无 Cr(VI)培养的细菌 BB 的扫描电镜图

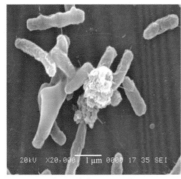 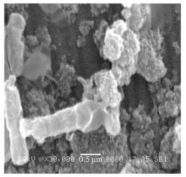

（a）放大 20 000 倍　　　　　　　　（b）放大 30 000 倍

图 3.5　在 500 mg/L Cr(VI)中生长的细菌 BB 的扫描电镜图

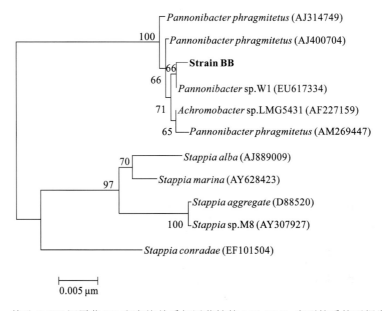

图 3.6　基于 Cr(VI)还原菌 BB 和亲缘关系相近菌株的 16S rDNA 序列的系统无根发育树

3. *Achromobacter* sp. Ch-1

Cr(VI)还原菌 Ch-1，周生鞭毛，可运动。革兰氏染色显示为阳性菌，细胞尺寸为 1.2 μm×0.8 μm。根据查对《伯杰细菌鉴定手册》，确定该菌为无色细菌属（*Achromobacter* sp.），并将细菌命名为 Ch-1 菌。

3.1.2　细菌的 Cr(VI)还原产物

1. 还原产物的形态

在 500 mg/L Cr(VI)生长中的 *P. phragmitetus* BB 菌的末端黏附着一团无定形物质，在无 Cr(VI)培养的细菌上是不存在的（图 3.7），该物质为 Cr(VI)的还原产物 Cr(III)的沉淀。在放大倍数为 20 000 的透射电镜下，在无 Cr(VI)生长中的 *P. phragmitetus* BB 细菌表面无附着物［图 3.7（a）］。在 500 mg/L Cr(VI)生长中，可以看到在细胞表面围绕着一圈深色物质［图 3.7（b）］，为 Cr(VI)还原产物。

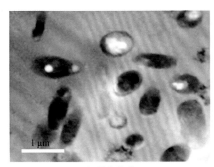 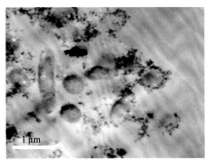

（a）无铬培养　　　　　　　　　　（b）500 mg/L Cr(VI)生长

图 3.7　BB 菌的透射电镜图

Leucobacter sp. CRB1 还原 Cr(VI)的产物则是以晶形和无定形两种沉淀形式附着在细菌末端。Cr(VI)还原后的产物常常以不同的形式附着在 Cr(VI)还原菌的表面（Zhu et al.，2008；Zakaria et al.，2007a；Lin et al.，2006）。*Shewanella oneidensis* MR-1 还原 Cr(VI)的产物 Cr(III)，会与细菌 DNA 缠绕在一起，以小圆球的形式积聚在细胞表面（Middleton et al.，2003）。而 *Arthrobacter* K-4 的 Cr(VI)还原的产物以不规则的小结形态束缚于细菌表面（Lin et al.，2006）。细菌还原 Cr(VI)的产物会以不同形式附着在细菌的表面，主要原因有两个：一是细菌有较大的比表面；二是细菌具有许多诸如羧基、磷酰基、羟基等带负电的官能团，细菌表面成为一些细颗粒矿物质形成的优良成核位点。当 Cr(VI)还原时，生成的 Cr(III)可以自由地结合在这些位点上，而且一旦 Cr(III)的位点形成，又可作为进一步异相成核和晶体生长的模板（Zakaria et al.，2007a）。

2. 还原产物的 EDAX 分析

对 *P. phragmitetus* BB 还原 Cr(VI)后的沉淀进行元素分析，发现基本元素有 Cr、C、O、

N、P、K、Na、Mg、Ca、S、Al 及 Si（图 3.8）。除元素 O、C 和 N 峰外，元素 Cr 峰高于其他元素峰。C、H、O、N 主要来源于细菌的组成成分，除了这 4 种元素，Cr 是产物中最主要元素。

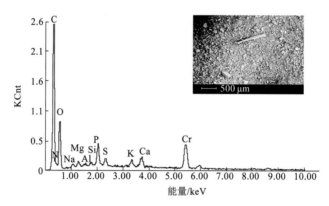

图 3.8 *P. phragmitetus* BB Cr(VI)还原产物的 X 射线能谱

3. 还原产物的 XPS 分析

利用 X 射线光电子能谱对细菌还原 Cr(VI)后溶液及沉淀中的铬存在价态进行有效的分析。

还原产物中检测到了 O、N、K、Cl、C、Cr 等元素（图 3.9）。其中在结合能为 577.4 eV 的铬元素的峰峰面积为 2 842.14。进一步对铬元素的峰进行分峰处理，发现可以将铬元素的峰分为 5 个峰：其中在 576.4 eV（Biesinger et al.，2004）和 578.9 eV（Chowdhury et al.，2012）分别被标记为以 Cr_2O_3 的形态存在；结合能为 577.2 eV 被标记为 $Cr(OH)_3$（Chowdhury et al.，2012）；结合能在 577.9 eV 则被标记为 $CrCl_3$（Biesinger et al.，2004）；$K_2Cr_2O_7$ 也在还原产物中检测出来，其结合能为 579.8 eV（Dambies et al.，2001）。根据峰面积可知各类产物的质量分数：Cr(III)占 83.51%，分别以 Cr_2O_3、$Cr(OH)_3$ 和 $CrCl_3$ 的形式存在，分别占总量的 21%、48%和 14.29%，高温处理可能会造成 $Cr(OH)_3$ 向 Cr_2O_3 转化；

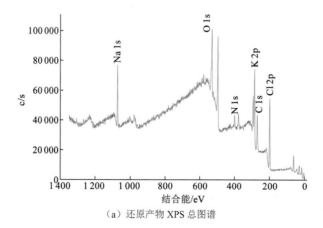

（a）还原产物 XPS 总图谱

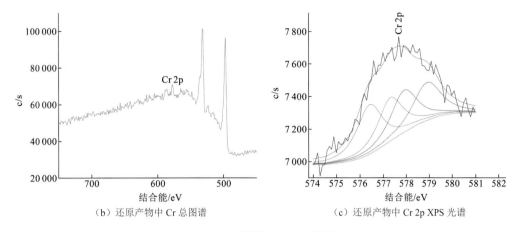

（b）还原产物中 Cr 总图谱　　　　　　（c）还原产物中 Cr 2p XPS 光谱

图 3.9　还原产物 XPS 光谱分析

剩下的 16.49% 以 $K_2Cr_2O_7$ 的形式存在。许多研究得出细菌能够将 Cr(VI)还原成 Cr(III)并在碱性条件下生成 $Cr(OH)_3$，从而对 Cr(VI)污染的水体或者土壤进行解毒（Lee et al.,2008；Zakaria et al.，2007b）。

3.1.3　Cr(VI)还原菌的生长特性

1. 温度对 Cr(VI)还原菌生长的影响

细菌的生长除了要求足够的营养,还需要其他维持细菌培养的条件,其中之一就是保持细菌生长和合成产物所需的适宜的温度。因为微生物的生长和代谢都是在各种生物酶的催化下进行的,而温度是保证酶活性的重要条件。从酶促动力学角度来看,温度升高,反应速率加大,生长代谢加快;但酶本身易因温度过高而失去活性,温度越高,酶的失活越快,影响细菌的生长。大多数微生物属于中温菌,在 20~40℃生长,而一些嗜冷菌在温度低于 20℃下生长速率最大,嗜热菌在50℃以上生长（唐兵 等,2002）。

将 Cr(VI)还原菌 *Leucobacter* sp. CRB1 分别置于 10℃、15℃、20℃、25℃、30℃、35℃、40℃ 及 45℃下培养 18 h 取样,通过吸光光度法（OD_{600}）测定其生长状况（图 3.10）。细菌的浓度随着温度的升高而增加,即细菌生长速率随温度升高而加快;当温度为 35℃时,细菌浓度达到最大值,此温度为 CRB1 菌生长的最适温度;高于此温度细菌体内酶活性受

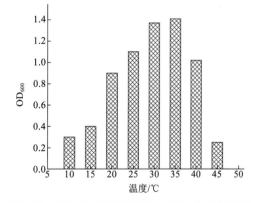

图 3.10　温度对 Cr(VI)还原菌 CRB1 生长的影响

到限制,细菌生长变得缓慢,培养物中细菌浓度也呈大幅下降趋势。因此,CRB1 菌是一种中温菌,在 30~35℃细菌生长代谢旺盛,其最适生长温度为 35℃。

2. pH 对 Cr(VI)还原菌生长的影响

环境 pH 对微生物生命活动的影响主要通过三个方面实现：①使蛋白质、核酸等生物大分子所带电荷发生变化，从而影响其生物活性；②引起细胞膜电荷变化，导致微生物细胞吸收营养物质的能力降低；③改变环境中营养物质的可给性及有害物质的毒性。不同微生物对 pH 条件的要求各不相同，它们只能在一定的 pH 范围内生长，而其生长最适 pH 范围常限于一个较窄的 pH 范围，对 pH 条件的不同要求在一定程度上反映出微生物对环境的适应能力（华洋林 等，2004）。

初始 pH 为 8.0 时，Cr(VI)还原菌 *Leucobacter* sp. CRB1 细菌生长最快。在酸性环境下，细菌生长则极缓慢；在碱性环境中，CRB1 菌的生长所受影响较小，甚至 pH 为 11.0 时仍可得到较高的细菌浓度，但当 pH 为 12.0 时，细菌生长基本停止（图 3.11）。因此，CRB1 菌是一种嗜碱细菌（alkaliphile），可以在碱性环境中生长，但不是专性嗜碱菌（obligate alkaliphile），专性嗜碱菌的最适生长 pH 一般在 9.5 以上，并且在中性条件下不能生长。虽然生活在碱性环境中，但嗜碱菌体内 pH 仍在 7～9，它们的细胞膜具有 Na^+/H^+ 反向运输系统，向细胞外排出 Na^+、摄取 H^+，以维持细胞质 pH 于正常生理范围（马延和，1999）。目前报道的 Cr(VI)还原菌，大部分适合在中性 pH 条件下生长，如 *Enterobacter*（Wang et al.，1990），*Ochrobactrum* sp.（Thacker et al.，2005）；少数以间接方式还原 Cr(VI)的化能自

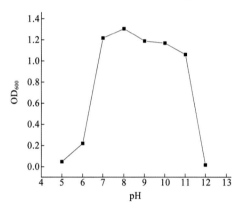

图 3.11　环境 pH 对 Cr(VI)还原菌 CRB1 生长的影响

养菌在酸性条件下生长，如 *Thiobacillus ferrooxidans*（Quiintana et al.，2001）；仅有 Cr(VI) 还原菌 CMB.Cr1（ATCC 700729），像细菌 CRB1 一样属于嗜碱性 Cr(VI)还原菌，可以在碱性环境中生长良好并还原 Cr(VI)（Palenik et al.，2006）。

3. 氧气对 Cr(VI)还原菌生长的影响

氧气（O_2）对微生物的生长有不同的影响。分子氧是需氧微生物必需的生活条件，而对另一些厌氧微生物则起抑制，甚至毒害作用。O_2 是需氧微生物呼吸链的最终电子受体，在电子传递的过程中，O_2 被还原为 H_2O，并生成 H_2O_2 和超氧化物等对细胞有毒害作用的活性中间产物。需氧微生物细胞内有分解这些中间产物的酶，而厌氧微生物则缺少这些酶类，因此厌氧微生物一旦接触 O_2，就被毒害停止生长甚至死亡。此外，耐氧性厌氧菌在 O_2 存在时可以生长，但是不能利用 O_2；兼性厌氧菌在有氧和无氧条件下都能生存，其原因是它们具有两套呼吸酶系，在有氧时能以 O_2 作为最终电子受体进行好氧呼吸，无氧时以代谢中间产物作为氢受体进行发酵作用。

Leucobacter sp. CRB1 菌在好氧条件下，细菌生长迅速；而在通 N_2 后密封培养的厌氧

条件下，细菌数量略有增长，但是生长非常缓慢（图 3.12）。说明 O_2 的存在大大促进了 CRB1 菌的生长，但在厌氧条件下细菌也能存活，所以细菌 CRB1 属于兼性需氧菌。

4. Cr(VI)还原菌的生长曲线

细菌生长曲线反映细菌在一定的环境条件下群体生长与繁殖的规律，这对于有效地利用和控制细菌的生长具有重要意义。而不同的细菌在相同的培养条件下其生长曲线不同，同样的细菌在不同的培养条件下所绘制的生长曲线

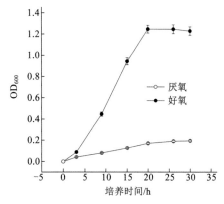

图 3.12　O_2 对 CRB1 菌生长的影响

也不相同，但一条典型的细菌生长曲线可以分为迟缓期、对数期、稳定期和衰亡期 4 个生长过程。

LB 培养基，培养温度为 35℃，初始 pH 为 8.0，接种量为 2%，在转速 120 r/min 的恒温摇床中培养，定时测定培养物中的细菌浓度，得到 Cr(VI)还原菌 *Leucobacter* sp. CRB1 典型生长曲线（图 3.13）。CRB1 菌群体的延滞期大致为 1 h，在该时期内细菌数量没有明显的变化，细菌需要进行调整，来适应新的生长环境，并为细胞的分裂进行生理上的准备。在迟缓期后的对数期中，细胞代谢活性最强，生长旺盛，每次分裂所间隔的时间也最短，单位时间内细胞数量成倍增加，CRB1 菌经过 11 h 的对数期，每毫升培养物中细菌数量由 4.61×10^7 个增长到 2.34×10^9 个，随即进入生长周期的稳定期。稳定期的培养环境发生了一些变化，营养物质开始缺乏，代谢产物积累，pH 和 Eh 的改变也限制了菌体细胞继续高速地生长和分裂，使细菌繁殖速

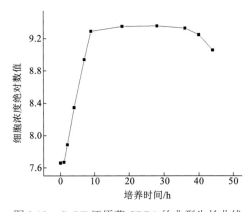

图 3.13　Cr(VI)还原菌 CRB1 的典型生长曲线

率下降，死亡率上升，新细胞的增长和老细胞的死亡接近于平衡状态。CRB1 菌生长的稳定期大致为 28 h，稳定期的长短直接影响功能菌解毒能力的发挥，可以通过补料，调节 pH、温度和通气量的方法延长稳定期。稳定期后，环境变得更不适合细菌生长，细胞死亡率逐渐增高，生长曲线表现为下降趋势，细菌生长进入衰亡期。

5. 细菌世代时间

细菌在对数期内每分裂一次所需要的时间称为世代时间（generation time），简称为代时。假设细菌在对数期开始时的细菌浓度为 N_0，由于细菌是二分分裂的，经过 n 个世代后，细胞的数量 N_t 为

$$N_t = N_0 \times 2^n \tag{3.1}$$

以对数的形式表示为

$$\lg N_t = \lg N_0 + n\lg 2$$

则

$$n = \lg N_t - \lg N_0 / \lg 2 = 3.3(\lg N_t - \lg N_0) \tag{3.2}$$

设 t 为分裂 n 世代所需的总时间，则世代时间为

$$G = t/n = t/\left[3.3(\lg N_t - \lg N_0)\right] \tag{3.3}$$

式中：n 为繁殖世代数；N_0 为对数期开始细菌数；N_t 为对数期 t 时细菌数；G 为世代时间。

对于 *Leucobacter* sp. CRB1，接种初期培养物的细菌浓度为 4.61×10^7 cells/mL，到对数期的末期，细菌浓度增长到 2.34×10^9 cells/mL，所需时间为 512 min，根据此数据，可以计算得知 Cr(VI)还原菌 CRB1 在该培养条件下的代时为 57 min，在细菌中处于中等水平。代时短的细菌如漂浮假单胞菌（*Pseudomonas natriegenes*）只有 9.8 min，最慢的梅毒螺旋体需要 33 h。细菌代时的长短，不但取决于自身的遗传特性，还受环境条件的影响。处于对数期的细菌，生长迅速，形态、生理和化学组成等特性较为一致。因此，在本书中坚持选取对数期的细菌作为研究的对象，以得到最理想的实验结果。

3.2　细菌还原 Cr(VI)的电化学特征

3.2.1　外控电势对 Cr(VI)还原菌生长及还原 Cr(VI)的影响

1. 外控电势对 Cr(VI)还原菌生长的影响

微生物细胞都有特定的氧化还原电势，当外界施加的电势超过细胞的氧化还原电势时，外界就可以和微生物细胞发生电子交换，微生物细胞因失去电子被氧化而使其活性大大降低直至死亡。因此，细菌的生长繁殖都有适宜的电势、pH 范围。

1）外控电势为正时 Ch-1 菌的生长情况

低于 300 mV 的外控电势有利于细菌的生长，400 mV 的电势对细菌的生长没有明显影响，随着电势增加到 500 mV 时，细菌的生长反而受到抑制，生长速率降低，这说明 400 mV 以上的正电势不利于细菌的生长（图 3.14）。

2）外控电势为负时 Ch-1 菌的生长情况

外控电势为 $-1\ 000$ mV 时，细菌浓度由 1.25×10^8 cells/mL 经 12 h 增加到 7.7×10^9 cells/mL，明显低于对照组 1.08×10^{10} cells/mL；而外控电势为 -900 mV 时，细菌浓度由 2.19×10^8 cells/mL 经 12 h 增加到

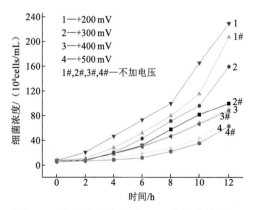

图 3.14　外控电势为正时 Ch-1 菌的生长情况

1.95×10^{10} cells/mL，明显高于对照组 9.07×10^{9} cells/mL。负电势 $0 \sim -900$ mV 能激发细菌酶的活性，增加生长速率，而低于-900 mV 的负电势不利于细菌的生长（表 3.1）。

表 3.1　外控电势为负时 Ch-1 菌的生长情况

外控电势/mV	细菌浓度/（10^8 cells/mL）		
	0 h	12 h 对照组	12 h 加压组
-300	6.51	195.0	306.0
-600	9.50	72.5	99.0
-800	5.13	35.5	77.5
-900	2.19	90.7	195.0
$-1\,000$	1.25	108.0	77.0
$-1\,200$	5.83	414.0	316.0

在负电势条件下，体系处于还原状态。细菌浓度随培养时间延长而增加，-300 mV 时细菌生长速率明显高于对照组。而$-1\,200$ mV 时细菌生长速率则明显低于对照组，不利于细菌的生长（图 3.15，图 3.16）。因此，一定范围内的负电势都有利于 Ch-1 菌的生长，过低的负电势抑制 Ch-1 菌的生长。

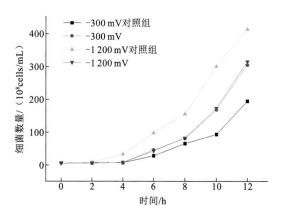

图 3.15　外控电势为-300 mV 和$-1\,200$ mV 时的细菌生长情况

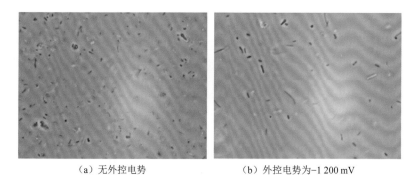

（a）无外控电势　　　　　　　　　（b）外控电势为$-1\,200$ mV

图 3.16　无外控电势及外控电势为$-1\,200$ mV 情况下 12 h 的的细菌生长情况

2. 外控电势对细菌还原 Cr(VI)的影响

1）初始细菌量对还原 Cr(VI)的影响

对于 Cr(VI)还原菌来说,初始接种量的大小直接决定了其还原 Cr(VI)的速率,原因有:一是增大菌液加入量时,初始菌液中有效还原 Cr(VI)的细菌量较多,减缓了迟缓期,因此在反应初始阶段就能进行 Cr(VI)的还原;二是增大菌液加入量,细菌能够通过自身的代谢(主要是一些还原酶的作用)克服环境中不利的影响因子,增强对环境因子的代偿能力,使一定量的细菌能够存活下来,通过不断地繁殖代谢继续进行 Cr(VI)的还原,当细菌数达到一定量时其还原速率快速提高。因此,接种量对于 Cr(VI)的还原也非常重要。

初始质量浓度为 320 mg/L Cr(VI)的培养液, 当接种量从 10%增加到 20%时, Cr(VI)完全降解所需要的时间在递减,即平均降解速率在增加;接种量从 20%增加至 30%时,Cr(VI)完全降解所需要的时间差不多,即平均降解速率几乎趋于稳定(图 3.17, 表 3.2)。细菌还原 Cr(VI)的量随着接种量的加大而提高。接种量为 20%、25%、30%时,9 h 后体系中 Cr(VI)的浓度均可达到排放标准,Cr(VI)的去除率能够达到 99%以上。而 12 h 后接种量低于 20%的体系中,Cr(VI)的去除率同样达到 99%。从去除 Cr(VI)速度的情况考虑,当接种量为 20%时,细菌可以在 9 h 之内将 320 mg/L 的 Cr(VI)完全还原,处理速度很快,出水的 Cr(VI)浓度已经达标,当接种量更高时,还原速率也相应地增大,但考虑能耗,不宜无限地增加接种量。虽然接种量低于 20%同样可达到去除 Cr(VI)的效果,

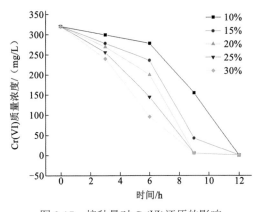

图 3.17　接种量对 Cr(VI)还原的影响

但耗时长,在经济及效率上不可取。因而,在实际运行过程中接种量宜取 20%,此时细菌浓度约为 9.7×10^8 cells/mL。

表 3.2　接种量对细菌还原 Cr(VI)的影响

接种量（体积分数）/%	Cr(VI)质量浓度/（mg/L）		
	0 h	6 h	12 h
10	320	278	0.5
15	320	236	0.9
20	320	200	0.5
25	320	145	0.9
30	320	96	0.9

2）初始浓度对还原 Cr(VI)的影响

任何具有 Cr(VI)还原能力的细菌对 Cr(VI)都表现出一定的耐受能力，较高的 Cr(VI)浓度会导致细菌蛋白质变性，降低细菌体内和生长代谢有关的酶活性，从而降低细菌的生存能力和代谢能力，影响细菌还原 Cr(VI)的效率。细菌耐受与还原 Cr(VI)的能力是不一致的。因而控制溶液体系初始 Cr(VI)浓度对保持细菌的最大 Cr(VI)还原能力起着重要的作用。

Cr(VI)还原菌 Ch-1 在相同的反应时间内，Cr(VI)还原率随其初始浓度的增加而减少（图 3.18）。对 0～800 mg/L 质量浓度的 Cr(VI)，细菌均可将其完全还原，但还原所需时间随初始 Cr(VI)浓度的增加而延长。在 Cr(VI)被还原的范围内，Cr(VI)初始含量只对还原时间有影响，而对细菌的还原能力无影响。

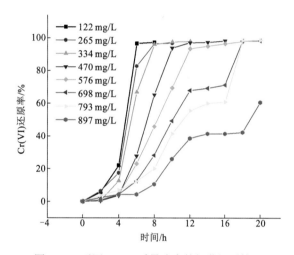

图 3.18　不同 Cr(VI)质量浓度的细菌还原情况

3）外控电势对还原 Cr(VI)的影响

Pt 电极上 Cr(VI)电解还原受到抑制的主要原因是 CrO_4^{2-} 强烈吸附和 $Cr(OH)_3$ 的存在形态。即使 Pt 电极上 CrO_4^{2-} 强烈吸附被消除，$Cr(OH)_3$ 存在形态的影响仍然存在。Cr(VI)在 Pt 电极上电解还原的机理为

$$Pt + CrO_4^{2-} \longrightarrow Pt\cdots CrO_4^{2-} \tag{3.4}$$

$$Pt\cdots CrO_4^{2-} + 4H_2O + 3e \longrightarrow Pt\cdots Cr(OH)_3 + 5OH^- \tag{3.5}$$

$$Pt\cdots Cr(OH)_3 + OH^- \longrightarrow Pt + Cr(OH)_4^- \tag{3.6}$$

式（3.4）决定了还原过程可能发生的活性位。

在一定的电势范围内，负电势有利于细菌还原 Cr(VI)。−700 mV 的外控电势条件下，细菌还原 Cr(VI)的程度明显高于对照组，−800 mV 外控电势时则区别不大，而−900 mV 和−1 000 mV 时则细菌还原 Cr(VI)的还原率明显低于对照组（图 3.19）。因此，细菌 Ch-1

还原 Cr(VI)的正常负电势范围为−800～0 mV，超出此范围后，细菌还原 Cr(VI)的能力就受到了抑制。与负电势相比，正电势不利于细菌的生长及还原 Cr(VI)（图 3.20）。+200 mV 外控电势下，Cr(VI)的细菌还原没有受到抑制，而＋300 mV 和+400 mV 的外控电势则明显抑制了细菌还原 Cr(VI)。

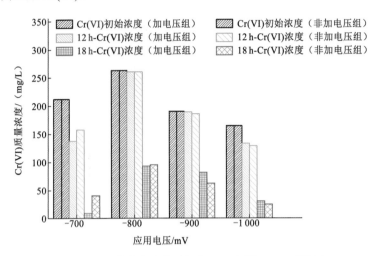

图 3.19　不同外控负电势对细菌 Ch-1 还原 Cr(VI)的影响

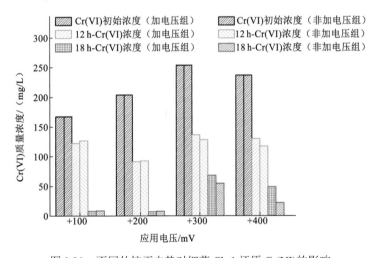

图 3.20　不同外控正电势对细菌 Ch-1 还原 Cr(VI)的影响

3.2.2　Cr(VI)还原菌生长及活动区域图

在生物湿法冶金的实践中，细菌–金属–水体系的电势-pH 图作为热力学条件的理论分析依据已得到广泛的应用。在矿物的细菌浸出过程中，无论是细菌对矿物的直接作用还是间接作用，本质上都是电化学腐蚀，与细菌浸出体系 pH 及电势有着密切的关系。另外，细菌的生长繁殖也有其最佳 pH 及电势范围。电势-pH 图作为热力学研究的重要理论分析工具，以图形的方式表达反应的热力学平衡。细菌–金属–水体系电势-pH 图可以比较直观地反映细菌活动区域、矿物的腐蚀及稳定区，以及矿物浸出过程中可能形成的主要产物。

1. pH 对 Cr(VI)还原菌生长及其还原 Cr(VI)的影响

Cr(VI)还原菌 Ch-1 在初始 pH 为 5 和 12 时，生长被明显抑制。初始 pH 为 6 时，细菌的生长情况一般，但是比初始 pH 为 7～11 条件下细菌的生长情况差（图 3.21）。因此，初始 pH 为 7～11 适合 Cr(VI)还原菌 Ch-1 的生长。

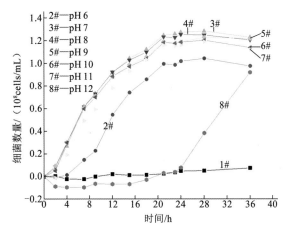

图 3.21　pH 对 Ch-1 菌生长的影响

Ch-1 菌在碱性环境中，随着 pH 升高，还原率逐渐升高；当 pH 在 9～11 时，Cr(VI)的还原情况较好，当 pH 继续升高时，还原率开始下降。初始 pH 为 6、11.5 和 12 的条件下，细菌几乎不能还原 Cr(VI)（图 3.22）。初始 pH 为 7～11 适合细菌 Ch-1 还原 Cr(VI)，然而在此初始 pH 范围内细菌还原 Cr(VI)的能力也存在较大差异。因此，在实际运行中，应注意控制体系的 pH，确保细菌的正常生长代谢以达到最佳的还原效率。

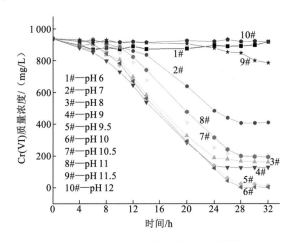

图 3.22　pH 对 Ch-1 菌还原 Cr(VI)的影响

2. 细菌生长及活动区域图的绘制

1）Cr(VI)还原菌生长及还原 Cr(VI)的外控电势范围

初始 pH 为 7 时，外控电势对 Ch-1 菌的生长影响显著（表 3.3）。与负电势相比，正电势不利于细菌的生长。+100 mV 和+200 mV 的外控电势明显抑制了细菌生长。在负电势条件下，体系处于还原状态，细菌浓度随培养时间延长而增加，外控电势为−600 mV 时，细菌浓度由 1.02×10^8 cells/mL 经 12 h 增加到 6.95×10^9 cells/mL，明显高于对照组 4.5×10^9 cells/mL；但并不是负电势都有利于该细菌的生长，外控电势为−800 mV 时，细菌浓度由 2.53×10^8 cells/mL 经 12 h 增加到 7.85×10^9 cells/mL，明显低于对照组 9.4×10^9 cells/mL。电势−700～0 mV 能激发细菌酶的活性，增加生长速率，而正电势和低于−700 mV 的负电势不利于细菌的生长。

表 3.3　pH 为 7 时 Ch-1 菌生长的外控电势范围

外控电势/mV	细菌浓度/(10^8 cells/mL)		
	0 h	12 h 对照组	12 h 加压组
−600	1.02	45.0	69.5
−700	1.76	72.4	70.6
−800	2.53	94.0	78.5
+100	2.97	82.5	80.9
+200	4.32	21.7	98.6

初始 pH 为 7 时，在一定的范围内，负电势有利于细菌还原 Cr(VI)（图 3.23）。−200 mV 的外控电势条件下，细菌还原 Cr(VI)的程度明显高于对照组，而施加−300 mV 时细菌还原 Cr(VI)的还原率明显低于对照组。与负电势相比，正电势不利于细菌的生长及还原 Cr(VI)。+100 mV 和+200 mV 的外控电势都明显抑制了细菌还原 Cr(VI)。由此可以得出初始 pH 为 7 时细菌还原 Cr(VI)的正常电势范围为−200～0 mV，超出此范围，细菌还原 Cr(VI)的能力就受到了抑制。

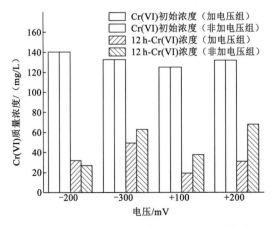

图 3.23　pH 为 7 时 Ch-1 菌还原 Cr(VI)的外控电势范围

初始 pH 为 9 时,+300 mV 及以上的外控电势明显抑制了 Ch-1 菌的生长(表 3.4)。外控电势为–700 mV 时,细菌浓度由 3.0×10^8 cells/mL 经 12 h 增加到 2.85×10^9 cells/mL,明显高于对照组 1.9×10^9 cells/mL;而外控电势为–900 mV 时,细菌浓度由 2.4×10^8 cells/mL 经 12 h 增加到 1.17×10^9 cells/mL,明显低于对照组 3.76×10^9 cells/mL。电势–800～+300 mV 能激发细菌酶的活性,增加生长速率,超出此范围不利于细菌的生长。

表 3.4 pH 为 9 时 Ch-1 菌生长的外控电势范围

外控电势/mV	细菌浓度/(10^8 cells/mL)		
	0 h	12 h 对照组	12 h 加压组
–700	3.00	19.0	28.5
–800	3.75	18.5	19.1
–900	2.40	37.6	11.7
+200	3.55	9.5	20.0
+300	3.25	35.5	37.5
+400	3.90	21.5	15.0

初始 pH 为 9 时,–700 mV 和–800 mV 的外控电势条件下,细菌还原 Cr(Ⅵ)的程度高于对照组,而施加–900 mV 时细菌还原 Cr(Ⅵ)的还原率明显低于对照组。而+300 mV 的外控电势明显抑制了细菌还原 Cr(Ⅵ)。由此可以得出,初始 pH 为 9 时细菌还原 Cr(Ⅵ)的正常电势范围为–800～+200 mV,超出此范围后,细菌还原 Cr(Ⅵ)的能力就受到了抑制(图 3.24)。

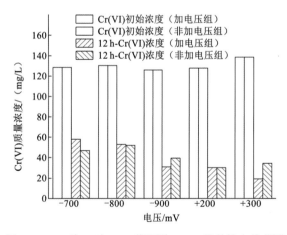

图 3.24 pH 为 9 时 Ch-1 菌还原 Cr(Ⅵ)的外控电势范围

初始 pH 为 11 时,+500 mV 及以上的外控电势明显抑制了细菌生长(表 3.5)。外控电势为–700 mV 时,细菌浓度由 2.53×10^8 cells/mL 经 12 h 增加到 7.55×10^9 cells/mL,明显高于对照组 6.75×10^9 cells/mL;而外控电势为–900 mV 时,细菌浓度由 4.62×10^8 cells/mL 经 12 h 增加到 3.39×10^9 cells/mL,明显低于对照组 6.67×10^9 cells/mL。外控电势–800～

+400 mV 能激发细菌酶的活性,增加生长速率,超出此范围不利于细菌的生长。

表 3.5   pH 为 11 时 Ch-1 菌生长的外控电势范围

外控电势/mV	细菌浓度/(10^8 cells/mL)		
	0 h	12 h 对照组	12 h 加压组
−700	2.53	67.5	75.5
−800	3.09	40.6	41.1
−900	4.62	66.7	33.9
+300	3.30	95.0	32.0
+400	3.35	10.0	22.0
+500	4.81	54.4	35.7

初始 pH 为 11 时,−600 mV 和−700 mV 的外控电势条件下,细菌还原 Cr(VI)的程度高于对照组,而施加−800 mV 时细菌还原 Cr(VI)的还原率明显低于对照组。而+200 mV 的外控电势明显抑制了细菌还原 Cr(VI)。由此可以得出,初始 pH 为 11 时细菌还原 Cr(VI)的正常电势范围为−700~+100 mV,超出此范围后,细菌还原 Cr(VI)的能力就受到了抑制(图 3.25)。

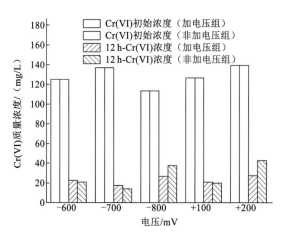

图 3.25   pH 为 11 时 Ch-1 菌还原 Cr(VI)的外控电势范围

2)细菌生长及活动区域图的绘制

每一种微生物细胞都有特定的氧化还原电势,当外界施加的电势超过细胞的氧化还原电势时,外界就可以和微生物细胞发生电子交换,微生物细胞因失去电子被氧化而使其活性大大降低直至死亡。因此,细菌的生长繁殖应该有适宜的电势、pH 范围。

Cr(VI)还原细菌 Ch-1 在无 Cr(VI)培养时的细菌生长区域比有 Cr(VI)情况下细菌还原 Cr(VI)的活动区域范围广(图 3.26,图 3.27)。细菌无 Cr(VI)培养情况下,当 pH 为 7 时,电势为−0.7~0 V 的范围是适合细菌生长的,超出此范围细菌的正常生长受到抑制;当 pH 为 9 时,适合细菌正常生长的电势范围为−0.8~0.3 V,相对来说,比 pH 为 7 时的电势范围宽些；而当 pH 为 11 时，电势为–0.8～0.4 V 的范围是适合细菌生长的，超出此范围细菌的正常生长受到抑制（图 3.26）。有 Cr(VI)的情况下，pH 为 7 时，电势–0.2～0 V 的范围是适合细菌还原 Cr(VI)的，此范围外细菌还原 Cr(VI)的能力受到影响；当 pH 为 9 时，适合细菌还原 Cr(VI)的正常电势范围是–0.8～0.2 V；而当 pH 为 11 时，电势–0.7～0.1 V 的范围适合细菌还原 Cr(VI)，超出此范围细菌还原 Cr(VI)的能力受到影响（图 3.27）。

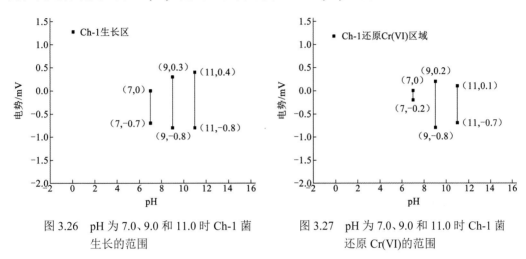

图 3.26　pH 为 7.0、9.0 和 11.0 时 Ch-1 菌
生长的范围　　　　　

图 3.27　pH 为 7.0、9.0 和 11.0 时 Ch-1 菌
还原 Cr(VI)的范围

将不同初始 pH 及不同外控电势条件下 Ch-1 菌生长及还原 Cr(VI) 的正常范围绘制成图，多边形内即为 Ch-1 菌生长及还原 Cr(VI) 的活动区域。其中外围多边形为细菌无 Cr(VI) 培养的正常生长范围，而阴影多边形为有 Cr(VI) 情况下细菌还原 Cr(VI) 的正常区域（图 3.28）。

Cr(VI)还原菌 Ch-1 的生长需要一定的电势和 pH 范围，只有控制好体系的电势和 pH，Ch-1 菌才能正常地生长，并还原 Cr(VI)。细菌还原 Cr(VI) 的区域在细菌正常生长的区域内，这就说明了细菌只有在保证自身正常生长的情况下才能还原 Cr(VI)，但并不是适合细菌生长的范围就适合细菌还原 Cr(VI)，图 3.28 中外围区域内阴影区域外的区域范围就只适合细菌生长而不适合细菌还原 Cr(VI)。

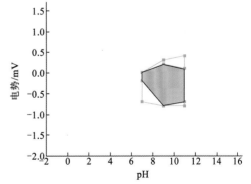

图3.28　Ch-1菌生长及还原Cr(VI)的活动区域图

3.2.3　Cr(VI)还原菌–Cr–水体系 E-pH 图

1. Cr(OH)$_3$ 存在区域图的绘制

一般归纳起来，E-pH 图中有三种化学反应，分别如下。

1) 有电子 e 迁移而无 H^+ 参与反应的氧化–还原反应

$$aA + ne \Longrightarrow bB$$

其反应的自由能变化为

$$\Delta G = \Delta G^\theta + RT \ln(a^b_B / a^a_A)$$

$$\Delta G = -nF\varphi$$

$$\Delta G^\theta = -nF\varphi^\theta$$

当自由能变化转变为对外所作的最大有用功时，则

$$-nF\varphi = -nF\varphi^\theta + RT \ln(a^b_B / a^a_A)$$

$$\varphi = \varphi^\theta - 2.303 RT \lg(a^b_B / a^a_A)/(nF)$$

$$\varphi = \varphi^\theta - 2.303 \times 1.987 \times 298 \lg(a^b_B / a^a_A)/(n \times 23\,060)$$

$$\varphi = \varphi^\theta - 0.059\,1 \lg(a^b_B / a^a_A)/n$$

$$或\ \varphi = \varphi^\theta + 0.059\,1 \lg(a^b_B / a^a_A)/n$$

式中：φ 为电极电势；φ^θ 为标准电极电势（温度 25℃，$a_{Me^{n+}} = 1$）；n 为电子迁移数；a_A，a_B 为金属离子的活度。φ^θ 值可查表得到，也可由反应标准自由能变化 ΔG^θ 求出，即

$$\varphi^\theta = -\Delta G^\theta/(nF) = -\Delta G^\theta/(23060n)$$

2) 无电子迁移，而离子活度只与 pH 有关的反应

$$aA + mH^+ \Longrightarrow bB + cH_2O$$

反应平衡的自由能变化为零，即

$$\Delta G = \Delta G^\theta + RT \ln[a^b_B / (a^a_A a^m_{H+})] = 0$$

即 $\Delta G^\theta = -RT \ln[a^b_B / (a^a_A a^m_{H+})]$。

当 $a_B = a_A = 1$ 时

$$\Delta G^\theta = -1.987 \times 298 \times 2.303\ m\mathrm{pH}^\theta = -1\,364\ m\mathrm{pH}^\theta$$

式中：pH^θ 称为标准 pH，$\mathrm{pH}^\theta = -\Delta G^\theta/1\,364\ m$。

反应的平衡条件为

$$\mathrm{pH} = \mathrm{pH}^\theta - \lg(a^b_B / a^a_A)/m$$

3) 有电子迁移，而 φ 与 pH 有关的氧化–还原反应

$$aA + mH^+ + ne \Longrightarrow bB + cH_2O$$

$$\varphi = \varphi^\theta - m2.303RT\mathrm{pH}/(nF) + 2.303RT \lg(a^b_B / a^a_A)/(nF)$$

25℃时：

$$\varphi = \varphi^\theta - 0.059\,1\ m\mathrm{pH}/n + 0.059\,1 \lg(a^b_B / a^a_A)/n$$

$$\varphi^\theta = -\Delta G^\theta/(23\,060n)$$

Lee（1981）绘制了 25～300℃ Cr-水体系电势-pH 图，其中 25℃时的 Cr-水体系电势-pH（图 3.29）[所有含铬离子活度（浓度）为 10^{-6} mol/L]。

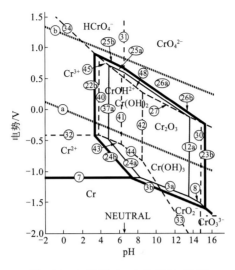

图 3.29 25℃下 Cr–水体系 E-pH 图

事实上在化学中，最常遇到的浓度大小总是在 10^{-6} mol/L 到几个 mol/L 范围以内，也就是 E-pH 图用来表示浓度的范围。因为金属离子的浓度低于 10^{-6} mol/L 时，一般的化学分析方法就难以觉察出来，完全可以认为金属离子已不再溶解，反之，如果金属离子平衡的金属离子浓度超过几个 mol/L，则金属也很难稳定存在（全部溶解）。

$Cr(OH)_3$ 的稳定区域由反应 3b、23b、26b、25b、22b、24b 围成（图 3.29）。根据 10^{-6} mol/L 和 1 mol/L 浓度下 $Cr(OH)_3$ 区域线各反应的 E 与 pH 的关系（表 3.6），可绘制出 $Cr(OH)_3$ 稳定存在区域 1#和 2#（图 3.30）。在整个 pH 范围内，只要控制体系合适的氧化还原电势，$Cr(VI)$ 还原成 $Cr(OH)_3$ 是可行的。

表 3.6 10^{-6} mol/L 和 1 mol/L 浓度下 $Cr(OH)_3$ 区域线各反应的 E 与 pH 的关系

区域边界	10^{-6} mol/L	1 mol/L
(3b)	$E=-0.653\ 9-0.059\ 1$pH	$E=-0.653\ 9-0.059\ 1$pH
(23b)	pH=15.370 5	pH=17.3705
(26b)	$E=1.298\ 8-0.098\ 5$pH	$E=1.417\ 0-0.098\ 5$pH
(25b)	$E=1.171\ 0-0.078\ 8$pH	$E=1.289\ 2-0.078\ 8$pH
(22b)	pH=3.53	pH=1.53
(24b)	$E=0.218\ 5-0.177\ 3$pH	$E=-0.136\ 1-0.177\ 3$pH

2. Cr(VI)还原菌–Cr–水体系 E-pH 图的构建

将 25℃的 $Cr-H_2O$ 体系 E-pH 图和 Ch-1 菌生长活动区域图重叠成 Ch-1 菌–Cr–水体系 E-pH 图（图 3.31）。红色区域为 $Cr(OH)_3$ 稳定存在区域，绿色线围成的区域为细菌生长及还原 $Cr(VI)$ 的活动区。由此可见，细菌的活动区正处于 $Cr(OH)_3$ 稳定存在区内，说明细菌能够在 $Cr(VI)$ 还原条件下生存，并且参与还原反应，将 $Cr(VI)$ 还原成 $Cr(OH)_3$。

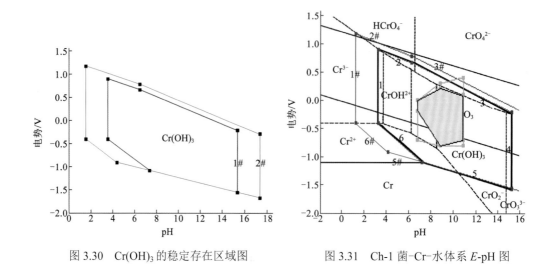

图 3.30　Cr(OH)₃ 的稳定存在区域图　　图 3.31　Ch-1 菌-Cr-水体系 E-pH 图

3.3　细菌还原 Cr(VI)的行为特征

Cr(VI)的生物还原是微生物受到极端环境的胁迫而产生的一种防御机制,是微生物在长期的进化过程中对其生存环境产生的适应性及对环境的选择压力做出的积极的回应,直接决定该微生物在此环境中的生死存亡。作为细菌生命活动的一部分,Cr(VI)的生物还原不可避免地受到外界和自身因素的影响,这些因素或促进或抑制着还原作用的进行。

为了得到 Cr(VI)还原菌解毒 Cr(VI)过程的最佳反应条件,考察影响细菌还原性能的环境因素和还原体系的内部因素。另外,利用细菌的休眠细胞进行 Cr(VI)还原,将细菌的还原行为从其生长代谢活动中分离出来,使细菌还原能力的评估变得更为准确和直观。

3.3.1　细菌休眠细胞对 Cr(VI)的还原

1. 休眠细胞还原 Cr(VI)反应体系的建立

细菌在生长的过程中还原培养基内所含的 Cr(VI),同时进行着自身的新陈代谢、呼吸作用及分裂繁殖等活动。收集处于对数期末期的 *Leucobacter* sp. CRB1 培养物中的细菌细胞,用生理盐水洗两遍,去除细胞表面黏附的代谢产物及培养基成分,最后的细菌细胞用 pH 为 9.0 的 Tris-HCl 缓冲液重悬浮,制成细菌的细胞悬液,此时细菌细胞所处的是一个寡营养的环境,在此条件下细菌的代谢、呼吸及分裂等生理活动均非常微弱,可视为细胞处于休眠状态。

利用休眠细胞进行 Cr(VI)还原的研究,可以摒除细菌其他复杂生理活动对 Cr(VI)还原机制的干扰,使还原机制的研究更加直接和便捷。Amanda 和 Lynne 利用 Cr(VI)还原细菌 *Desulfovibrio vulgaris* ATCC 29579 和 *Desulfovibrio* sp. OZ7 的休眠细胞悬液进行了 Cr(VI)还原动力学的研究,发现 *Desulfovibrio vulgaris* ATCC 29579 菌还原的 K_s（米氏常数）值是 *Desulfovibrio* sp. OZ7 的 3 倍（Mabbett et al., 2001）。

在 *Leucobacter* sp. CRB1 的培养液中，经过数小时的迟滞阶段后，在 2 h 内还原了 250 mg/L Cr(VI)［图 3.32（a）］。细胞悬液和离心所得上清液还原 Cr(VI)，发现上清液没有任何还原能力，说明细菌的代谢产物没有还原效能，而且也没有 Cr(VI)还原酶被分泌到细菌体外。休眠细胞的悬液，在同等细胞浓度的情况下，其 Cr(VI)的还原速率甚至较细胞培养物要快得多，在 45 min 内就将 250 mg/L Cr(VI)完全还原。观察还原的过程，Cr(VI)浓度的减少与生长中的细菌不同，不需要经过延迟时期，立即开始减少；且还原的过程中始终保持恒定的还原速率，该特点有利于下一步的研究中还原速率的计算及动力学方程的建立。在还原的过程中还对细胞悬液中的细胞浓度进行了监测，发现细菌浓度没有任何变化，细菌在此过程中没有生长和繁殖，处于休眠状态。因此，CRB1 菌还原 Cr(VI)反应中，起主要作用的是细菌细胞本身，而不是细菌的代谢产物，并且还原性物质也未分泌到外界环境中。处于休眠状态的细胞，具有很强的还原能力，证明 CRB1 菌的 Cr(VI)还原过程与细菌的其他生理机能无关，是独立于其生长、代谢、呼吸、分裂等生理活动的一种防御机制。

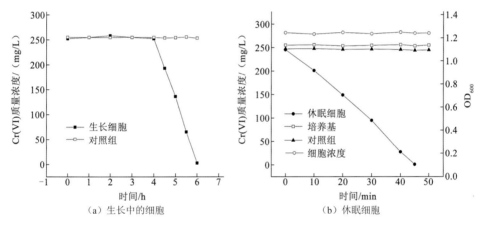

图 3.32　生长中的细胞及休眠细胞还原 Cr(VI)

2. 休眠细胞还原 Cr(VI)的影响因素

1）初始 pH 的影响

外界环境 pH 对 Cr(VI)还原反应有较大的影响。在排除 CRB1 菌的代谢产物还原 Cr(VI)的可能性之后，可以确定是细菌菌体上的 Cr(VI)还原酶在起作用。pH 主要通过影响还原酶的活性影响 Cr(VI)的还原，在中性条件下，还原反应进行得非常缓慢，而在碱性条件下 Cr(VI)浓度下降得非常快，其中当体系的 pH 为 9.0 时，还原速率最快，仅 45 min 就将 250 mg/L Cr(VI)完全还原（图 3.33）。因此，CRB1 菌所含的 Cr(VI)还原酶作用的最佳 pH 应为 9.0。

2）电子供体的影响

在休眠细胞的还原反应中，乳酸钠对还原反应起着很大的促进作用，并且在反应的过程中观察到乳酸钠的消耗。随着乳酸钠浓度的增加，还原反应的速率明显加快，乳酸钠质量浓度为 4 g/L 时，反应最快，但继续增大乳酸钠的量，反应速率却不再增加（图3.34）。

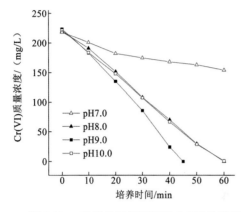

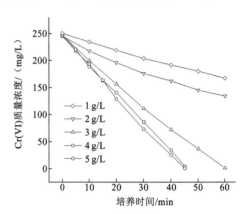

图 3.33　pH 对休眠细胞还原 Cr(VI)的影响　　　图 3.34　乳酸钠的浓度对休眠细胞还原 Cr(VI)的影响

3）细胞浓度的影响

细菌的细胞悬液还原 Cr(VI)，细胞浓度对还原速率有很大的影响。当 Cr(VI)质量浓度为 250 mg/L，反应 pH 为 9.0 时，细胞浓度越高，还原反应进行得就越快，浓度低时还原速率就变小。细胞浓度为 0.23×10^9 cells/L 时需要 240 min 才完全还原 250 mg/L Cr(VI)，而 2.4×10^9 cells/L 的悬液只需要 20 min（图3.35）。

4）Cr(VI)初始浓度的影响

Cr(VI)浓度越大，还原所需要的时间就越长。在最适条件下完全还原 119 mg/LCr(VI) 只需要 20 min，当 Cr(VI)质量浓度为 459 mg/L 时，需要 103 min 才可以反应完全（图3.36）。但是，反应体系中初始 Cr(VI)浓度的增加似乎对还原速率的影响比较小，因为在还原过程中，其还原曲线的斜率基本相同，呈平行线状。

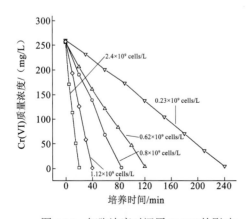

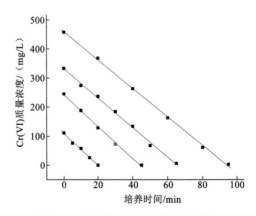

图 3.35　细胞浓度对还原 Cr(VI)的影响　　　图 3.36　休眠细胞还原不同浓度的 Cr(VI)

3. 休眠细胞还原 Cr(VI)的化学反应动力学

Cr(VI)还原菌的休眠细胞进行 Cr(VI)的还原反应,可以减小细菌生长对还原反应的影响,排除细菌数量的变化及代谢产物对还原反应的干扰。因此,休眠细胞还原 Cr(VI)的过程比生长状态细菌的还原较为单纯,可以有效地确定其反应级数及动力学参数。

1) 初始 Cr(VI)浓度低（<1 000 mg/L）时

初始 Cr(VI)浓度低时,休眠细胞在 pH 为 9.0 的 Tris-HCl 缓冲液中能有效催化 Cr(VI)还原（表 3.7）,按零级、一级和二级反应模拟 Cr(VI)还原过程（图 3.37）。当反应体系中 Cr(VI)质量浓度为 250 mg/L 时,实验数据与一级反应和二级反应的拟合曲线相去甚远,不呈现一级和二级反应的线性拟合,因此不是一级或二级反应［图 3.37（b）,图 3.37（c）］。曲线（a）与实验数据成线性拟合,相关系数达到 0.997 1,故此条件下 CRB1 菌催化还原 Cr(VI)的反应是一个零级反应,其反应速率的微分方程可表示为

$$v = -\frac{\mathrm{d}C_A}{\mathrm{d}t} = k_0 C_A^0 = k_0 \tag{3.7}$$

对上式积分得

$$-\int_{c_0}^{c} \mathrm{d}C = k_0 \int_0^t \mathrm{d}t \tag{3.8}$$

所以反应速率为

$$v = k_0 = \frac{C - C_0}{t} \tag{3.9}$$

表 3.7　Cr(VI)还原反应参数

参数	t/min				
	0	10	20	30	40
$C/(\mathrm{mg/L})$	245.17	201.02	148.58	94.61	27.37
$\ln C$	5.50	5.30	5.00	4.55	3.31
$1/C$	0.004 08	0.004 97	0.006 73	0.010 57	0.036 54

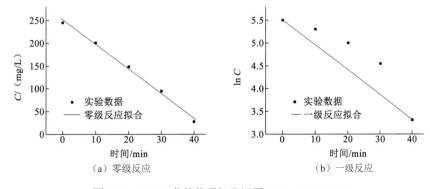

图 3.37　CRB1 菌的休眠细胞还原 250 mg/L Cr(VI)

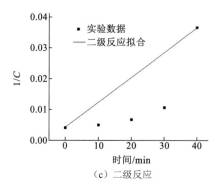

（c）二级反应

图 3.37　CRB1 菌的休眠细胞还原 250 mg/L Cr(VI)（续）

因此，可以计算出该反应体系中 Cr(VI)还原的反应速率 v 为 5.44 mg/（L·min），且在整个反应的过程中还原以恒定的速率进行。

根据其还原特性，有必要对零级反应动力学公式进行一定的修正。在实际检测中，细菌 CRB1 还原 Cr(VI)的反应速率与体系中细菌细胞的浓度呈正比；另外，起催化作用的 Cr(VI)还原酶是一种生物催化剂，在反应的过程中可能受到 Cr(VI)的氧化而使其催化性能减弱，因此还原速率随初始 Cr(VI)浓度的增大而减小，两者亦呈较好的线性关系（图 3.38）。

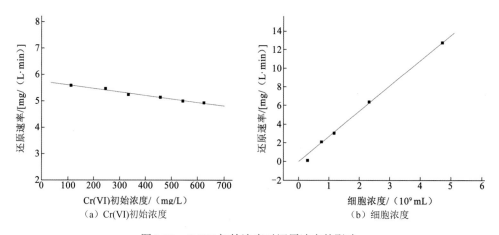

（a）Cr(VI)初始浓度　　　　　　（b）细胞浓度

图 3.38　Cr(VI)初始浓度对还原速率的影响

还原速率与体系中细菌细胞浓度的关系可表示为

$$v = aC_{cell} \tag{3.10}$$

式中：C_{cell} 为细胞浓度；a 为线性拟合的斜率。在同一细胞浓度下，Cr(VI)还原速率随着初始 Cr(VI)浓度的增大而减小，可表示为

$$v = 5.74 - 0.0013C_0 \tag{3.11}$$

由表 3.8 可求得 C_0 和 a 的关系：

$$a = 0.00056C_0 - 2.45 \tag{3.12}$$

表 3.8　细胞还原 Cr(VI)实验数据

参数	$C_0/$（mg/L）			
	103	252	509	1 011
$v/[\text{mg}/（\text{L}\cdot\text{min}）]$	5.47	5.40	4.96	4.23
a	−2.34	−2.31	−2.12	−1.81

将式（3.12）代入（3.10）得

$$v=(0.000\,56C_0-2.45)C_{\text{cell}} \tag{3.13}$$

将式（3.13）代入（3.9）得

$$C=(0.000\,56C_0-2.45)C_{\text{cell}}\cdot t+C_0 \tag{3.14}$$

用 CRB1 菌的休眠细胞悬液进行 Cr(VI)还原反应，向式（3.14）中输入参数，包括细胞浓度和初始 Cr(VI)浓度，即可得到该条件下模拟的动力学曲线（图 3.39）。

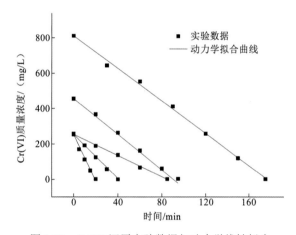

图 3.39　Cr(VI)还原实验数据与动力学线性拟合

休眠细胞还原 Cr(VI) 的实验数据和修正的零级反应的动力学模拟曲线相当吻合（$R>0.99$）。因此，以零级反应为基础，根据实际情况修正得到的动力学公式（3.14）可以准确地描述 CRB1 菌的休眠细胞催化还原 Cr(VI) 的反应。Cr(VI)初始浓度小于 1 000 mg/L 时，该反应可以看作一个零级反应。

2）初始 Cr(VI)浓度超高（>2 000 mg/L）时

当初始 Cr(VI)浓度超高（>2 000 mg/L）时，随着反应的进行，还原体系中作为电子供体的乳酸钠的消耗增加，同时随着反应时间的延长，一部分作为催化剂的还原酶也会发生变性而失效，从而导致反应减慢，反应速率不再像 Cr(VI)浓度较低时，在整个反应过程中保持恒定速率不变（表 3.9）。按零级、一级和二级反应 Cr(VI)还原过程（图 3.40），当初始 Cr(VI)浓度很高时，休眠细胞催化还原 Cr(VI) 的反应不再呈现零级反应的特征，而是和一级反应的拟合曲线相吻合，相关系数为 0.998 7。其反应速率可以表示为

$$v = -\frac{\mathrm{d}C}{\mathrm{d}t} = k_1 C \tag{3.15}$$

对式（3.15）积分得

$$-\int_{C_0}^{C} \frac{\mathrm{d}C}{C} = k_1 \int_{0}^{t} \mathrm{d}t \tag{3.16}$$

$$C = C_0 \cdot \mathrm{e}^{-k_1 t} \tag{3.17}$$

表 3.9　超高浓度 Cr(VI)还原反应参数

参数	t/min				
	0	2	6	8	10
$C/(\mathrm{mg/L})$	2 099.82	1 589.94	748.27	463.09	213.46
$\ln C$	7.65	7.37	6.62	6.14	5.36
$1/C$	0.000 48	0.000 63	0.001 30	0.002 20	0.004 70

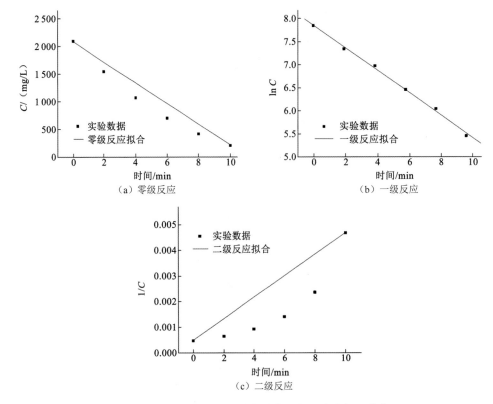

图 3.40　高浓度 Cr(VI)还原实验数据与动力学拟和曲线

利用计算机拟合动力学曲线，并与实验数据进行相关性考察（图 3.41），并计算出不同初始浓度 Cr(VI)还原的一级反应动力学参数（表 3.10）。

表 3.10　高浓度 Cr(VI)还原的动力学参数

参数	Cr(VI)初始质量浓度/（mg/L）			
	1 943	2 099	2 185	2 310
速率常数 k	0.26	0.18	0.13	0.09
相关系数 R^2	0.949 9	0.969 1	0.998 6	0.998 9

因此，当 CRB1 菌的休眠细胞还原 Cr(VI)，体系中 Cr(VI)的初始浓度很高时，还原反应表现一级反应的特征，而且初始 Cr(VI)浓度越大，实验数据与一级反应拟合曲线的相关性越好。另外，反应的速率常数 k 随 Cr(VI)浓度的增大而减小，并且呈现较好的线性关系（图 3.42）。

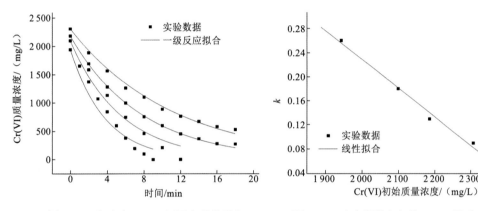

图 3.41　高浓度 Cr(VI)还原实验数据与　　　　图 3.42　速率常数与初始 Cr(VI)浓度的关系
　　　　动力学线性拟合

经过线性拟合（R^2=0.998 1），得到速率常数随初始 Cr(VI)浓度变化的规律：
$$k_1 = 1.23 - 0.000\ 5C_0 \tag{3.18}$$
将式（3.18）代入式（3.17）中得
$$C = C_0 e^{(0.000\ 5C_0 - 1.23)t} \tag{3.19}$$

当 Cr(VI)的初始浓度确定，体系中残余 Cr(VI)的浓度由反应时间可以计算得知。但是，当体系中 Cr(VI)浓度过大时，CRB1 菌的还原能力受到限制，导致体系中残余 Cr(VI)较多，反应不彻底，处理后不能达到排放标准，在实际应用中的意义不大，因此不做过多的考虑。

4. 休眠细胞还原 Cr(VI)的酶促反应动力学

Leucobacter sp. CRB1 还原 Cr(VI)的反应是由还原酶催化的生物化学反应，其反应速率实质上取决于酶的催化活性。利用细菌细胞悬液进行 Cr(VI)还原，就是利用细菌细胞上的 Cr(VI)还原酶的催化作用达到解毒 Cr(VI)的目的。因此，可以将细菌的休眠细胞作为起催化活性的物质——酶来看待。在细菌最适环境条件下，如果细胞浓度恒定，当底物浓度很小时，Cr(VI)还原酶未被 Cr(VI)饱和，此时反应速率取决于 Cr(VI)的浓度；体系中

Cr(VI)浓度越大，反应速率随之增大，反应为一级反应。如果 Cr(VI)浓度继续增大，酶逐渐被底物饱和，反应速率和 Cr(VI)浓度的关系不再是线性关系,当所有的酶都被底物饱和，底物浓度增加对反应速率不再有影响,此时对 Cr(VI)而言，反应为零级反应。

中间复合体学说提出了经典的酶促反应动力学公式——米氏方程：

$$v = \frac{V_m[S]}{K_s + [S]} \tag{3.20}$$

式中：v 为反应速率；V_m 为最大反应速率；$[S]$ 为底物浓度；K_s 为米氏常数。

但是，CRB1 休眠细胞对 Cr(VI)还原的反应速率随着体系中 Cr(VI)初始浓度的升高而减小，受到明显的底物抑制作用（图 3.43）。因此，经典酶促反应动力学米氏方程不适合 CRB1 休眠细胞对 Cr(VI)还原的研究。

Haldane 根据这种情况提出了存在底物抑制作用的修正公式：

$$v = \frac{V_m}{1 + \dfrac{K_s}{[S]} + \dfrac{[S]}{K_i}} \tag{3.21}$$

式中：K_i 为抑制常数。

将式（3.20）取倒数，得

$$\frac{1}{v} = \frac{1}{V_m} + \frac{K_s}{V_m} \cdot \frac{1}{[S]} + \frac{1}{V_m \cdot K_i} \cdot [S] \tag{3.22}$$

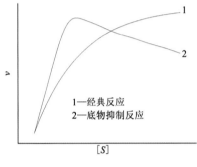

图 3.43　底物抑制酶促反应 v-$[S]$ 关系

若底物浓度 $[S]$ 极低，则

$$\frac{1}{v} = \frac{1}{V_m} + \frac{K_s}{V_m} \cdot \frac{1}{[S]} \tag{3.23}$$

在此浓度下，底物对反应的抑制作用可以忽略不计，反应特征符合经典的米-曼比方程。

若底物浓度 $[S]$ 极高，$1/[S]$ 近似于 0，则

$$\frac{1}{v} = \frac{1}{V_m} + \frac{1}{V_m \cdot K_i} \cdot [S] \tag{3.24}$$

当 $[S] = K_i$，$v = 0.5V_m$，K_i 的意义即 $v = 0.5V_m$ 时底物的浓度。

CRB1 菌所涉及的初始 Cr(VI)浓度范围内（100～2 000 mg/L），Cr(VI)的还原反应主要表现出零级反应的特征,根据酶促反应的特点，可知反应中作为底物的 Cr(VI)对于体系中的还原酶来说是过量的，因此式（3.24）是适用的。在最适条件下，休眠细胞悬液 Cr(VI)还原反应实验（表 3.11）。

表 3.11　休眠细胞还原 Cr(VI)实验数据

参数	$[S]$/（mg/L）					
	111.65	245.64	333.24	457.41	543.54	624.86
$1/v$	0.179 2	0.183 1	0.191 2	0.194 9	0.200 4	0.203 2

用双倒数方程式（3.24）中的动力学参数，初始 Cr(VI)浓度 $[S_0]$ 对反应速率的倒数 $1/v$ 作图，如图 3.44 所示。

经过线性拟合，得出 V_m=5.77 mg/（L·min），K_i=3 533.57 mg/L。代入式（3.24）中得

$$-\frac{\mathrm{d}t}{\mathrm{d}[S]}=0.173\ 2+0.000\ 049[S] \tag{3.25}$$

将式（3.25）积分得

$$t=0.173\ 2[S_0]+0.000\ 024\ 5[S_0]^2-0.173\ 2[S]-0.000\ 024\ 5[S]^2 \tag{3.26}$$

式中：t 为反应时间；$[S]$ 为 t 时间体系中 Cr(VI)的浓度；$[S_0]$ 为 Cr(VI)的初始浓度。

根据式（3.26）对 CRB1 休眠细胞还原 Cr(VI)的实验数据进行拟合（图 3.45）。实验数据与基于修正的莫诺方程的模拟结果比较吻合，相关性良好。但是，随着初始 Cr(VI)浓度越低，实验数据和模拟数据就越接近：Cr(VI)初始质量浓度为 500 mg/L 时，相关系数为 0.998 3；当 Cr(VI)质量浓度为 1 943 mg/L 时，相关性减小到 0.910 5。这是因为式(3.24)未考虑长时间的反应会使酶部分失活，反应速率有所减小。但是，在大部分 Cr(VI)浓度范围内，式（3.24）还是可以准确地描述还原反应的过程。

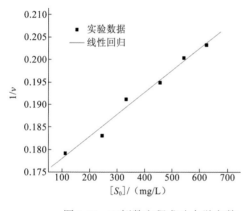

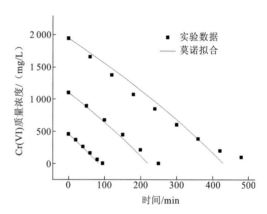

图 3.44　双倒数方程求动力学参数　　　　图 3.45　休眠细胞还原 Cr(VI)的莫诺拟合曲线

3.3.2　生长中细菌对 Cr(VI)的还原

1. 生长中细菌还原 Cr(VI)的影响因素

1）初始 pH 的影响

细菌培养过程中培养液的 pH 是微生物在一定环境条件下代谢活动的综合指标，对细菌的生长及 Cr(VI)的还原有很大的影响。同时，环境 pH 也直接影响铬的存在形态及其迁移状态，比如当 pH 大于 5.0 时，Cr(III)只能以 Cr(OH)$_3$ 沉淀的形式存在。

当培养基的初始 pH 为 10 时，加入的 Cr(VI)在 25 h 内被完全还原成 Cr(III)，溶液中检测不到 Cr(VI)的存在，并形成大量蓝灰色的 Cr(OH)$_3$ 沉淀。而当 pH 为 11 时，Cr(VI)还原率降低为 79.3%；pH 为 6 和 12 时，还原反应基本不能进行（图 3.46）。因此，CRB1 菌还原 Cr(VI)的最佳 pH 为 9.0，在 pH 为 8～11 时可以有效还原 700 mg/L 左右的 Cr(VI)。CRB1 菌的原始生活环境是高碱性的，该菌所含的 Cr(VI)还原酶的作用在碱性条件下得到最好的发挥。还原反应生成的产物 Cr(III)，在碱性条件下形成 Cr(OH)$_3$ 沉淀。在众多已发

现的 Cr(VI)还原菌中, CRB1 菌是少数在碱性环境中保持高还原活性的细菌之一, 大部分 Cr(VI)还原菌只能在中性条件下起作用, 大大限制了这些细菌处理碱性废水、废渣时的应用前景。

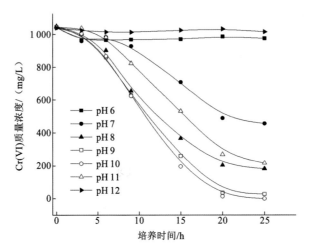

图 3.46　生长中的细菌在不同 pH 下的 Cr(VI)还原

在细菌生长的过程中, 伴随着 Cr(VI)的还原。在考察 Cr(VI)浓度变化的同时, 也对培养液中 pH 的变化进行了跟踪检测。发现随着还原反应的进行, 培养液的 pH 也发生了很大的变化。细菌在不同的 pH 下生长, 并进行 Cr(VI)的还原, 培养液的 pH 均有变化到 9.0 的趋势, 且 pH 的变化在生长的前 4 h 内就已完成(图 3.47)。CRB1 菌作为一种嗜碱性细菌, 有其独特的自主调控培养液环境酸碱度的机制。当 pH 较高时, 在细菌的新陈代谢过程中可能产生一些酸性物质, 如乙酸、柠檬酸等, 降低溶液的 pH, 同时在 Cr(VI)还原过程中伴随着 $Cr(OH)_3$ 的生成, 消耗掉一部分 OH^-, 也会造成 pH 的降低。当 pH 为低于 9.0 的碱性条件时, 嗜碱细菌特有的 Na^+/H^+ 泵开始工作, 排出体内的 Na^+ 而吸收培养

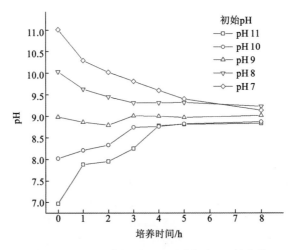

图 3.47　CBR 1 菌还原 Cr(VI)过程中 pH 的变化

液中的 H^+，导致外部溶液环境酸度降低，pH 升高。CRB1 菌还原 Cr(VI)的最佳 pH 即为 9.0，因此可以假设为了确保其在高铬环境中的生长，细菌还原机制的运行优先于其他生理机能，尽管细菌在生长时的最佳 pH 为 8.0，但是为了保证 Cr(VI)还原酶的催化处于最佳状态，细菌还是将生长时的 pH 调节至 9.0。

2）温度的影响

温度是影响生命活动的重要因素之一。在 3.1.3 小节中得知 *Leucobacter* sp. CRB1 生长的最适温度为 35℃，但是，最适生长温度并不一定是细菌其他机能发挥作用的最佳温度。CRB1 菌对 Cr(VI)的还原效率随着温度的升高而提高，当温度为 30℃时 Cr(VI)的还原率最高，达到了 100%；在细菌生长的最适温度即 35℃时，Cr(VI)的还原率为 96.7%；温度过高或过低，都会抑制 Cr(VI)的生物还原（图 3.48）。因此，在利用 CRB1 菌进行含 Cr(VI)废水的处理、含 Cr(VI)废渣的解毒时，对温度的要求比较苛刻，最好控制在 30～35℃。目前所报道的 Cr(VI)还原菌，绝大多数属于中温菌，还原的最佳温度都在 30～35℃。

3）溶解氧的影响

Leucobacter sp. CRB1 在好氧条件下的生长及还原 Cr(VI)效率远远优于其厌氧条件下的情况（图 3.49）。在 5 h 内能完全还原 250 mg/L Cr(VI)，而通 N_2 密封培养的菌液，在细菌生长过程中 Cr(VI)的浓度几乎没有变化（图 3.49）。

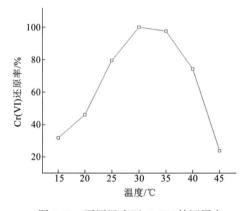

图 3.48　不同温度下 Cr(VI)的还原率

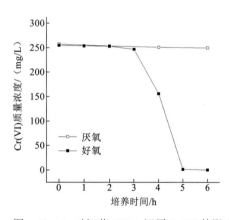

图 3.49　O_2 对细菌 CRB1 还原 Cr(VI)的影响

Cr(VI)还原菌 *Arthrobacter* 和 *Bacillus* 还原 Cr(VI)的功能和 CRB1 菌一样，需要严格好氧的环境；而 *Enterobacter* 和 *Shewanella* 则可以在厌氧条件下将 Cr(VI)还原为 Cr(III)；McLean 和 Beveridge 分离的 *Pseudomonas* 比较特殊，在好氧和厌氧条件下均表现出一定的 Cr(VI)还原性能（Mclean et al.，2001）。厌氧条件下还原 Cr(VI)的细菌，将 Cr(VI)作为呼吸链的末端电子受体。好氧条件下的 Cr(VI)还原，只是细菌为了避免受到 Cr(VI)毒害而产生的一种防御机制，主要是细菌的 Cr(VI)还原酶的作用。

4）金属离子的影响

有些金属离子，如 Co、Cu、Fe、Mg、Mn、Mo、Ni、Se 等，是细菌生长所需要的，可以通过特定的机制被细胞吸收。在低浓度时，对细菌生长起着促进作用，当浓度过高时则产生毒害作用。因为大多数重金属离子是蛋白质的沉淀剂，能产生抗代谢作用，或者与细胞内的主要代谢产物发生螯合作用，或者取代细胞结构上的主要元素，使正常的代谢物失效，从而抑制细菌生长或导致其死亡。

将能够对细菌还原 Cr(VI)产生影响的金属离子的最小质量浓度，称为最小影响质量浓度。Ag^+对 CRB1 菌还原 Cr(VI)有很强的抑制作用，质量浓度为 6 mg/L 时已经产生明显影响，这是因为 Ag^+本身具有很强的抗菌作用。另外，Zn^{2+}和 Cu^{2+}也有较强的抑制作用，而 Fe^{3+}质量浓度要达到 1 500 mg/L 时才表现出影响作用。所检测的金属离子均对 Cr(VI)的还原起抑制作用，按照抑制作用的强弱依次为 $Ag^+>Zn^{2+}>Cu^{2+}>Pb^{2+}>Al^{3+}>Ca^{2+}>Mg^{2+}>Fe^{3+}$，如表 3.12 所示。

表 3.12　金属离子影响 Cr(VI)还原的最小浓度

金属离子	最小影响质量浓度/（mg/L）	Cr(VI)* 还原率/%
Ag^+	6	87.4
Zn^{2+}	25	91.5
Cu^{2+}	30	88.5
Pb^{2+}	240	82.9
Al^{3+}	500	90.1
Ca^{2+}	700	93.2
Mg^{2+}	800	89.6
Fe^{3+}	1 500	93.7

注：* Cr(VI)初始浓度为 500 mg/L

5）阴离子对还原的抑制作用

相对于金属离子，阴离子对 Cr(VI)还原的影响较小。质量浓度高于 600 mg/L 的 NO_3^{2-}对还原有抑制作用，而 SO_4^{2-}的最小影响质量浓度为 1 500 mg/L。尽管 SO_4^{2-}和 CrO_4^{2-}有结构上的相似之处，但是在此并没有表现出明显的竞争性抑制作用。按抑制作用的强弱依次为 $NO_3^{2-}>HPO_4^{2-}>S_2O_3^{2-}>CO_3^{2-}>SO_4^{2-}$，如表 3.13 所示。

表 3.13　阴离子对细菌还原 Cr(VI)的影响

参数	NO_3^{2-}	HPO_4^{2-}	$S_2O_3^{2-}$	CO_3^{2-}	SO_4^{2-}
最小影响质量浓度/（mg/L）	600	800	900	1 300	1 500

6）乳酸钠对还原的促进作用

生物还原 Cr(VI)的本质是氧化还原反应，既然 Cr(VI)在反应中被还原就一定有其他物质被氧化。被氧化的物质在 Cr(VI)还原酶的作用下，将自身的电子传递给 Cr(VI)，将其还原，这些物质就被称为电子供体。乳酸钠便是电子供体之一。当还原体系中无乳酸钠存在时，20 h 后 CRB1 菌还原的 Cr(VI)仅为 27.6%，随着乳酸钠浓度的增加，Cr(VI)还原率随之升高，当体系中乳酸钠的质量浓度大于 4 g/L 时，培养液中 Cr(Ⅵ)被 100%还原（表 3.14）。因此，乳酸钠的加入可以显著地提高生物还原 Cr(Ⅵ)的还原率。

表 3.14　乳酸钠的浓度对还原率的影响

乳酸钠质量浓度/（g/L）	剩余 Cr(Ⅵ)质量浓度/（mg/L）	还原效率/%
0.0	361.8	27.6
1.0	215.2	56.9
2.0	117.3	76.5
3.0	27.4	94.5
4.0	0	100
5.0	0	100
6.0	0	100

7) 细菌接种量的影响

细菌接种量不同，完全还原所需的时间不同，细菌初始浓度低时需要时间长。不接种细菌时 Cr(Ⅵ)浓度没有发生变化，说明培养基中所用的物质对 Cr(Ⅵ)没有还原作用。在细菌培养的过程中，Cr(Ⅵ)浓度的变化明显分为两个阶段：第一阶段，Cr(Ⅵ)的浓度并没有发生变化；第二阶段，Cr(Ⅵ)的浓度以恒定的速率减小，直至 0 mg/L。当接种量不同时，CRB1 菌还原 Cr(Ⅵ)的区别在于还原反应的第一阶段。当接种量为 2%时，还原反应需要 5 h 才得以开始，而接种量为 20%时，反应第一阶段所需延迟时间仅为 2 h，从而加快了反应的进程（图 3.50）。值得注意的是，在不同接种量的还原反应的第二阶段，Cr(Ⅵ)浓度减小的速率却基本相同。因此，当还原反应进行时反应体系中的细菌数量应该是相同的，只有这样才能够得到相同的还原速率。生长中 CRB1 菌群还原 Cr(Ⅵ)，首先要求细菌达到一定的数量，反应才能够开始，反应的延迟时间是细菌数量增长所需的时间。

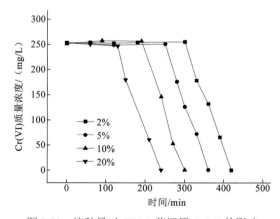

图 3.50　接种量对 CRB1 菌还原 Cr(Ⅵ)的影响

8) Cr(Ⅵ)初始浓度

培养基中加入的 Cr(Ⅵ)浓度越高，其还原过程的延迟时间就越长。Cr(Ⅵ)质量浓度为

1 300 mg/L 时，延迟时间达到了 8 h。但是，还原一旦开始，不同浓度 Cr(VI)的还原速率基本相同，其还原曲线基本平行（图 3.51）。这也说明 Cr(VI)的还原反应需要 CRB1 菌群达到一定数量才得以进行。因为 Cr(VI)对细菌有很强的毒性，其浓度越高毒性越强，对细菌生长的抑制就更强烈。细菌在含 Cr(VI)浓度高的培养基中生长，其生长速率较低浓度时要缓慢，因此达到还原开始所要求的细菌数量的时间就要长些。

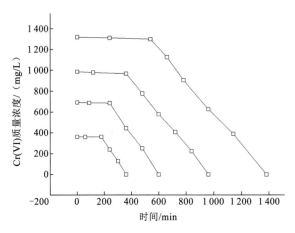

图 3.51　不同质量浓度 Cr(VI)的生物还原

9）细菌驯化对还原的影响

从自然界采集回来的野生 CRB1 菌株，其还原能力是有限的，仅可有效还原 500 mg/L 的 Cr(VI)。为提高细菌的还原能力，可通过逐步提高培养基中 Cr(VI)浓度的方法，对 *Leucobacter* sp. CRB1 菌进行驯化培养。驯化过程分为三个阶段（表 3.15），在驯化的第一阶段，细菌对于 700 mg/L 的 Cr(VI)仅能还原 76.2%，经过一段时间培养，可以完全还原 800 mg/L 的 Cr(VI)，待到驯化过程进行到第三阶段，CRB1 菌能够完全还原的 Cr(VI)浓度达到了 1 700 mg/L。

表 3.15　Cr(VI)还原菌 CRB1 的驯化

项目		值			
第一阶段	初始质量浓度/（mg/L）	500	600	700	800
	还原率/%	100.0	98.4	76.2	59.5
第二阶段	初始质量浓度/（mg/L）	800	900	1 000	1 100
	还原率/%	100.0	89.3	67.2	55.1
第三阶段	初始质量浓度/（mg/L）	900	1 200	1 500	1 700
	还原率/%	100.0	100.0	100.0	100.0

驯化后的细菌较野生的原始菌株还原能力大大增强，主要表现在：可完全还原 Cr(VI) 的浓度大幅度提高；还原反应的延迟阶段时间缩短，当初始 Cr(VI)质量浓度为 250 mg/L，接种量 10%时，由原始菌株的 6 h 缩短到成熟菌株的 1.5 h；Cr(VI)还原的速率加快，还原

250 mg/L Cr(VI)所需时间由开始的 4 h,缩短到了 2.5 h(图 3.52)。因此,逐级加 Cr(VI)驯化培养对于提高细菌还原 Cr(VI)的能力是非常有效的。Cr(VI)还原能力是细菌在长期的进化过程中所形成的独特的防御机制,采集后驯化的过程就是通过人为的方式,加大选择的压力和速率,从而使其还原性能在较短的时间内得到更大的加强。

2. 生长中细菌还原 Cr(VI)的化学反应动力学

生长在含一定浓度 Cr(VI)环境中的 Cr(VI)还原菌,会在生长代谢的过程中进行 Cr(VI)的还原。在此过程中,细菌其他生理活动将影响 Cr(VI)的还原反应,如细菌的生长繁殖,生物量会产生变化;初始 Cr(VI)浓度升高,对细菌毒害增强,而导致还原能力的减弱;代谢产物对还原的影响等。因此,生长状态的细菌催化 Cr(VI)还原的反应较休眠状态下的细胞要复杂得多。

通过生长状态下细菌还原 Cr(VI)的特性研究可以确定其动力学模型。接种一定量细菌到含 Cr(VI)培养基中,最初一段时间内 Cr(VI)的浓度没有变化,还原反应并没有立即开始,经过检测发现细菌要生长到一定数量(2.29×10^9 cells/mL),还原反应才开始启动(图 3.53)。在反应的过程中,Cr(VI)的浓度以一个恒定的速率减少,反应速率是一个定值,因此,根据反应的动力学特征,可以确定此反应为零级反应;如果培养基中 Cr(VI)的初始浓度升高,毒性增强,反应速率有所减小。

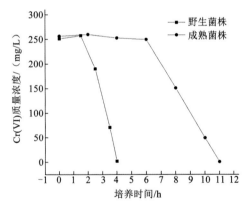

图 3.52 野生菌株与成熟菌株还原性能比较

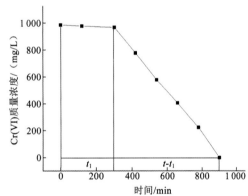

图 3.53 生长中的 CRB1 菌还原 Cr(VI)

生长细菌 CRB1 还原 Cr(VI)的反应可以分为两个阶段:t_1 段和 $t-t_1$ 阶段,在 t_1 段,Cr(VI)浓度基本没有减少,还原主要发生在 $t-t_1$ 阶段(图 3.53)。因此,分别对整个过程的两个阶段进行考察。

CRB1 菌对 Cr(VI)的还原速率和初始 Cr(VI)质量浓度的关系为

$$v = 1.75 - 0.000\,2C_0 \tag{3.27}$$

此外,Cr(VI)浓度升高毒性增强,使细菌的生长速率减小,从而 t_1 随初始 Cr(VI)浓度增大而延长:

$$t_1 = 0.39C_0 \tag{3.28}$$

当细菌接种量不同时，反应延迟时间 t_1 会随接种量的增大而减小：

$$t_1 = 68.13 - 189.35 \lg C_{cell} \tag{3.29}$$

根据零级反应的特征，还原反应可以表示为

$$C = C_0 - vt \tag{3.30}$$

其中：C_0 为 Cr(VI)初始质量浓度；t 为培养时间，C_{cell} 为初始细菌浓度×10^{-9}；v 为反应速率。

1）接种量相同，Cr(VI)的初始浓度不同

当培养时间 $t \leq 0.39\, C_0$ 时

$$C = C_0 \tag{3.31}$$

当培养时间 $t > 0.39\, C_0$ 时，将式（3.27）和式（3.28）代入式（3.30）得

$$C = C_0 - (t - 0.39 C_0)(1.75 - 0.000\,2 C_0) \tag{3.32}$$

动力学实验数据和拟合曲线比较吻合，相关性较好（图 3.54）。因此，式（3.31）和式（3.32）可以准确反映接种量相同而初始 Cr(VI)浓度不同时，CRB1 菌催化 Cr(VI)还原的过程。

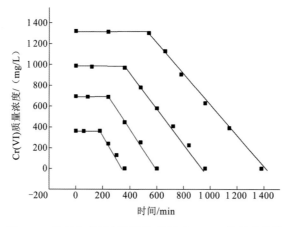

图 3.54　生长细菌还原不同初始浓度 Cr(VI)的拟合曲线

2）Cr(VI)的初始浓度相同，细菌接种量不同

当培养时间 $t \leq 68.13 - 189.35 \lg C_{cell}$ 时

$$C = C_0 \tag{3.33}$$

当培养时间 $t > 68.13 - 189.35 \lg C_{cell}$ 时，将式（3.27）和式（3.29）代入式（3.30）得

$$C = C_0 - (t - 68.13 + 189.35 \lg C_{cell})(1.75 - 0.000\,2 C_0) \tag{3.34}$$

进行动力学公式的拟合（图 3.55）。实验数据和拟合曲线比较吻合，相关性较好，因此，式（3.33）和式（3.34）可以准确反映初始 Cr(VI)浓度相同而细菌接种量不同时，CRB1 菌催化 Cr(VI)还原的过程。

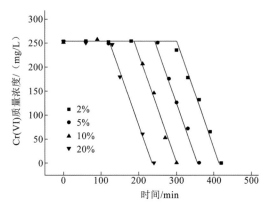

图 3.55　不同接种量的细菌还原 250 mg/L Cr(VI)

3. 生长中细菌还原 Cr(VI)的酶促反应动力学

生长中的 *Leucobacter* sp. CRB1 菌还原 Cr(VI)（表 3.16），根据化学反应动力学结果，迟缓期后的还原反应也符合底物过量的酶促反应的特点，因此亦可用莫诺方程建立其动力学公式。首先以双倒数方程确定其动力学参数。

表 3.16　生长细菌还原 Cr(VI)实验数据

参数	$[S]/(mg/L)$					
	110.31	309.14	542.84	826.39	1 023.48	1 320.31
$1/v$	0.578 7	0.592 3	0.609 2	0.615 6	0.647 1	0.673 0

以底物浓度[S]对反应速率倒数 $1/v$ 作图，如图 3.56 所示。

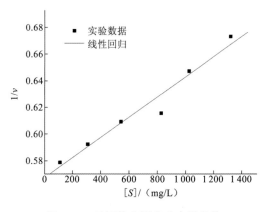

图 3.56　双倒数方程求动力学参数

求得 V_m=1.76 mg/(L·min)，K_i=7 476.08 mg/L。代入式（3.24）中得

$$-\frac{\mathrm{d}t}{\mathrm{d}S}=0.567\ 2+0.000\ 076[S] \tag{3.35}$$

将式（3.35）积分得

$$t = 0.567\,2[S_0] + 0.000\,038[S_0]^2 - 0.567\,2[S] - 0.000\,038[S]^2 \qquad (3.36)$$

式中：t 为反应时间；$[S]$ 为 t 时间体系中 Cr(VI) 的质量浓度；$[S_0]$ 为 Cr(VI) 的初始质量浓度。

由生长细菌还原 Cr(VI) 的特性可知，反应首先要经过一定的延迟时间才得以启动。

当 $t < 0.39\,[S_0]$ 时，$[S] = [S_0]$；

当 $t \geqslant 0.39\,[S_0]$ 时，将式（3.29）代入式（3.36）得

$$t = 0.957\,2[S_0] + 0.000\,038[S_0]^2 - 0.567\,2[S] - 0.000\,038[S]^2 \qquad (3.37)$$

根据以上两种情况，对生长细菌还原 Cr(VI) 的实验数据进行拟合，如图 3.57 所示。

在 Cr(VI) 的初始浓度相同，细菌接种量不同的情况下：

当培养时间 $t < 68.13 - 189.35\,\lg C_{cell}$ 时，$C = C_0$；

当培养时间 $t \geqslant 68.13 - 189.35\,\lg C_{cell}$ 时，将式（3.29）代入式（3.36）得

$$t = 0.957\,2[S_0] + 0.000\,038[S_0]^2 - 0.567\,2[S] - 0.000\,038[S]^2 - 189.35\,\lg C + 68.13 \qquad (3.38)$$

根据以上两种情况，对生长细菌还原 Cr(VI) 的实验数据进行拟合（图 3.58）。

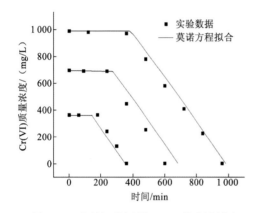

图 3.57　生长细菌还原 Cr(VI) 的莫诺拟合
曲线

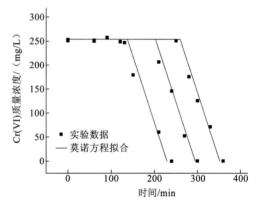

图 3.58　不同接种量细菌还原 Cr(VI) 的
酶促动力学拟合

基于有底物抑制影响的酶促动力学的原理，运用修正的莫诺方程，分别建立了 *Leucobacter* sp. CRB1 菌的休眠细胞和生长细胞还原溶液中 Cr(VI) 的动力学方程，并对不同条件下的实验结果用计算机进行了模拟，结果表明这些动力学方程均可以较准确地描述由细菌催化的 Cr(VI) 还原反应。经典的米氏方程是基于单底物的酶促反应推导而来的。在 *Leucobacter* sp. CRB1 菌还原 Cr(VI) 的机理研究中，曾经建立了该反应的方程式，在总反应中底物有两种，分别是氧化剂 Cr(VI) 和还原剂乳酸钠。但是，在以上的动力学分析中，基于单底物反应的莫诺方程可以准确地表达该还原反应的过程。该氧化还原反应应该由乳酸钠的氧化和 Cr(VI) 的还原两个基元反应构成，每个基元反应均可视为单底物的酶促反应。

从化学反应的角度和酶促反应的角度对 CRB1 菌还原 Cr(VI) 的过程进行了动力学模拟，酶促反应的莫诺方程对还原过程的模拟较为简捷，但是拟合结果和实验数据的相关性

较化学反应的零级、一级反应模拟略低；化学反应数学模型进行动力学拟合时，需要考虑的因素多于酶促反应，因而其模拟结果也更为精确。以上两种模型均可较准确地描述细菌休眠细胞及生长细胞催化还原 Cr(VI)的过程，可根据实际需要择优用之。

3.3.3　Cr(VI)的最大还原能力

　　从第一株 Cr(VI)还原菌被发现到现在，已经过去大半个世纪，有大量的细菌被证明具有还原 Cr(VI)的能力。在这些 Cr(VI)还原菌中，有革兰氏阳性菌、革兰氏阴性菌；有好氧菌也有厌氧菌；有直接还原 Cr(VI)菌，也有通过代谢产物还原 Cr(VI)菌。但是，不论研究人员分离到的是何种细菌，决定该 Cr(VI)还原菌价值的还是这种细菌是否具备实际应用的潜力，而决定细菌实际应用价值的则是该 Cr(VI)还原菌的还原能力的大小。但是，迄今为止在生物除铬的研究领域中对微生物还原 Cr(VI)能力的评价并没有一个统一的标准。本小节从细菌对 Cr(VI)的耐受力、Cr(VI)的最大还原量、还原 Cr(VI)的速率等方面，建立一个系统的评估微生物 Cr(VI)还原能力的体系，并首次提出 Cr(VI)还原容量的概念。

1. Cr(VI)最大还原量

　　我国污水排放标准规定，其中 Cr(VI)的质量浓度要求小于 0.5 mg/L。因此细菌还原 Cr(VI)的彻底性对该菌的实际应用价值至关重要。Cr(VI)还原菌 CRB1 即使还原很高浓度的 Cr(VI)时也可以达到完全还原，满足污水排放的要求。

1）生长细菌的还原量

　　将 Cr(VI)还原菌所能够完全还原的一次加入的 Cr(VI)的最大浓度，定义为细菌的最大还原量。细菌 CRB1 可以彻底还原的最大 Cr(VI)质量浓度为 1 820 mg/L。当加入的 Cr(VI) 超过该浓度，则不能被完全还原，当初始 Cr(VI) 质量浓度为 1 920 mg/L 时，溶液中剩余 Cr(VI) 质量浓度为 447 mg/L，仅有 1 273 mg/L Cr(VI) 被还原为 Cr(III)，远小于 1 820 mg/L（图 3.59）。这说明，更高浓度的 Cr(VI)对细菌有强烈的毒害作用，在一定程度上损伤了细菌的还原机能。

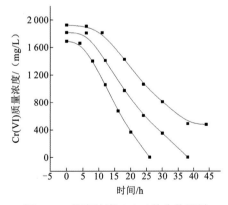

图 3.59　超高浓度 Cr(VI)的生物还原

2）休眠细胞的还原量

　　用 CRB1 菌的休眠细胞体系进行高浓度 Cr(VI)的还原，发现可以完全还原的 Cr(VI)质量浓度有较大提升，达到了 2 180 mg/L（图 3.60）。其原因在于休眠细胞体系已经达到一定的细菌数量，Cr(VI)的毒性不再影响细菌数量的增加，毒性相对减小。

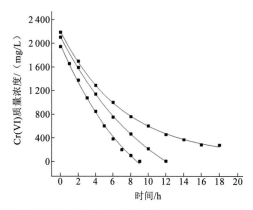

图 3.60　休眠细胞体系还原超高浓度 Cr(VI)

2. 还原速率

一种高效的 Cr(VI)还原功能菌,不仅要求可以还原高浓度的 Cr(VI),还要求还原所需时间要短,就是要求还原速率要高。休眠状态下的 CRB1 菌细胞还原 Cr(VI)时,Cr(VI)的浓度和还原时间在一定浓度范围内呈线性关系,可以很方便地求出其还原反应的速率。细菌还原 Cr(VI)的反应速率为

$$V = \Delta C / t$$

其中:V 为还原速率 [mg/(L·min)],表示每分钟细胞还原 Cr(VI)的量;ΔC 为还原过程中 Cr(VI)浓度的变化(mg/L);t 为反应时间(min)。

CRB1菌休眠细胞体系在各种条件下还原Cr(VI)的反应速率受到初始pH和乳酸钠含量的影响(图 3.61)。在最佳条件下还原速率为 5.45 mg/(L·min)。浓度大于 4 g/L 的乳

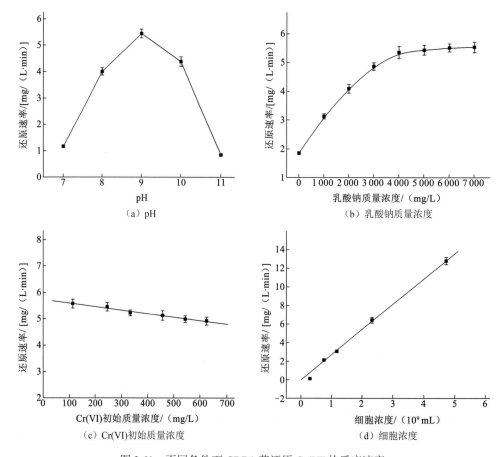

图 3.61　不同条件下 CRB1 菌还原 Cr(VI)的反应速率

酸钠，对反应速率不再有提升。该还原反应是由细菌细胞上的 Cr(VI)还原酶所催化的，作为电子供体的乳酸钠达到 4 g/L 相对于还原酶的量已经饱和，根据酶促动力学的原理，更大浓度的乳酸钠不会继续提高 Cr(VI)还原速率。初始 Cr(VI)浓度的增加在一定程度上降低了还原速率，但是幅度并不大，说明该酶促反应属于底物抑制型反应。反应体系中细胞浓度的变化对反应速率有很大影响，细胞浓度越大，反应进行得越快，并且反应速率和细胞浓度基本呈正比关系。休眠细胞所用的细胞悬液收获于细菌生长的对数期末期，此时细胞浓度比较恒定，因此将此浓度细胞的反应速率定为 CRB1 菌的还原速率，即 5.45 mg/（L·min）。

3. 还原容量

Cr(VI)对细菌的毒性会对细菌的还原能力产生抑制作用，采用 Cr(VI)多次加入的方法进行细菌休眠细胞还原 Cr(VI)的实验中，即前次加入的 Cr(VI)被还原完全后随即加入同等浓度的 Cr(VI)，如此重复，直至还原反应停止，Cr(VI)的质量浓度不再减小，此时还原体系所完全还原的 Cr(VI)的总量，定义为该还原体系的还原容量。在最适条件下，CRB1 休眠细胞还原 Cr(VI)，整个反应共分 6 次加入 Cr(VI)，前 5 次还原完全，反应至第 6 次 Cr(VI)加入后停止，在 160 min 内共有 2 490 mg/L Cr(VI)被还原（图 3.62）。因此，该还原体系的还原容量即为 2 490 mg/L。还原速率随着反应的进行是减小的，归因于反应过程中一些还原酶的失活，以及随着反应的进行，作为电子供体的乳酸钠被消耗殆尽。

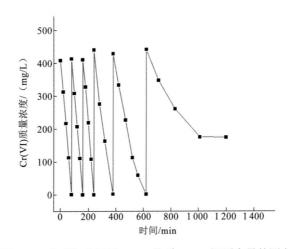

图 3.62　休眠细胞还原 Cr(VI)体系 Cr(VI)还原容量的测定

3.3.4　细菌耐受 Cr(VI)能力

1. 细菌耐盐能力

微生物的生长易受培养体系渗透压的影响，一般细胞的渗透压约为 0.3～0.6 MPa。除嗜盐菌外，一般细菌在高渗透压溶液中易发生质壁分离现象，在低渗透压溶液内又易吸水过量，故适宜的渗透压是微生物正常生长发育的必要条件，细菌适应渗透压的能力常用耐盐性能试验作鉴定。而铬盐生产排放的铬渣通常来说盐度较高，细菌耐盐性能也成为一项考察因素。盐度在 2～20 g/L 时细菌的还原能力不受影响，并表现出对盐度有较强的耐受能力；当盐度高于 30 g/L 时，细菌的还原能力基本消失（表 3.17）。

表 3.17　盐度对细菌还原能力的影响

$C_{NaCl}/（g/L）$	$C_{Cr(VI)}/（mg/L）$		溶液 pH	
	初始	16 h 后	初始	16 h 后
2	920	0.6	10.35	9.12
10	920	0.8	10.49	9.14
20	920	10.9	10.31	9.08
30	920	823.0	10.18	9.09
40	920	781.0	10.31	9.11
50	920	848.0	10.41	9.13

2. 细菌耐受 Cr(VI)能力

细菌耐受与还原 Cr(VI)的能力是很不一致的。当 Cr(VI)质量浓度为 1 570 mg/L 时细菌还原率最高，质量浓度为 2 180 mg/L 时其还原能力明显降低，质量浓度达 2 730 mg/L 时受到严重抑制，3 271 mg/L 时已丧失还原能力，但质量浓度在 4 362 mg/L 时，细菌仍能生长。细菌还原 Cr(VI)存在一个浓度阈值，当超过该值时，其还原能力明显减弱甚至丧失，高浓度的 Cr(VI)已破坏了细菌原有的还原机制（表 3.18）。

表 3.18　Cr(VI)的初始浓度对细菌还原的影响　　　　　（单位：mg/L）

项目	初始 Cr(VI)质量浓度					
	920	1 570	2 180	2 730	3 271	4 362
16 h 后 Cr(VI)质量浓度	0.4	0.6	1 588	2 640	3 202	4 255

3.4　细菌还原 Cr(VI)的分子机理

3.4.1　Cr(VI)还原酶定位

在碱性条件下，Cr(VI)还原菌 *Leucobacter* sp. CRB1 具有很强的 Cr(VI)还原能力，并且其还原酶并未分泌到外界培养液中。那么 Cr(VI)还原酶就应该存在于细胞表面的细胞膜上或者存在于细胞内部的细胞质中。将还原酶准确定位，对于下一步的机理研究具有重要意义。

1. 电镜观察细菌 Cr(VI)还原的位点

Cr(VI)还原前后的细菌细胞分别进行扫描电镜（SEM）观察，以便直观地认识细菌还原 Cr(VI)的反应位点。通过扫描电镜图可以清楚看到细菌的表面形态：CRB1 细菌还原 Cr(VI)前，细菌表面粗糙，呈细颗粒状，周生鞭毛［图 3.63（a）］；还原 Cr(VI)后的细菌末端附着不定形还原产物［图 3.63（b）］。

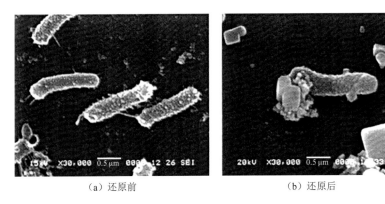

（a）还原前　　　　　　　　　　　　　（b）还原后

图 3.63　Cr(VI)还原菌 CRB1 还原反应前后细菌形态对比

除单细胞细菌外，还拍摄到多细胞共同还原 Cr(VI)的电镜图（图 3.64）。在还原的过程中可见多个细菌簇拥在大团的不定形物质周围，通过末端的还原产物吸附在一起形成菌团，而且 Cr(VI)浓度较高，还原产物的量也较大。

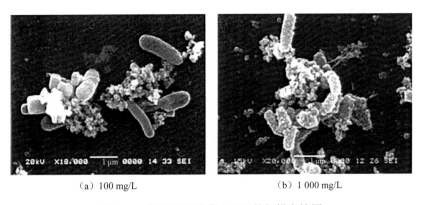

（a）100 mg/L　　　　　　　　　　　　（b）1 000 mg/L

图 3.64　还原不同浓度 Cr(VI)的扫描电镜图

基于此，可以推测细菌 CRB1 的 Cr(VI)还原酶存在于细胞表面的细胞膜上，还原生成的产物主要存在于细菌体外。如果还原酶位于胞内，那么 Cr(VI)首先要通过细胞膜进入细菌体内，而后在细胞质内被还原为 Cr(III)，但是这种 Cr(III)的沉淀是很难透过细胞膜排出细菌体外的，而且如此大量的体内杂质的产生对细胞结构有极大的伤害。在细菌 CRB1 还原 Cr(VI)的过程中，细胞膜上的 Cr(VI)还原酶所接触到的 Cr(VI)还原为 Cr(III)并生成沉淀。细菌 CRB1 周生鞭毛，具有很强的活动能力，因此在细菌向前游动的过程中，鞭毛不停地向后摆动，随即将细胞表面生成的 Cr(III)沉淀移动到细菌的末端，最后累积成大团的不定形物质。

2. Cr(VI)还原酶的定位

细菌 CRB1 隔夜培养，离心分离重悬得到菌悬液，用超声细胞粉碎仪进行超声粉碎（超声粉碎功率不宜过高，时间不宜过长，否则会导致 Cr(VI)还原酶的变性，影响还原性能的检测），6 000 r/min 离心 20 min 去除粉碎的细菌，得到细胞粗提物；100 000 r/min 超速离心 60 min，得到的沉淀即为细胞膜组分，上清液为细胞内的可溶物。细胞内部可溶性蛋白含量最高，因为细菌大部分的生理活动发生在细胞质内，所以大部分酶也位于细胞质中。细胞膜蛋白质量浓度为 0.361 mg/mL，细胞外分泌蛋白质量浓度为 0.515 mg/mL（表 3.19）。

表 3.19　CRB1 细菌各细胞组分的蛋白含量

参数	细胞组分		
	胞外分泌组分	胞内可溶性组分	膜组分
蛋白质量浓度/（mg/mL）	0.515	0.872	0.361

在最适条件下，以 4 mg/mL 乳酸钠作为电子供体，Cr(VI)的初始质量浓度为 100 mg/L，用细菌 CRB1 各细胞组分进行 Cr(VI)还原实验。反应 8 h 后，考察各体系中的 Cr(VI)含量，发现细菌菌体还原能力最强，100%还原 100 mg/L 的 Cr(VI)。但破碎的细胞还原能力较完整细胞还是稍弱，因为超声粉碎的过程中损失了部分还原活性。细胞膜组分和细胞内的可溶物质还原能力差异较大，细胞膜组分的还原率为 72%，而胞内可溶物仅为 17%，可见 Cr(VI)还原酶大部分位于细菌的细胞膜上（图 3.65）。因为细胞质内有蛋白合成功能，还原酶也由此产生，所以细胞内的可溶物质也具有一定的 Cr(VI)还原活性。

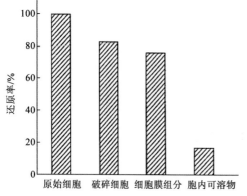

图 3.65　CRB1 细菌的各细胞组分还原 Cr(VI)

一般说来，厌氧条件下的 Cr(VI)还原菌，其还原酶位于细胞膜上，以 Cr(VI)作为终端电子受体；而好氧条件下的 Cr(VI)还原菌的大部分还原酶存在于细胞质中。Cr(VI)还原菌 *Enterobacter cloacae* 在厌氧条件下，pH 7.0 的磷酸盐缓冲液中，按照每毫克蛋白质加入 25 mg/L 的 Cr(VI)，发现该细菌细胞还原活性的 80%存在于细胞膜组分中（Wang et al.，1990）。好氧条件下的 Cr(VI)还原菌 *Bacillus* sp. ES 29，在以 NADH 为电子供体时进行 Cr(VI)的还原，其还原活性的 74%位于细胞质中，而膜组分仅有少许还原酶存在（Camargo et al.，2004）。*Pseudomonad* sp. strain CRB 5 在好氧和厌氧条件下均可以还原 Cr(VI)，还原作用主要由溶解性酶所催化，大部分位于细胞质中，少许分泌到细胞体外，可溶性 Cr(VI)还原酶的动力学参数为：K_m=23 mg/L；V_m=0.98 mg/（h·mg）。少量的 Cr(VI)还原酶存在于细胞膜上，并且在厌氧条件下才能催化 Cr(VI)的还原反应（McLean et al.，2001）。不同于以上细菌，Cr(VI)还原菌 CRB1 还原

Cr(VI)的反应在好氧和厌氧条件下均可发生，但其 Cr(VI)还原酶可能位于细菌的细胞膜上，这是在以往的研究中未曾报道的。另外，大部分还原酶分布于细菌的表面，底物容易与酶接触并发生反应，有利于高浓度 Cr(VI)的还原。这也许就是 CRB1 菌还原能力较其他 Cr(VI)还原菌高的原因。

3.4.2　Cr(VI)还原的电子传递过程

1. 电子供体

由 *Leucobacter* sp. CRB1 的 Cr(VI)还原酶催化进行的 Cr(VI)还原，本质上也是一种氧化还原反应。Cr(VI)接受三个电子被还原为 Cr(III)，必然有其他物质作为电子供体为其提供电子。在生长过程中进行的 Cr(VI)还原，由于培养基的成分较为复杂，难以判断何种物质为电子供体。当还原反应在休眠细胞悬液中进行，反应体系中除了缓冲液就只有细菌细胞和 Cr(VI)，向反应体系中等量地加入可能的电子供体，如乳糖、果糖、葡萄糖、甲酸钠、丙酮酸钠、柠檬酸钠及乳酸钠等，考察其对还原反应的促进作用。乳糖、果糖有少许促进作用，而乳酸钠的加入却将反应的效率提高了 2 倍还多，乳酸钠可能在还原反应中起电子供体的作用。另外，丙酮酸钠对还原反应的促进作用也比较明显（图 3.66）。

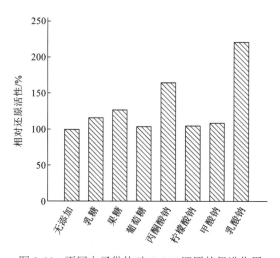

图 3.66　不同电子供体对 Cr(VI)还原的促进作用

在测试 CRB1 菌 Cr(VI)还原容量的的实验中，当还原反应停止 3 h 后，向体系中重新加入 4 mg/mL 乳酸钠，并补充 Cr(VI)至 400 mg/L，Cr(VI)浓度又继续减小，还原反应又以较高的还原速率重新开始（图 3.67）。

因此，休眠细胞体系 Cr(VI)还原容量和体系中加入的乳酸钠的量有直接关系。乳酸钠是 *Leucobacter* sp. CRB1 细胞进行还原反应必不可少的物质，而且反应的进行伴随着乳酸钠的消耗。反应体系中只有 Cr(VI)、细菌细胞和乳酸钠存在，因此，乳酸钠在该还原反应中确实起着电子供体的作用。CRB1 菌 Cr(VI)还原容量随着乳酸钠浓度的增加而增加，并且两者之间表现出非常好的线性关系（图 3.68）：

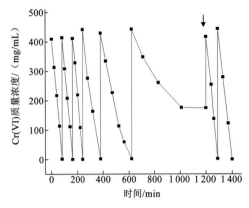

图 3.67　电子供体对 Cr(VI)还原的促进作用

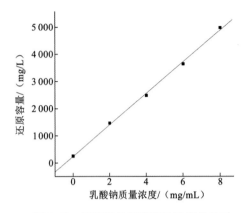

图 3.68　还原容量和乳酸钠浓度的关系

$$R = 242.75 + 581.42 \times C$$

其中：R 为还原容量（mg/L）；C 为反应体系中乳酸钠的浓度（mg/L），其相关系数达到了 0.999。

当没有外源乳酸钠加入时，仍有 242.75 mg/L Cr(VI)被还原，说明细菌在进行生长代谢时，有一部分内源乳酸根产生，因反应细胞处于休眠状态，当这部分乳酸钠消耗完毕后反应即停止。研究中所用乳酸钠浓度最大为 8 000 mg/L，完全还原了 4 980 mg/L Cr(VI)。

2. 细胞膜上的电子传递

Pannonibacter phragmitetus BB 是一种兼性厌氧菌，在 O_2 条件不足的情况下，BB 中可能发生 Cr(VI)的厌氧还原。厌氧还原主要涉及膜结合的还原酶，包括细胞色素、黄素还原酶和氢化酶，以 Cr(VI)作为末端电子受体还原 Cr(VI)。*P. phragmitetus* BB 中的三种细胞色素，包括两种细胞色素 *c* 氧化酶和一种细菌铁蛋白，显著上调，以迅速响应 Cr(VI)压力（表 3.20）。

表 3.20　BB 菌编码的膜结合蛋白的基因及其蛋白的上调情况

分类	基因名	预测功能	基因编号	上调倍数
	ctaG	细胞色素 *c* 氧化酶 *caa*3	BBGL000770	2.66
	ccoO	细胞色素 *c* 氧化酶	BBGL000762	1.81
	bfr	细胞色素 *b*1	BBGL001036	1.61
细胞色素	*petB*	泛素-细胞色素 *c* 还原酶	BBGL005071 BBGL003372	1.44
	—	细胞色素 *b*1	BBGL000645	1.36
	—	细胞色素 *c* 氧化酶	BBGL004367	1.35
	—	细胞色素 *c*553	BBGL000761	1.29

续表

分类	基因名	预测功能	基因编号	上调倍数
	gcdH	戊二酰辅酶 A 脱氢酶	BBGL004484	1.74
	—	天冬氨酰–半醛脱氢酶	BBGL004411	1.62
	aroE	莽草酸脱氢酶	BBGL004677	1.47
	—	二氢乳清酸脱氢酶	BBGL001239	1.45
	—	糖胺脱氢酶	BBGL003014	1.35
	pdhA	丙酮酸脱氢酶	BBGL002619	1.31
脱氢酶	*aroE*	莽草酸脱氢酶	BBGL000842	1.28
	—	葡萄糖酸盐 2-脱氢酶	BBGL003791	1.28
	—	乳酸脱氢酶	BBGL003322	1.27
	fabG	短链脱氢酶	BBGL002819	1.23
	hyaA/hybO	摄取氢化酶小亚基	BBGL003430	1.23
	—	NAD(P)H-依赖性脱氢酶	BBGL001979	1.22
	—	短链脱氢酶	BBGL002745	1.20
	—	2-羟基酸氧化酶, 含 FAD/FMN 的脱氢酶	BBGL001005	1.20

细胞色素 *c* 氧化酶的酶活性从 44.21 U/L 增加到 51.14 U/L（图 3.69）。细胞色素 *c* 是存在于异化金属还原细菌的细胞外电子传递系统中的氧化还原蛋白，是跨越多个长度尺度的电子转移的关键元素。因此，当 BB 菌在含 Cr(VI)的培养基中生长时，由泛醌产生的电子通过细胞色素 *b*，然后通过细胞色素 *c*，最后通过细胞色素 *c* 氧化酶传递给 Cr(VI)，在细胞外将 Cr(VI)还原为 Cr(III)（图 3.70）。随后，Cr(III)与细菌表面的活性官能团如细胞外聚合物上的羧基、胺、羟基、磷酸根和巯基结合，形成络合物。BB 菌在 Cr(VI)刺激下明显上调的细胞色素 *c* 氧化酶（CtaG 和 CcoO）是电子转移的末端酶。它们的缺失会阻碍电子通过细胞膜传递给细胞外 Cr(VI)。另外，细胞色素 *c*553 基因也存在于 BB 菌的基因组中。因此，参与 BB 菌细胞膜上电子转移的酶的多样性是 BB 菌有效还原 Cr(VI)的原因之一。

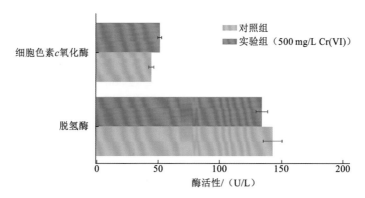

图 3.69　BB 菌在无 Cr(VI)和含 500 mg/L Cr(VI)的生长条件下膜结合酶的活性

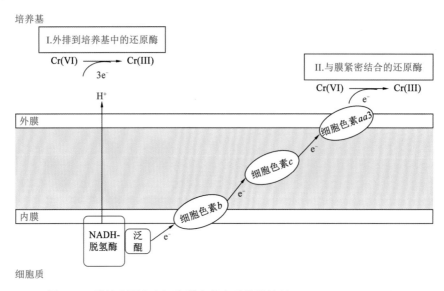

图 3.70 膜结合蛋白在细胞膜上的电子传递途径（Thatoi et al.，2014）

此外，基于 BB 菌的蛋白质组学分析，脱氢酶的表达略微上调（表 3.17）。该酶以 NAD^+/$NADP^+$或 FAD/FMN 作为电子受体氧化底物。然而，脱氢酶的活性降低了 6.2％，表明 Cr(VI)对脱氢酶具有破坏作用（图 3.64）。当 BB 菌与 Cr(VI)一起培养时，脱氢酶优先以 Cr(VI)作为末端电子受体来支持底物的脱氢，将细胞内电子转移到细胞外 Cr(VI)而不是其他电子受体（图 3.65）。此外，BB 菌能够以多种碳源作为电子供体，包括丙酮酸盐、柠檬酸盐、甲酸盐、乳酸盐、乳糖、果糖、葡萄糖、NADPH 及 NADH，其中乳酸盐是促进效果最明显的。这些物质通过促进脱氢过程来促进 Cr(VI)的还原。同时，蛋白质组学分析也显示丙酮酸脱氢酶和乳酸脱氢酶在 Cr(VI)存在下显著上调，也证实乳酸盐的促进机制。

3. 胞外电子穿梭体

胞外电子穿梭体（extracellular electron shuttles，EESs）是细菌自身产生的小分子，它能将代谢产生的电子转移到细胞外的电子受体如 Cr(VI)。EESs 通常以杂环芳烃的形式存在，并且存在共轭键。在 *P. phragmitetus* BB 的 Cr(VI)代谢中未发现这些经典的 EESs 的存在。然而，无 Cr(VI)和含 Cr(VI)培养下的代谢组学分析表明，吡咯-2-羧酸（$C_5H_5NO_2$）在细菌还原前、还原中和还原后都出现了明显的上调。此外，在 3 mmol/L $C_5H_5NO_2$ 存在下，Cr(VI)提前 2 h 被 BB 菌还原（图 3.71）。在异化 Fe(III)还原细菌中也观察到类似现象：外源添加 EESs，厌氧氨氧化和 Fe(III)还原得到增强（Zhou et al.，2016）。$C_5H_5NO_2$ 是具有共轭键的典型杂环化合物；它的颜色随着 pH 变化从白色变为灰白色到淡粉色（Dubis et al.，2002）。EESs 的氧化还原活性源于双键结构，该双键结构可以在生物可及的还原电位下降低和重排。作为 EESs，$C_5H_5NO_2$ 显著促进 BB 菌对 Cr(VI)还原。此外，在 BB 菌的基因组中发现了三个 *soxR* 基因。*soxR* 基因是 EESs 识别的最显著的转录因子。其中两个基因稳定表达，另一个基因在 Cr(VI)的刺激下上调（表 3.21）。*soxR* 通过独特的半胱氨酸结合的 Fe-S 簇感知氧化还原活性分子，其活化促进序列特异性结合和转录激活。基于蛋白质组学分析，BB 菌的 Fe-S 簇显著上调（表 3.19）。因此，过表达的 *soxR* 由 BB 菌独特的半胱氨酸结合的 Fe-S 簇来感测 $C_5H_5NO_2$，并实现远距离传递，还原胞外 Cr(Ⅵ)。

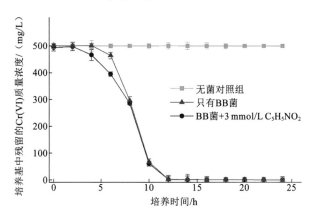

图 3.71 外源添加电子穿梭体 $C_5H_5NO_2$ 对 BB 菌还原 Cr(Ⅵ)的促进

表 3.21　BB 菌中胞外电子穿梭体相关基因及编码的蛋白上调情况

类别	基因名称	预测功能	基因编号	上调倍数
转录调节因子	*soxR*	LysR 家族转录调节因子	BBGL003355	1.07
	soxR	MerR 家族转录调节因子	BBGL003275	0.91
	soxR	LysR 家族转录调节因子	BBGL004467	0.89
Fe-S 簇	*iscA*	Fe-S 簇装配铁结合蛋白 IscA	BBGL002527	1.11
	—	2-羟基酸氧化酶，Fe-S 氧化还原酶，富含半胱氨酸的结构域	BBGL001006	1.09
	sufC	Fe-S 簇装配 ATP 结合蛋白	BBGL002531	1.05
	ygfZ	叶酸结合 Fe-S 簇修复蛋白 YgfZ	BBGL001174	1.04
	sufE	半胱氨酸去饱和蛋白 SufE，Fe-S 组装中心	BBGL001508	1.01
	sufB	Fe-S 簇装配蛋白	BBGL002532	1.01

3.4.3　Cr(Ⅵ)还原菌的全基因注释

采用高通量 Illumina 测序技术对 *P. phragmitetus* BB 菌的基因组 DNA 进行了 Paired-End 基因组测序，基因组的大小为 5.1 Mb，GC 含量为 63.52，偏高，GC 含量偏高会加大测序的难度；该基因组测序的 scaffold 数为 25 个，contig 数为 366 个，共有 2 113 个基因序列，然后将基因组序列上传到 GenBank 数据库（PRJNA219512）。对基因进行多个数据库的比对注释，确定基因的功能及相关描述信息。

对注释结果中可能与铬代谢相关的基因进行了总结（表 3.22）。虽然 *P. phragmitetus* BB 菌具有很强的 Cr(Ⅵ)还原及抗 Cr(Ⅵ)的特性，但是其基因组注释结果并没有出现文献中报道较多的 Cr(Ⅵ)还原酶，可见该菌对 Cr(Ⅵ)的还原是在正常生长代谢的基础上进行的，某些生长代谢必需的酶在生长过程中起到了解毒的作用，从而该菌就成为人们治理 Cr(VI)污染的一种全新手段。很多基因都具有 Cr(VI)还原的功能，表 3.22 列举了具有 Cr(VI)还原潜力的相关基因，根据报道的多少及可操作程度，决定对>Scaffold5_gene_106 "nitrite reductase，copper-containing protein [*Starkeya novella* DSM 506]"及>Scaffold1_gene_445 "nitroreductase [*Rhizobium* sp. PDO1.076]"进行外源表达研究。而对>Scaffold2_gene_831 和>Scaffold7_gene_96 进行 Real-time reverse qPCR 研究，从而进一步确认其在 *P. phragmitetus* BB 菌抗 Cr(VI)方面所起的作用。

表 3.22 BB 菌基因组中与铬代谢相关的基因

基因编号	相似序列	长度/bp
>Scaffold2_gene_831	铬酸盐转运蛋白 ChrA [*Pelagibacterium halotolerans* B2]	1 368
>Scaffold7_gene_96	铬酸盐转运蛋白 ChrA [*Pelagibacterium halotolerans* B2]	1 368
>Scaffold5_gene_106	含铜的亚硝酸还原酶 [*Starkeya novella* DSM 506]	1 128
>Scaffold1_gene_445	硝基还原酶 [*Rhizobium* sp. PDO1.076]	633
>Scaffold13_gene_46	硝基还原酶家族蛋白 [*Polymorphum gilvum* SL003B.26A1]	654
>Scaffold17_gene_27	硝基还原酶家族蛋白 [*Polymorphum gilvum* SL003B.26A1]	594
>Scaffold9_gene_43	NAD(P)H 醌氧化还原酶，PIG3 家族 [*Polymorphum gilvum* SL003B.26A1]	1 023
>Scaffold15_gene_42	外膜亚硝酸还原酶 [*Burkholderia thailandensis* TXDOH]	480
>Scaffold11_gene_63	NADH-flavin 氧化还原酶 [*Stappia aggregata* IAM 12614]	1 101

将所有基因批注的结果与 KEGG 数据库进行比对，并构建了 KEGG 代谢图（图 3.72）。代谢图显示该菌的三羧酸循环系统完善，能够正常代谢糖类物质。另外，核酸代谢、辅助

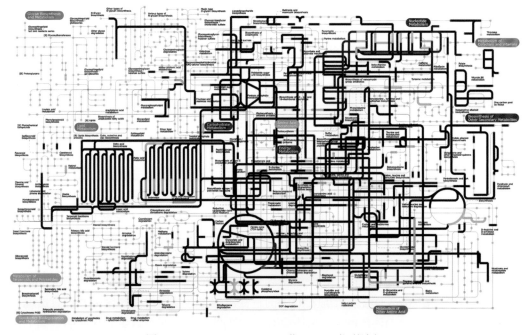

图 3.72 *P. phragmitetus* BB 菌 KEGG 代谢途径

因子及维生素代谢、生物合成及其他次级代谢产物代谢、其他氨基酸的代谢、能量代谢、脂质代谢、多糖代谢等在 KEGG 代谢图中都能找到完整的代谢系统。在处理外源物质的伤害的代谢途径中，外源物质的生物降解与代谢中并没有找到相关的代谢途径，该结果进一步证实了该菌 Cr(VI)还原的特性基因并不是特有的专属的 Cr(VI)还原酶，只是正常生长代谢过程中某个或者数个酶的共同作用。

3.4.4　Cr(VI)还原酶还原动力学

1. Cr(VI)还原酶功能影响因素

通过分子克隆，外源表达的方式，纯化获得 *P. phragmitetus* BB 菌中具有 Cr(VI)还原功能的酶 NitR，对其开展 Cr(VI)还原动力学研究。

1）温度

温度对酶活性的影响非常明显（图 3.73），Cr(VI)还原酶 NitR 在 35℃时具有最大的活性，而在 30℃及 40℃时也就有比较高的活性，分别达到了最大活性的 85%和 90%。而在 25℃和 45℃时其活性为最大活性的 43%和 60%。目的蛋白能够在较宽泛的温度范围内具有活性，因此赋予 *P. phragmitetus* BB 菌在较为宽泛的温度范围内修复 Cr(VI)污染的能力。

进一步探究 NitR 酶对温度的耐受性，在 35℃处理 30 min 以后目的蛋白的活性并没有下降，一直维持着原来的活性。而在 50℃处理一段时间后其活性就会出现明显的下降，处理 30 min 以后其活性只保留 82%左右。当目的蛋白在 60℃处理 30 min 以后其蛋白活性基本消失，在 60℃处理 5 min 后其活性已经出现了明显的下降，只有原来活性的 75%左右，10 min 后其活性只有原来的 27%左右，处理 15 min 后其蛋白活性基本消失。在 70℃处理 10 min 以后就不能够再检测到目的蛋白的活性（图 3.74）。因此，NitR 酶对温度还是有一定的耐受，能够在 50℃条件下短时间内维持活性。

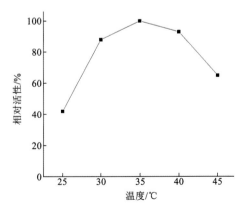

图 3.73　温度对蛋白 NitR 酶活性的影响

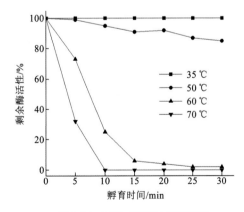

图 3.74　NitR 酶对温度的耐受

2）pH

pH 可以严重影响蛋白的活性（图 3.75），目的蛋白在 pH 为 7 时具有最大的活性，而当 pH 为 6 和 8 时其活性只能达到 pH 为 7 时的 50%以下，由此可知该蛋白对 pH 条件要求非常专一。

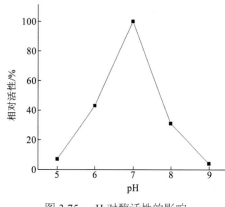

图 3.75　pH 对酶活性的影响

P. phragmitetus BB 还原 Cr(VI)的最佳 pH 为 9～11，而其基因组内 Cr(VI)还原酶的最适还原 pH 则为 7，这主要和细胞的特性有关。细菌细胞膜上具有能够转移氢离子的质子泵，能够向细胞内运入或者运出氢离子，从而保持细胞的 pH 维持在一个相对稳定的环境。比如在微生物浸矿中研究比较多的 *Acidithiobacillus ferrooxidans* 菌，其最适生长 pH 为 2.0，但是其细胞内的 pH 基本上能够维持中性（Ferguson et al.，2008）。但是 BB 菌还原 Cr(VI)的最佳的 pH 是碱性的，在中性条件下没有还原特性，这应该主要是和细胞膜表面的阳离子转运蛋白有关。细胞膜表面都具有专门转运相关离子的蛋白，比如钠钾泵等，这些蛋白能够在一定条件下将相应的离子转运出/进细胞，从而调节细胞内外的离子平衡或者应对外界环境压力。而这些具有离子转运功能的蛋白也都会具有其最适合的转运 pH。因此推断出 *P. phragmitetus* BB 还原 Cr(VI)的过程，Cr(VI)由离子转运蛋白在碱性条件下转入细胞内，然后在中性条件下由 Cr(VI)还原酶并利用代谢过程中产生的 NADPH 提供的电子将 Cr(VI)还原为 Cr(III)，然后经离子转运蛋白将 Cr(III)转运到细胞外，在碱性条件下生成 Cr(OH)$_3$ 沉淀，从而不但能够将环境中的 Cr(VI)解毒，而且能够回收其中的金属铬。

2. Cr(VI)还原酶的还原动力学

目的蛋白在有足量的 NADPH 存在的情况下能够将 5 μmol/L、10 μmol/L 和 15 μmol/L 的 Cr(VI)还原 50%左右，随着 Cr(VI)浓度的升高，溶液中剩余的 Cr(VI)就越多，当 Cr(VI)质量浓度为 50 μmol/L 时，处理 4 h 后还剩下 80%的 Cr(VI)没有被还原（图 3.76）。通过 Cr(VI)初始浓度、终浓度、目的蛋白的添加量及处理时间计算得到了目的蛋白在不同 Cr(VI)存在情况下对 Cr(VI)还原的速率，并利用酶动力学方程对结果进行了模拟，方程如下：

$$V_0 = V_{max} C_{Cr(VI)} / \left(K_m + C_{Cr(VI)} \right)$$

其中：V_{max} 和 K_m 为常数，K_m 值为目的蛋白最大还原速率一半时底物的浓度；V_0 为还原速率；$C_{Cr(VI)}$ 为底物浓度。

得出 V_{max}=34.46 mmol/（min·mg），K_m=14.55 mmol/L，R^2=0.971（图 3.77）。目前已有许多特异性酶还原 Cr(VI) 动力学的研究。Camargo 等（2004）对 Cr(VI)还原酶的还原动力学研究得出 K_m 为 7.09 μmol/L，V_{max} 为 0.143 μmol/（min·mg）；Bae 等（2005）从 *Escherichia coli* ATCC 33456 中分离出了 Cr(VI)还原酶，其利用 NADPH 和 NADH 作为电子供体时 K_m 分别是 47.5 μmol/L 和 17.2 μmol/L，而 V_{max} 分别为 322.2 μmol/（min·mg）和

130.7 μmol/（min·mg）。由此可见，这些前期研究的 Cr(VI) 还原酶的还原速率大于外源表达的 *P. phragmitetus* BB 的 Cr(VI) 还原酶，这与蛋白的表达条件有着非常重要的联系。在较高 IPTG 浓度和表达温度时，目的蛋白主要都生成了包含体，当降低 IPTG 浓度和表达温度以后才会有部分正确折叠的目的蛋白，这造成了目的蛋白的活性整体不高。

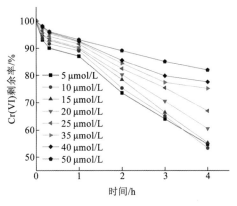 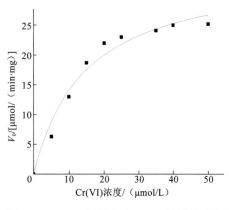

图 3.76　不同浓度的 Cr(VI) 随时间的变化　　　图 3.77　Cr(VI) 还原酶对 Cr(VI) 还原的动力学

3.5　细菌抗 Cr(VI) 的分子机理

微生物对 Cr(VI) 的抗性机制包括转化和外排等多种途径。这些途径均是通过相应的蛋白通道或者相应的酶来执行完成的，这些酶和蛋白都赋予了相应的微生物在 Cr(VI) 存在条件下正常生存和生长的可能。本节将系统阐述参与 Cr(VI) 还原菌抗 Cr(VI) 特性的途径，以及相关的基因及酶。

3.5.1　细菌抗 Cr(VI) 的主要途径

1. 减少 Cr(VI) 的摄取

生物积累包括活细胞吸收金属离子的所有过程，它包括生物吸附、胞内积累和生物沉淀等。胞外的 Cr(VI) 离子可以被细胞结构捕获，吸附到其中的结合位点，该过程不需要能量，被称为 Cr(VI) 的生物吸附或者被动吸收。此外，CrO_4^{2-} 的结构与硫酸根极其类似，以 CrO_4^{2-} 存在的 Cr(VI) 也通过硫酸盐转运系统进入胞内，该过程需要消耗能量，这种膜运输的方式被称为 Cr(VI) 的主动吸收。Cr(VI) 的主动和被动吸收导致 Cr(VI) 能顺利进入胞内。因此，如果细菌中染色体编码的硫酸盐摄取途径发生突变，铬酸盐的转运就会减弱。暴露于 Cr(VI) 污染环境中的细菌发生快速突变，产生 Cr(VI) 抗性，导致硫酸盐转运途径对 Cr(VI) 的吸收减少。对 Cr(VI) 敏感的细菌也可以通过突变或编码抗性的遗传信息而变得具有一定的 Cr(VI) 抗性。

P. phragmitetus BB 菌基因组中含有丰富的硫酸盐转运蛋白相关的基因（表 3.23），因此，在 Cr(VI) 刺激下，BB 菌通过负面调节该系统以抵抗 Cr(VI) 的毒性，硫酸盐转运蛋白

的酶活性从 16.48 U/L 略微降低至 14.46 U/L（图 3.78），这意味着硫酸盐转运蛋白表达也会下调以减少 BB 菌对 Cr(VI)的吸收。蛋白质组学分析显示 5 种硫酸盐转运蛋白显著过表达（表 3.23）。因此，与其他细菌不同，BB 菌实施了一种新的、相反的、更有效的策略来应对 Cr(VI)压力，即胞外 Cr(VI)通过硫酸盐转运蛋白直接进入细胞，诱导胞内多种负责 Cr(VI)还原的酶将 Cr(VI)转化为 Cr(III)。另一方面，这些酶又有助于增加 Cr(VI)的摄取以

表 3.23　BB 菌中 Cr(VI)摄取相关基因及编码蛋白的表达变化

类别	基因名称	预测功能	基因编号	上调倍数
硫酸盐转运蛋白	cysP	硫酸盐运输系统基质	BBGL002901	1.96
	cysT	硫酸盐 ABC 转运蛋白通透酶亚基	BBGL002900 BBGL000450	1.87
	cysA	硫酸盐转运系统 ATP 结合蛋白	BBGL002898	1.39
	cysP	硫酸盐转运系统底物结合蛋白	BBGL000449	1.36
	cysW	硫酸盐 ABC 转运蛋白通透酶亚基	BBGL002899 BBGL000451	1.32
其他转运蛋白	—	ABC 型 Fe^{3+}-羟肟酸转运系统	BBGL000192	2.30
	—	铁 ABC 转运蛋白底物结合蛋白	BBGL004224	1.96
	—	铁复合物转运系统通透酶蛋白	BBGL005002	1.45
	afuA/fbpA	ABC 型 Fe^{3+}运输系统	BBGL000973	1.39
	afuB/fbpB	Fe^{3+}转运系统通透酶蛋白	BBGL004768	1.38
	—	ABC 转运蛋白底物结合蛋白,铁复合物转运系统	BBGL003497	1.31
	—	ABC 型 Fe^{3+}/亚精胺/腐胺转运系统	BBGL002032	1.30
	—	ABC 转运蛋白底物结合蛋白, ABC 型 Fe^{3+}-异羟肟酸转运系统	BBGL000627	1.25
	—	铁转运蛋白,推定的氯化血红素转运蛋白	BBGL002455	1.20
	afuA/fbpA	铁 ABC 转运蛋白底物结合蛋白	BBGL003485	1.20

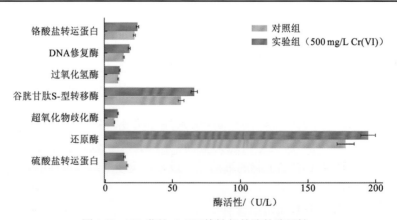

图 3.78　BB 菌抗 Cr(VI)特性相关酶的酶活性

进一步还原。因此，部分 Cr(VI)压力得到缓解。此外，与能量运输相关的其他转运蛋白也已显著过表达，支持细菌 Cr(VI)摄取和还原（表 3.23）。

2. 胞内/胞外还原 Cr(VI)

胞外还原 Cr(VI)主要涉及电子传递过程,在 3.4.2 小节已经详细阐述。胞内还原 Cr(VI)主要是细胞内大量的还原酶的作用,除专性的 Cr(VI)还原酶外,一些具有其他代谢功能的氧化还原酶也能参与 Cr(VI)还原,包括硝基还原酶、铁还原酶、醌还原酶、氢化酶、黄素还原酶和 NAD(P)H 依赖性还原酶等。与在无 Cr(VI)生长中的 BB 菌相比,500 mg/L Cr(VI)刺激下还原酶的活性为 194.65 U/L,增加了 9.41%（图 3.79）。蛋白质组学分析可知,Cr(VI)增加了 BB 菌细胞的还原能力并诱导许多还原酶的过表达。铁氧还蛋白（Fdx）、NADPH依赖性 FMN 还原酶（SsuE）、黄素还原酶（RutF）、NADH-醌氧化还原酶（NuoA）和硝酸还原酶（NasA）都显著过表达（表 3.24）。这些具有不同代谢功能的氧化还原酶虽不是专性的铬酸盐还原酶,但它们同样参与细菌中的 Cr(VI)还原,这与其他经典的铬酸盐还原酶类似,包括大肠杆菌中的 YieF、NemA 和 NfsA 及脱氮副球菌中的铁还原酶。Fdx、SsuE、RutF、NuoA 和 NasA 的过表达,表明这 5 种还原酶在胞内 Cr(VI)还原中起决定性作用。其他氧化还原酶[包括具有 Cr(VI)还原活性的偶氮还原酶 AzoR、NemA 和含铜亚硝酸还原酶 NitR]的表达水平稳定或略微增加（表 3.24）。同时,作为铬酸盐还原酶的 ChrR和硝基还原酶 NfsA 在 BB 中未出现明显上调,保持稳定表达（表 3.24）。因此,ChrR 和NfsA 不是 Cr(VI)诱导而是组成型酶,它们仍然保持还原细胞内 Cr(VI)的能力。

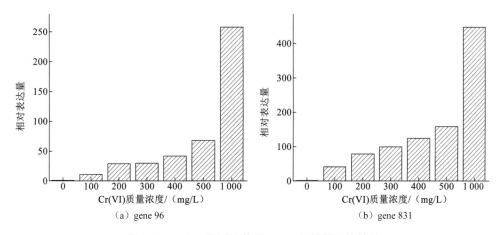

图 3.79　Cr(VI)还原对数期 Cr(VI)外排基因的转录

表 3.24　BB 菌中参与 Cr(VI)胞内还原的相关基因及编码酶的表达变化

基因名称	预测功能	基因编号	上调倍数
fdx	还原酶,2Fe-2S 铁氧还蛋白	BBGL005040	1.84
ssuE	NADPH 依赖性 FMN 还原酶	BBGL002909	1.60
norB	一氧化氮还原酶	BBGL003737	1.42
rutF	黄素还原酶	BBGL002597	1.37

续表

基因名称	预测功能	基因编号	上调倍数
—	氧化还原酶	BBGL003509	1.30
nuoA	NADH-醌氧化还原酶亚基 A	BBGL002670	1.30
nasA	硝酸还原酶催化亚基	BBGL003642	1.22
qor	醌氧化还原酶	BBGL002475	1.18
—	2,4-二烯酰辅酶 A 还原酶或相关的 NADH 依赖性还原酶,旧黄酶（OYE）家族	BBGL001710	1.18
—	铁氧还蛋白亚单位的亚硝酸还原酶或环羟化双加氧酶	BBGL002082	1.12
—	NADH:泛醌氧化还原酶（甲酸脱氢酶）	BBGL002728	1.10
ccr	巴豆酰辅酶 A 羧化酶/还原酶	BBGL004420	1.07
—	亚硝酸还原酶（细胞色素 c552,成氨）	BBGL000431	1.07
ndhF	氧化还原酶	BBGL004259	1.06
qor	NADPH2:醌还原酶	BBGL003838	1.06
nitR/nirK	含铜亚硝酸还原酶	BBGL003744	1.06
nirD	同化亚硝酸还原酶（NAD(P)H）小亚基	BBGL003643	1.06
nuoH	NADH:泛醌氧化还原酶亚基 H	BBGL002662	1.05
rutF	黄素还原酶	BBGL001797	1.05
iucC	铁离子还原酶,铁载体合成酶组分	BBGL000089	1.05
azoR	FMN 依赖性 NADH-偶氮还原酶	BBGL003225	1.02
—	NAD(P)H 依赖性氧化还原酶	BBGL002574	1.02
nqrA	NADH:泛醌还原酶（Na(+)-转运）亚基 A	BBGL002764	1.00
nqrB	NADH:泛醌还原酶（Na(+)-转运）亚基 B	BBGL002763	0.99
—	NADPH-醌还原酶	BBGL004178	0.98
qor/CRYZ	NADPH:醌氧化还原酶	BBGL000158	0.98
qor/CRYZ	NAD(P)H-醌氧化还原酶	BBGL004083	0.97
—	硝基还原酶	BBGL001796	0.97
chrR	NADPH 依赖性 FMN 还原酶	BBGL000223	0.97
qor/CRYZ	NADPH2:醌还原酶	BBGL000149	0.96
nirB	亚硝酸还原酶大亚基	BBGL003644	0.95
nqrF	NADH:泛醌还原酶（Na(+)-转运）亚基 F	BBGL002759	0.95
nqrC	NADH:泛醌还原酶（Na(+)-转运）亚基 C	BBGL002762	0.93
nemA	烯烃还原酶	BBGL001696	0.92
nqrD	NADH:泛醌还原酶（Na(+)-转运）亚基 D	BBGL002761	0.89

3. ROS 的解毒和清除

在 Cr(VI)被还原为 Cr(III)过程中,会产生短暂的中间态 Cr(V);高活性的 Cr(V)通过类芬顿反应被氧化成 Cr(VI)，并产生大量的活性氧物质（reactive oxygen species，ROS），引起细菌的氧化应激反应。此时，铬酸盐会诱导细菌产生抵抗氧化应激的蛋白，主要包括谷胱甘肽 S-转移酶（glutathione s-transferase，GST）、超氧化物歧化酶（superoxide dismutase，SOD）和过氧化氢酶（catalase，CAT）等。这些酶能有效地清除 ROS，消除其对细菌的破坏作用。此外，一些非酶抗氧化剂（例如，维生素 C 和 E、类胡萝卜素、硫醇抗氧化剂和类黄酮）也可以消除 ROS 的作用。这些抗氧化剂可以分散自由基，在细胞和分子水平上使 ROS 失活，降低氧化应激的风险。当抗氧化剂浓度极低时，也可以通过阻断自由基链反应来抑制或延迟氧化过程。抗氧化剂还能与金属离子螯合，抑制 ROS 的产生。

在细菌胞内 Cr(VI)还原期间，BB 中原始的氧化还原平衡被破坏。类芬顿反应和短寿命、高活性 Cr(V)中间体的产生，伴随着 $O_2^{\cdot}$ 和 $^{\cdot}OH$ 自由基的产生，是细胞中 ROS 的主要来源。在 BB 菌中，GST、SOD 和 CAT 有效地消除或缓解胞内的氧化应激。在 Cr(VI)的刺激下，这三种酶的活性增加，其中 CAT 的活性增幅高达 76.58%（图 3.78）。SOD 将 $O_2^{\cdot}$ 自由基通过歧化转化为 H_2O_2，清除由 $O_2^{\cdot}$ 自由基引起的 ROS。蛋白质组学显示所有 SOD 的表达均增加（表 3.24）。SOD 家族广泛存在于细胞质、细胞核，主要包含溶酶体中的 CuZn-SOD（SOD1）、线粒体基质中的 Mn-SOD（SOD2）和 EC-SOD（SOD3）。在 BB 菌中仅鉴定出 SOD1 和 SOD2，其去除大量源自胞内 Cr(VI)还原的 ROS。CAT 则通过将 H_2O_2 分解为 H_2O 和 O_2 阻止类芬顿反应的进行，以保护细胞免受 ROS 的氧化损伤。BB 菌中的 CAT，包括过氧化氢酶 KatE 和过氧化氢酶–过氧化物酶 KatG，均稳定表达，它们有效地降低了类芬顿反应的可能性（表 3.24）。GST 也是一种高效的解毒酶，它催化还原型谷胱甘肽（GSH）与异生底物如 BB 菌中的 Cr(VI)、Cr(III)、$O_2^{\cdot}$ 和 $^{\cdot}OH$ 基团的结合，防止异生底物与关键的细胞蛋白和核酸相互作用。GSH 的蛋白量的显著增加表明 GSH 在清除 ROS 中也起着重要作用。BB 菌基因组中共有 30 个基因参与谷胱甘肽的合成与代谢，其中 9 个基因编码的蛋白，特别是硫转移酶，显著上调。谷胱甘肽转移酶作为 Cr(VI)诱导酶，有效地消除 ROS 损伤（表 3.25）。此外，还发现作为谷胱甘肽合成中间体的 L-谷氨酸和正缬氨酸在 Cr(VI)还原的中期和后期含量明显增加，加快 GSH 的合成，进一步证实 GSTs 和 GSH 在 BB 菌的 ROS 解毒中起决定性作用（图 3.80）。

表 3.25　*P. phragmitetus* BB 菌中参与 ROS 解毒的相关基因及编码酶的表达变化

类别	基因名称	预测功能	基因编号	上调倍数
	—	硫转移酶	BBGL003539	2.01
	—	硫转移酶	BBGL000792	1.80
	gloA	乳酰谷胱甘肽裂解酶	BBGL004650	1.50
谷胱甘肽 S-型转移酶	—	谷胱甘肽合成酶/RimK 型连接酶，ATP 结合蛋白超家族	BBGL002180	1.33
	—	II 类谷氨酰胺酰胺转移酶	BBGL000458	1.32
	gsiD	谷胱甘肽转运系统通透酶蛋白 GsiD	BBGL001573	1.24
	gst	谷胱甘肽 S-转移酶	BBGL001965	1.17
	gst	谷胱甘肽 S-转移酶	BBGL003837	1.12

续表

类别	基因名称	预测功能	基因编号	上调倍数
	frmA/adhC	S-(羟甲基)谷胱甘肽脱氢酶	BBGL002821	1.11
	gsiA	谷胱甘肽导入 ATP 结合蛋白 GsiA	BBGL001597	1.09
	yghU/yfcG	谷胱甘肽 S-转移酶	BBGL001027	1.08
	gst	谷胱甘肽 S-转移酶	BBGL002947	1.08
	gst	谷胱甘肽 S-转移酶	BBGL001255	1.07
	—	谷胱甘肽 S-转移酶	BBGL002199	1.07
	gsiC	谷胱甘肽转运系统通透酶蛋白	BBGL002446	1.07
	—	谷胱甘肽合成酶/RimK 型连接酶，ATP 结合蛋白超家族	BBGL004597	1.07
	ggt	γ-谷氨酰	BBGL004168	1.06
	gsiA	谷胱甘肽导入 ATP 结合蛋白 GsiA	BBGL004998	1.05
谷胱甘肽 S-型转移酶	*gsiA*	谷胱甘肽导入 ATP 结合蛋白 GsiA	BBGL002073 BBGL002448	1.03
	gst	谷胱甘肽 S-转移酶	BBGL000359	1.01
	yecN	谷胱甘肽代谢蛋白	BBGL000875	1.01
	ggt	γ-谷氨酰转肽酶/谷胱甘肽水解酶	BBGL000969	0.99
	GSR/gor	谷胱甘肽–二硫化物还原酶	BBGL001639	0.99
	gsiA	谷胱甘肽 ABC 转运蛋白	BBGL002804	0.99
		ATP 结合蛋白	BBGL003467	0.93
	ggt	γ-谷氨酰转肽酶/谷胱甘肽水解酶	BBGL005032	0.99
	gshB	谷胱甘肽合成酶	BBGL004710	0.98
	gst	谷胱甘肽 S-转移酶	BBGL003818	0.97
	gst	谷胱甘肽 S-转移酶	BBGL001912	0.96
	gshA	谷氨酸–半胱氨酸连接酶	BBGL000991	0.94
	—	谷胱甘肽 S-转移酶	BBGL003326	0.94
	gsiA	谷胱甘肽导入 ATP 结合蛋白 GsiA	BBGL001572	0.93
超氧化物歧化酶	*SOD2*	超氧化物歧化酶	BBGL001494	1.45
	—	超氧化物歧化酶	BBGL005079	1.20
		类 SodM 的蛋白质	BBGL005166	
	—	超氧化物歧化酶	BBGL005072	1.19
		类 SodM 的蛋白质	BBGL005157	
	SOD1	超氧化物歧化酶	BBGL003794	1.04
过氧化物酶	*katE/CAT/catB/srpA*	过氧化物酶 HPII	BBGL003808	1.10
	katE/CAT/catB/srpA	过氧化物酶	BBGL000134	1.06
	katG	过氧化氢酶–过氧化物酶	BBGL001447	0.91

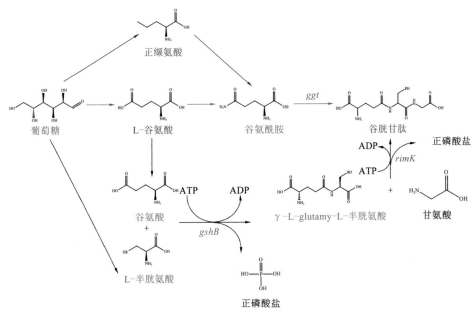

图 3.80　BB 菌中谷胱甘肽的合成与代谢途径

4. DNA 修复

ROS 的产生会导致 DNA 的损伤,包括碱基改性、单链断裂、双链断裂等。同时,胞内的 Cr(VI)还原过程,产生氧化还原活性中间体 Cr(V/IV)和稳定的 Cr(III),进而形成 Cr-DNA 复合物,也是引起 DNA 突变和染色体断裂的原因之一。一旦 DNA 受到威胁,细菌便会调节自身的 SOS 响应系统产生一些 DNA 修复酶(RecA、RecG、RuvB)。

在 BB 的基因组中鉴定出了大量负责 SOS 修复系统的基因。在含有 500 mg/L Cr(VI)的培养基中,参与 DNA 修复的酶的活性显著增加(30%)(图 3.78),包括 DNA 错配修复蛋白 MutT、DNA-3-甲基腺嘌呤糖基化酶 I、DNA 重组/修复蛋白 RecA、DNA 连接酶相关 DEXH 盒解旋酶、Holliday 连接 DNA 解旋酶 RuvA 和 ATP 依赖性 DNA 解旋酶 RecG,在蛋白质组学水平都出现明显的过表达(表 3.26)。其他与 DNA 修复有关的酶呈现出稳定表达,未观察到下调(表 3.26)。因此,基因编码的 DNA 修复酶在 BB 菌中的高度多样性和特异性是由 BB 菌大量吸收 Cr(VI)和还原引起的巨大 DNA 损伤,这也是 BB 菌的 Cr(VI)抗性机制之一。

表 3.26　BB 菌中参与 DNA 修复的相关基因及编码酶的表达变化

基因名称	预测功能	基因编号	上调倍数
mutT	DNA 错配修复蛋白 MutT	BBGL000006	1.40
tag	DNA-3-甲基腺嘌呤糖基化酶 I	BBGL001011	1.32
recA	DNA 重组/修复蛋白 RecA	BBGL003028	1.29
—	DNA 连接酶相关的 DEXH 盒解旋酶	BBGL001263	1.18
ruvA	Holliday 连接体 DNA 解旋酶	BBGL004061	1.15

续表

基因名称	预测功能	基因编号	上调倍数
recG	ATP 依赖性 DNA 解旋酶 RecG	BBGL002302	1.13
—	超家族 II DNA 或 RNA 解旋酶	BBGL005135	1.12
dinB	核苷酸转移酶/DNA 聚合酶参与 DNA 修复	BBGL001971	1.12
recR	重组 DNA 修复蛋白	BBGL004719	1.11
recQ	ATP 依赖性 DNA 解旋酶	BBGL004490	1.11
recR	MULTISPECIES：重组蛋白 RecR	BBGL004719	1.11
sbcD	DNA 修复核酸外切酶 SbcD ATPase 亚基	BBGL003813	1.08
ruvB	Holliday 连接 DNA 解旋酶	BBGL004060	1.07
oraA/recX	SOS 反应调节蛋白，与 RecA 相互作用	BBGL002362	1.06
uvrD/pcrA	DNA 解旋酶 II/ATP 依赖性 DNA 解旋酶 PcrA	BBGL003180	1.06
recN	DNA 修复蛋白 RecN	BBGL003185	1.06
sbcD	DNA 修复核酸外切酶 SbcD 核酸酶亚基	BBGL003812	1.06
—	ATP 酶参与细胞分裂和 DNA 修复	BBGL000371	1.05
herA	古细菌 DNA 解旋酶 HerA	BBGL001433	1.04
uvrB	Excinuclease UvrABC 解旋酶亚基 UvrB	BBGL003311	1.03
radA	DNA 修复蛋白 RadA	BBGL002565	1.02
addB	双链断裂修复蛋白 AddB	BBGL000326	1.02
priA	前体蛋白 N'（复制因子 Y）（超家族 II 解旋酶）	BBGL000349	1.02
recO	DNA 修复蛋白 RecO	BBGL001738	1.02
recJ	单链 DNA 特异性外切核酸酶	BBGL002831	1.02
addA	双链断裂修复解旋酶 AddA	BBGL000325	1.01
lhr	DNA 连接酶相关的 DEXH 盒解旋酶	BBGL001262	1.01
recF	DNA 复制/修复蛋白 RecF	BBGL000003	1.01
	UvrD 样解旋酶 C 末端结构域	BBGL004013	1.00
ruvC	交叉连接内切脱氧核糖核酸酶 RuvC	BBGL004062	1.00
	ATP 依赖性 exo DNAse（外切核酸酶 V），α 亚基，解旋酶超家族 I	BBGL004013	0.99
	UvrD 样解旋酶，ATP 结合域	BBGL000379	0.97
radD	DNA 修复蛋白 RadD	BBGL000393	0.97
mfd	转录修复偶联因子	BBGL002304	0.97
herA	古细菌 DNA 解旋酶 HerA 或相关的细菌 ATP 酶，含有 HAS-桶和 ATP 酶结构域	BBGL003938	0.97
mfd	转录修复偶联因子（超家族 II 解旋酶）	BBGL002304	0.97
hsdR	I 型限制酶，R 亚基	BBGL002096	0.96
dnaB	复制 DNA 解旋酶	BBGL002562	0.96
rarA	重组因子蛋白 RarA	BBGL001854	0.95

续表

基因名称	预测功能	基因编号	上调倍数
ligA	NA 连接酶（NAD(+)）LigA	BBGL003183	0.95
radC	DNA 修复蛋白 RadC	BBGL002922	0.93
lexA	SOS 反应转录抑制因子（RecA 介导的自身肽酶）	BBGL002280	0.91

5. Cr(VI)外排

Cr(VI)（铬酸盐离子）的外排主要是特定质粒携带的基因编码的转运体介导的，将其从细胞质中转运至胞外。在细菌中，这是一种广泛而有效的抗性机制，能有效地阻止有毒离子在细菌胞内的积累。细菌 BB 具有很强的吸收 Cr(VI)的能力。然而，当 BB 菌最初接种到含 Cr(VI)的培养基中时，细菌生物量和蛋白质的表达非常低。因此，BB 菌中的转运系统必须快速排出吸收的 Cr(VI)，以防止有毒的 CrO_4^{2-} 离子在细胞内积聚。在 Cr(VI)的诱导下 BB 菌的铬酸盐转运蛋白的酶活性显著增加（图 3.78）。BB 菌中有 9 个基因与铬酸盐外排，包括铬酸盐转运蛋白 ChrA、铬酸盐抗性蛋白 ChrB 和重金属转运/解毒蛋白 CopZ 等，它们的蛋白表达量也随着 Cr(VI)的诱导而显著增加（表 3.27）。与其他金属抗性系统不同，chrA 基因仅在亚毫摩尔范围内提供 Cr(VI)保护。另一方面，强活化过程中的铬酸盐外排泵可能导致硫酸盐共排除，影响细菌的生长。然而，即使在超高 Cr(VI)浓度下，BB 菌仍保持较高的生物量，这表明 BB 菌中铬酸盐的外排不仅涉及 chrA，还涉及其他蛋白质。在高 Cr(VI)耐受性菌株 Ochrobactrum tritici 5bvl1 中鉴定出一组 chrB、chrA、chrC 和 chrF 基因家族，使细菌在高于 50 mmol/L 的铬酸盐浓度下得以存活（Branco et al.，2008）。在 BB 菌的基因组中发现了 chrB 和 chrA 的同源基因。chrB 是作为 chr 操纵子的铬敏感调节剂，经过铬酸盐或重铬酸盐强烈诱导过表达，有效实现 Cr(VI)外排。BB 菌中同时含有用于重金属转运/解毒的 copZ、2 个 chrB 基因和 6 个 chrA 基因，有助于铬酸盐的更快外排，并且在 BB 菌的高抗 Cr(VI)性中起关键作用。

表 3.27　BB 菌中参与铬酸盐外排的相关基因及编码酶的表达变化

基因名称	预测功能	基因编号	上调倍数
chrB	ChrB 蛋白, 铬酸盐抗性蛋白	BBGL005072	1.55
copZ	重金属转运/解毒蛋白	BBGL003867	1.52
chrA	铬酸盐转运蛋白, 铬酸盐离子转运蛋白家族	BBGL005156	1.44
		BBGL005148	1.43
chrA	铬酸盐转运蛋白	BBGL000793	1.28
		BBGL003540	1.18
chrB	ChrB 蛋白, 铬酸盐抗性蛋白	BBGL005157	1.19
chrA	铬酸盐转运蛋白	BBGL004927	0.90

3.5.2 Cr(VI)外排基因的转录图谱

基于 *P. phragmitetus* BB 菌的全基因组测序,鉴别出了其基因组中与铬转运相关的两个基因: gene 831 和 gene 96(铬转运蛋白 ChrA)。

1. Cr(VI)还原对数期

gene 96 在 Cr(VI)浓度下降对数期时随着 Cr(VI)浓度的变化非常的明显[图 3.80(a)],说明了该基因随着 Cr(VI)浓度的增加其相对表达量出现了明显的上调。而 gene 831 也出现了相同的情况,随着 Cr(VI)浓度的增加其相对表达量从 1 增加到 41.7、79.4、100.0、125.0、158.7、448.2 [图 3.80(b)]。gene 96 和 gene 831 都被注释为铬转运蛋白(*chrA*)基因,而 gene 96 和 gene 831 随着 BB 菌生长溶液中 Cr(VI)浓度的增加其相对表达量出现了显著的增加,表明这两个基因与 BB 菌的 Cr(VI)抗性密切相关。Alvarez 等(1999)曾报道过 *Pseudomonas aeruginosa* 中的铬离子转运蛋白,*chrA* 基因编码的一种膜蛋白,能够将菌体内的铬离子通过离子通道蛋白转运到细胞外,从而减少了 Cr(VI)对细胞内部的细胞器及核酸的危害。

2. 菌体生长对数期

gene 96 在 BB 菌生长的对数期在不同浓度 Cr(VI)存在下的相对表达量无明显的差异[图 3.81(a)],进一步证明了 gene 96 是诱导型基因。在细菌生长的对数期时溶液中的 Cr(VI)已经完全还原成为 Cr(III),因此相对表达量并没有出现明显上调,而在 Cr(VI)还原对数期时 gene 9 相对表达量显著上调。gene 831 在菌体生长对数期的相对表达量则出现了明显的上调 [图 3.81(b)],在菌体生长的对数期时溶液中的 Cr(VI)已经完全还原,然而其表达量却出现了明显的上调。同时,在低浓度的 Cr(VI)溶液中,当其中的 Cr(VI)完全还原后在菌体生长对数期 gene 831 基因相对表达量最高。达到了 460 倍以上,然后随着 Cr(VI)浓度的增高 gene 831 基因的相对表达量逐渐降低。由此可见,低浓度的 Cr(III)可诱导 gene 831 基因表达,但是高浓度的 Cr(III)则会对 gene 831 基因的表达产生抑制。

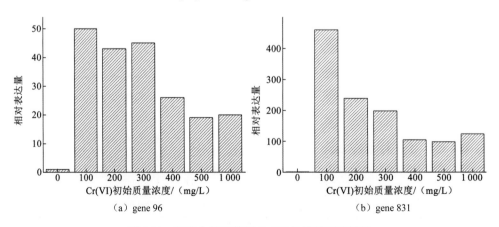

(a)gene 96   (b)gene 831

图 3.81 细菌生长对数期 Cr(VI)外排基因的转录

3.5.3　Cr(VI)外排基因的亚细胞定位

亚细胞结构定位预测显示，gene 96 和基因 gene 831 虽然都被批注为铬转运蛋白，但是亚细胞结构定位差异明显，其中 gene 96 不能预测出确切的位置，但是 gene 831 基本确定位于细胞质膜上（表 3.28）。

表 3.28　基因编码蛋白的亚细胞定位

亚细胞结构	gene 96	gene 831
细胞质膜	2.0	9.46
细胞质	2.0	0.25
外膜	2.0	0.18
周质空间	2.0	0.07
胞外	2.0	0.04
最终结果	不知	细胞质膜

跨膜结构预测显示两个基因并没有出现明显的跨膜结构（图 3.82，图 3.83），说明其编码的蛋白是结合在膜的一侧，以辅助 Cr(VI)的外排。

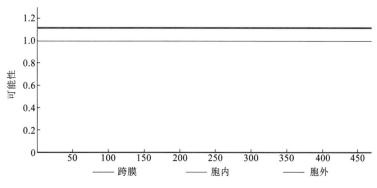

图 3.82　gene 96 编码蛋白跨膜结构预测

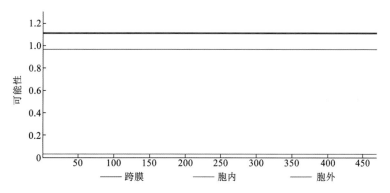

图 3.83　gene 831 编码蛋白跨膜结构预测

第4章 铬渣微生物解毒技术

目前世界各国根据各自的特点研究开发了各种处理利用铬的方法，但主要为干法焙烧还原和湿法还原两种方法。干法焙烧还原是在高温还原性气氛下焙烧，将 Cr(VI)还原成 Cr(III)并存在于玻璃体内达到解毒的目的。湿法还原是将铬渣磨细碱解后，酸溶性和水溶性的 Cr(VI)在还原剂的作用下被还原成 Cr(III)。前者主要存在投资大、能耗高和粉尘污染等问题；后者由于大量使用化学药剂如硫化钠、硫酸亚铁和硫酸，处理成本居高不下，也存在二次污染等问题。目前，已经发现一些具有 Cr(VI)抗性的微生物可以把铬从高毒的六价还原为低毒的三价。这些发现为铬渣的微生物解毒提供了依据，而生物法治理铬渣的新技术有其他方法不能比拟的优势：环境友好，处理方法简单，易于控制等。但其关键在于能够分离、培养获得能适应高碱度、高盐度、高 Cr(VI)浓度的具有高效 Cr(VI)还原能力的菌种。

4.1 铬渣微生物摇瓶浸出解毒

4.1.1 不同浸出体系对 Cr(VI)浸出浓度变化的影响

用蒸馏水和培养基溶液分别浸出铬渣所得结果并无大的差别，溶液中 Cr(VI)浓度呈单调递增趋势，说明这是一个单纯的 Cr(VI)浸出过程，培养基对 Cr(VI)并无任何还原作用（图 4.1）；细菌浸出溶液中 Cr(VI)浓度明显高于用蒸馏水和培养基浸出，说明细菌浸出的效果要明显好于用蒸馏水或培养基浸出，细菌能对 Cr(VI)浸出起到很好的促进作用，这是由于菌液是一种成分复杂的生物有机溶液，这种生物有机溶液能够与铬渣表面离子发生络合、吸附、共沉淀等作用来促进矿物的溶解。细菌浸出铬渣过程中 Cr(VI)浓度经历了一个先上升再下降的过程，表明细菌对铬渣的作用同时包含了从渣中浸出 Cr(VI)的浸出过程和还原溶液中 Cr(VI)为 Cr(OH)$_3$ 沉淀的还原过程（图 4.1）。

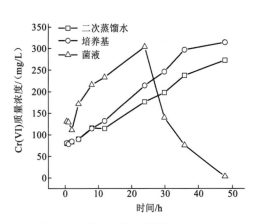

图 4.1 不同溶浸液对铬渣中 Cr(VI)
浸出的影响

液固比为 10∶1 时，第 5 天铬渣中水溶性 Cr(VI)的浸出率达 99.08%，酸溶性 Cr(VI)浸出率也达 82.68%，继续进行实验时水溶性 Cr(VI)已趋于平衡，而酸溶性 Cr(VI)浸出率仍在升高，此时液相中也基本上检测不到 Cr(VI)的存在，第 5 天全量 Cr(VI)的浸出率为

86.47%，浸出效果明显（表 4.1 和表 4.2）。但降低液固比时，浸出效果大打折扣，说明浸出时矿浆浓度不能过大，否则浸出效果不佳。一方面由于矿浆浓度增大使溶液黏度增加，Cr(VI)的扩散系数减小，扩散速率常数减小，溶质分子扩散速率降低将引起最终溶解量减少；另一方面，矿浆浓度增大也会引起扩散层厚度的增大，造成溶质分子扩散阻力增大，溶质分子扩散速率减小，最终导致浸出率的降低。

表 4.1　原渣浸出分析

项目	水溶性 Cr(VI)	酸溶性 Cr(VI)	全量 Cr(VI)
质量分数/（g/kg）	1.958	6.511	8.469

表 4.2　铬渣细菌浸出过程分析

时间/天	水溶性 Cr(VI)		酸溶性 Cr(VI)		全量 Cr(VI)	
	质量分数/（g/kg）	浸出率/%	质量分数/（g/kg）	浸出率/%	质量分数/（g/kg）	浸出率/%
1	0.501	74.41	4.623	29.00	5.124	39.50
2	0.091	95.35	3.497	46.29	3.588	57.63
3	0.046	97.65	2.326	64.28	2.371	71.99
4	0.023	98.83	1.600	75.43	1.623	80.84
5	0.018	99.08	1.128	82.68	1.146	86.47

4.1.2　不同浸出条件对体系 pH 和 Eh 值变化的影响

在众多的环境因子中，溶液的氧化还原电位对细菌还原 Cr(VI)的影响很大，不同类型的细菌都只能在一定的氧化还原电位水平上还原水溶液中的 Cr(VI)。E.colik-12 在细胞浓度为 10^{-10} 的葡萄糖水溶液中，它的 Cr(VI)还原只能在氧化还原电位不超过−100 mV 的条件下进行。当溶液中的氧化还原电位降低到−140 mV 时，它的 Cr(VI)还原速率还会进一步提高（Gvozdyak et al.，1986）。Liovera 等（1993）在研究土壤杆菌的 Cr(VI)还原过程时发现，当培养基质的氧化还原电位在−200 mV 以下时，6 h 内细胞能将 26 mg/L 的 Cr(VI)完全还原，而当溶液的氧化还原电位升高到−135 mV 的时候，土壤杆菌对 Cr(VI)的还原就会完全停止。而对阴沟肠杆菌 E.cloacaeHO1 和大肠杆菌 E.coli 33456 来说，虽然降低溶液的氧化还原电位有利于提高单个细胞的 Cr(VI)还原率，但是同时升高溶液的氧化还原电位却有利于这两种细菌的生长，从而使溶液中的细菌密度提高，使细菌总体的 Cr(VI)还原率有所提高。对于 Cr(VI)还原菌之一的硫酸盐还原菌来说，由于它是厌氧或兼性厌氧的一类细菌，过高的氧化还原电位会抑制其生长，降低 Cr(VI)还原率（李新荣 等，1999）。

每一种微生物细胞都有特定的氧化还原电位，当外界施加的电位超过细胞的氧化还原电位时，外界就可以和微生物细胞发生电子交换，微生物细胞因失去电子被氧化而使其活性大大降低直至死亡。因此，细菌的生长繁殖应该有适宜的 Eh-pH 范围，另外，外界 pH 的改变也会对细菌生长产生影响，引起细菌细胞膜电荷的改变，引起细菌细胞膜对特定离子的吸收特性发生变化，导致细菌生长受到影响。因此适宜的 pH 范围和氧化还原电位范围对于细菌保持良好的生长速率，提高细菌还原 Cr(VI)的速率和提高其还原率是非常重要的。

随着浸出的进行，溶液 Eh 逐渐升高，细菌浸出溶液 pH 逐渐降低至 9 左右，此时 Cr(VI)浸出率从 24 h 的 39.5%提高到 48 h 后的 57.63%（表 4.2），浸出率提高 45.9%，水溶液中 Cr(VI)质量浓度从 305 mg/L 降至 3.76 mg/L，还原率达 98.8%。细菌浸出铬渣的最适 pH 范围和 Eh 范围分别为 8.5～9.0 和−220～−160 mV，说明该细菌在此还原环境下其 Cr(VI)还原能力较强（图 4.2），同时 pH 的变化也可以从一个侧面反映出细菌还原 Cr(VI)的过程，此过程中溶液 pH 值趋向 9（图 4.3）。

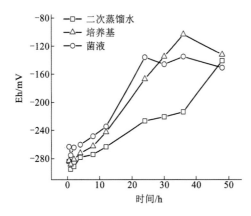

图 4.2　三种不同浸出条件下溶液氧化还原　　　图 4.3　三种不同浸出条件下 pH 随时间的变化
　　　　电位随时间的变化

4.1.3　细菌浸出对铬渣性质变化的影响

微生物与矿物的相互作用能导致微生物表面及与其发生作用的矿物表面的化学性质发生变化。微生物通过黏液层、结合蛋白受体、多糖–蛋白质复合物和菌毛吸附于矿物之上。细菌与矿物表面的相互作用依赖许多物理参数和生物化学参数，如物理参数有颗粒大小，培育时间及摇动速率等。相比水和酸的浸出作用，细菌浸出条件下其 Cr(VI)浸出率更高，说明细菌浸出更有效。细菌对渣的作用，不同于水或酸溶液的简单浸出，它们只是个化学过程，细菌是一种生物体，其对铬渣中的有毒 Cr(VI)的浸出是细菌利用自身或是其分泌物与渣中矿物相发生复杂的作用，最终从矿物相中溶解出所含 Cr(VI)的过程，反映出良好的选择浸出的功能。

铬渣在溶液浸出作用下，其表面性质和化学成分会发生改变。还原产物的主要成分为非晶态的 $Cr(OH)_3$。细菌浸出前后铬渣中的各主要物相组成并无大的改变，渣中 MgO 含量有所下降，这是造成溶液中 Mg^{2+} 含量上升的原因（图 4.4）。$CaCO_3$ 在浸出后渣中的含量没有发生太大变化，原渣中的 $Ca_{12}Al_{14}O_{33}$ 和 $Ca_4Al_2SO_{10}·16H_2O$ 物相在浸出后渣的物相分析中都没有发现（图 4.4～图 4.6；表 4.3～表 4.5），说明这两个物相在浸出过程中发生分解并可能最终导致物相的转变，另外，从物相含量分析表可以看出，渣中的主要物相是 $CaCO_3$，经细菌浸出后含量高达 32.6%，说明浸出对 $CaCO_3$ 基本没什么影响（图 4.4～

图 4.7），也从一个侧面反映了溶液中的 Ca^{2+} 浓度的增加主要不是来自 $CaCO_3$ 的溶解，而更可能是由于 $Ca_{12}Al_{14}O_{33}$ 和 $Ca_4Al_2SO_{10}\cdot16H_2O$ 两种物相成分与生物溶液发生作用，随着时间的延长而逐渐溶解消化，释放到溶液中，引起溶液中 Ca^{2+} 和 Mg^{2+} 浓度的升高。

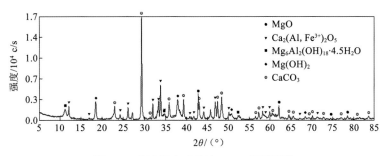

图 4.4　菌液浸出后残渣 XRD 衍射图谱

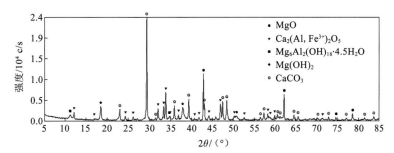

图 4.5　蒸馏水摇瓶浸出后铬渣 XRD 衍射图谱

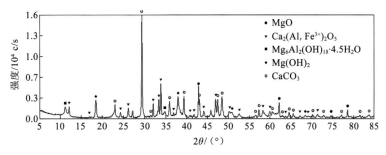

图 4.6　培养基浸出后铬渣 XRD 衍射图谱

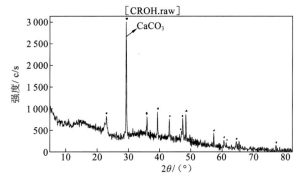

图 4.7　菌液浸出过程产物 XRD 衍射图谱

表 4.3　蒸馏水摇瓶浸出后铬渣的物相组成及各物相含量

物相	质量分数/%
MgO	32.0
$Ca_2(Al，Fe^{3+})_2O_5$	18.1
$Mg_6Al_2(OH)_{18}\cdot4.5H_2O$	6.7
$Mg(OH)_2$	9.3
$CaCO_3$	33.9

表 4.4　培养基摇瓶浸出后铬渣的物相组成及各物相含量

物相	质量分数/%
MgO	25.0
$Ca_2(Al，Fe^{3+})_2O_5$	22.0
$Mg_6Al_2(OH)_{18}\cdot4.5H_2O$	9.1
$Mg(OH)_2$	11.2
$CaCO_3$	32.8

表 4.5　菌液浸出后铬渣的物相组成及各物相含量

物相	质量分数/%
MgO	17.4
$Ca_2(Al，Fe^{3+})_2O_5$	20.4
$Mg_6Al_2(OH)_{18}\cdot4.5H_2O$	19.0
$Mg(OH)_2$	10.7
$CaCO_3$	32.8

4.2　铬渣微生物柱浸解毒

4.2.1　微生物柱浸解毒过程铬渣的制粒

1. 制粒的必要性

制粒的目的主要是增加微生物浸渣的渗透性。从动力学观点看，在相同条件下，矿石的粒度细，固液接触面积大，可加速金属浸出速率。但是如果铬渣粒度过细，粉矿会堵塞矿堆液流通道，影响矿堆的渗透性，使浸出过程难以进行。经过制粒后的物料堆渗透率一般可以提高 10～100 倍，浸出时间减少 1/3，金属的浸出率可以提高 10%～20%，也减少了试剂的消耗量。

所谓制粒，就是在破碎至一定粒度的矿石中加入少量黏结剂、水或贫液，通过制粒机使矿石黏结为较粗的、硬度大的矿粒。堆浸之前，矿石经过适当破碎后制粒可使细小矿石颗粒黏附在较大的矿石颗粒上，可以提高矿石本身的可浸性及矿堆的渗透性，避免发生流液不均、堵塞、沟流等不良现象,从而加速浸出过程,缩短堆浸周期,提高金属回收率,降低试剂消耗和产品成本。

年限较长的铬渣(以陈渣为主),都风化成细小颗粒,其中 40 目以下颗粒可占总质量的 90%以上。同时,铬渣成分中有很大一部分类似水泥的物相组成,故铬渣也有水硬性,如果直接柱浸或堆浸解毒,容易大面积结块,不利于微生物的接触,影响解毒效果。从而在铬渣的细菌解毒时均必须考虑制粒。

2. 制粒机的选用

我国广泛使用圆盘造球机作为制粒设备。它的主要部件是倾斜的带有周边的钢质圆盘,圆盘绕中心轴(或中心线)旋转时,成球物料沿盘底滚落,细粒物料散在潮湿的母球表面,从而使母球不断地长大到规定的尺寸。圆盘造球机的主要特点是:可使物料形成有规律的运动,使较大的球粒和较小的球粒分别沿各自不同的轨道运行,因此,按大小分级,排出的是尺寸合格的生球,所需要的给料量相当于排出的生球量。

圆盘造球机的工作特性是:母球长大阶段发生在沿盘面滚落的时间内,单位时间内物料在盘内滚落的次数越多,球粒长大的速率越快,故造球机的工作效率正比于造球机的转速。然而,随着造球机转速的提高,离心力亦随之增大,使球粒紧贴盘边,妨碍球粒向下滚落,盘面出现漏斗形漩涡。因此,为保持盘面的有效面积,在提高转速的同时必须加大其倾角。但倾角增加后球粒滚动的末速率也相应增大,其向盘边和对其他球的冲击力也随之增大。所以,倾角应保持一极限值,以防止对物料的滚动和成型带来破坏,而倾角最适宜值的大小与圆盘的直径有关,它随圆盘直径的增加而减小。因为球粒沿料面运动时所具有的末速率是随圆盘直径的增加而增加的。为了消除球粒下冲时对其他球粒带来的撞击破裂,就必须降低圆盘倾角。

根据圆盘造球机特性和实践经验,采用以下工艺参数即可得到符合本实验堆浸工艺所需要的球粒[包括粒径(3～16 mm)、抗压强度等](表 4.6)。

表 4.6　圆盘制粒机工艺参数

设备	产品规格/m	盘转速/(r/min)	生产能力/(t/h)	配用动力/kW	盘斜度调整范围/(°)
圆盘造球机	$\phi 1.0$	36 可调	0.1	1.5	35～55

4.2.2　粒径对细菌解毒铬渣的影响

在浸出过程中浸出液 pH 呈现不断下降的趋势(图 4.8)。这主要是因为细菌在浸出过程中主要起还原作用,而细菌自身的调节性能也使 pH 降低到适合微生物生长的范围。但在粒径较小的情况下,细菌与铬渣的接触较为容易,所以浸出效果较好。该粒径条件下微生物的生长也更为旺盛,浸出液 pH 很快降低到最终值。细菌浸出后浸出液 pH 均在 8～9,消除了铬渣浸出液高碱度的危害,并达到国家排放标准。

虽然在工业化生产的过程中对产生的浸出液都是循环利用的,但随着浸出液中其他金属离子及有机废物的累积,总会有少量浸出液被排放。根据细菌解毒过程中浸出液 pH

的变化情况可以看出浸出液的 pH 不会影响浸出液的排放。

浸出过程中浸出液 Cr(VI)浓度均从初始浓度降低到 0（图 4.9）。这充分说明了 Ch-1 菌对 Cr(VI)具有较强的还原能力。该菌能在解毒能力范围[Cr(VI)浓度小于 2 000 ppm]内以较短时间对溶液中 Cr(VI)进行完全解毒。Ch-1 菌对浸出液中 Cr(VI)进行有效还原的同时，部分细菌通过与渣粒的接触对铬渣中的 Cr(VI)不断进行有效浸出。该过程中细菌的作用是浸出铬渣中 Cr(VI)的同时对浸出液中的 Cr(VI)进行还原解毒。随着营养物的消耗，细菌自身排泄物在培养基中逐步累积，细菌进入衰退期，渣粒中大部分的 Cr(VI)被有效浸出，浸出作用也逐渐减弱。此时，细菌的还原作用占主导，后期浸出液中 Cr(VI)被完全还原至 0 ppm。在铬渣的细菌解毒工业化生产中浸出液的少量排放同样也不会有 Cr(VI)超标的问题。即使浸出液中含有微量或较高浓度的 Cr(VI)，也可以通过少量微生物的接种在数小时之内将浸出液中的 Cr(VI)完全解毒。

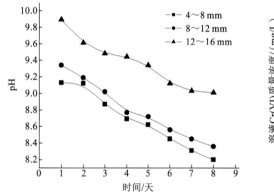 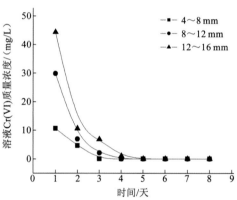

图 4.8　不同粒径条件下浸出过程浸出液 pH 变化　　图 4.9　不同粒径条件下浸出液 Cr(VI)浓度变化

在浸出过程中，粒径对渣粒中 Cr(VI)的浸出影响较大（表 4.7）。当 8 mm＜粒径＜12 mm 或 12 mm＜粒径＜16 mm 时，铬渣中 Cr(VI)的浸出效果明显低于粒径小于 8 mm 的铬渣。渣中 60%组成是 CaO、SiO_2、Al_2O_3 和 Fe_2O_3，而这 4 种组分结合较紧密，细菌难以直接接触到颗粒内部，从而导致 Cr(VI)浸出效果不好。但当 4 mm＜粒径＜8 mm 时，细菌能较好地接触渣粒，经过 8 天解毒后，渣中 Cr(VI)质量分数从最初的 7.394 g/kg 降低到 0.585 g/kg，浸出率高达 92.088%。

表 4.7　不同粒径条件下浸出渣中 Cr(VI)全量随时间变化

时间/天	4 mm＜粒径＜8 mm		8 mm＜粒径＜12 mm		12 mm＜粒径＜16 mm	
	渣全量 Cr(VI)质量分数/（g/kg）	渣浸出率/%	渣全量 Cr(VI)质量分数/（g/kg）	渣浸出率/%	渣全量 Cr(VI)质量分数/（g/kg）	渣浸出率/%
1	6.623	10.427	6.530	11.685	6.608	10.630
2	5.710	22.775	5.883	20.435	6.021	18.569
3	4.287	42.021	4.536	38.653	5.736	22.424

续表

时间/天	4 mm<粒径<8 mm		8 mm<粒径<12 mm		12 mm<粒径<16 mm	
	渣全量 Cr(VI)质量分数/（g/kg）	渣浸出率/%	渣全量 Cr(VI)质量分数/（g/kg）	渣浸出率/%	渣全量 Cr(VI)质量分数/（g/kg）	渣浸出率/%
4	2.347	68.258	3.698	49.986	5.339	27.792
5	1.198	83.798	3.483	52.894	5.356	27.563
6	1.121	84.839	3.267	55.816	5.278	28.618
7	0.610	91.750	3.163	57.222	5.209	29.551
8	0.585	92.088	3.094	58.155	5.192	29.781

由于铬渣的细菌解毒对渣中绝大部分 Cr(VI)进行有效的浸出，解决了常规铬渣解毒方法所不能解决的“返黄”问题，较为彻底地消除了铬渣中 Cr(VI)的危害。剩余少量的 Cr(VI)由于包裹在 Ca_2SiO_4 和铁铝酸钙等物质的晶格中，在常规和加酸的情况下都难以溶出，被称为难溶 Cr(VI)或不溶 Cr(VI)。细菌解毒后铬渣可用于各种建材的制备，实现了铬渣的治理与资源化利用的有效结合，并且大批量地解决了堆存铬渣的污染问题。

不同粒径条件下细菌浸出后铬渣浸出毒性远低于国家标准（图 4.10）。细菌解毒铬渣的方法不但对渣中 Cr(VI)进行了有效的浸出，还可将铬渣的浸出毒性降到远低于国家标准。这种方法的成功应用将有效解决铬渣污染问题。

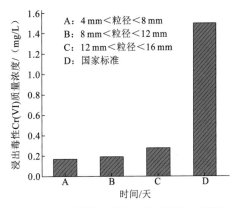

图 4.10　不同粒径条件下浸出渣浸出毒性

4.2.3　环境因素对细菌解毒铬渣的影响

1. 初始 pH 对细菌解毒铬渣的影响

微生物的生命活动与 pH 有密切关系，不同的微生物要求不同的 pH，过高和过低的 pH 对微生物都是不利的。目前，迅速发展的生物冶金中所采用的大多数菌种都将 pH 视为重要的工艺参数之一。

在不同初始 pH 条件下，浸出过程中浸出液 pH 在细菌还原作用下被不断降低（图4.11）。pH 的降低说明了浸出液中的 Cr(VI)在细菌的作用下被还原成 Cr(III)。而反应器底部蓝灰色沉淀的产生也同样证明了 Cr(III)沉淀物的生成。在不同初始 pH 条件下最终浸出液 pH 均在 8.6 以下，有效地解决了铬渣浸出液 pH 偏高的问题，达到了国家的排放标准。

在不同初始 pH 条件下，铬渣中 Cr(VI)在细菌作用下被不断浸出，然后被还原为 Cr(III)沉淀，浸出液中 Cr(VI)浓度不断降低，直到最后被完全还原即浸出液中 Cr(VI)浓度为 0（图 4.12）。细菌对 pH 的变化有一定的适应能力。在碱性环境中（pH 为 9~11），细菌对浸出液中 Cr(VI)有较强的还原能力,在解毒周期内可以将浸出液中 Cr(VI)完全解毒为 Cr(III)。对环境较好的适应能力和缓冲能力为细菌解毒铬渣的大规模应用提供了较好的条件。

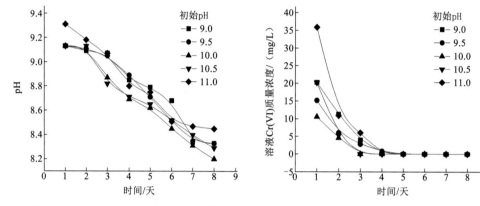

图 4.11　不同初始 pH 下浸出液 pH 变化　　图 4.12　不同初始 pH 下浸出液 Cr(VI)浓度变化

在不同初始 pH 条件下的浸出过程中,初始 pH 为 10.0 时浸出效果最好,铬渣中 Cr(VI)浸出率可达 92.09%（表 4.8,图 4.13）。但初始 pH 偏高或偏低均不利于铬渣的细菌解毒,Cr(VI)浸出效果也不好。这主要是因为每种微生物均有其最适的生长 pH,而最佳的 Cr(VI)还原 pH 和 Cr(VI)还原菌的最佳生长条件有关。例如:*Enterobacter cloacae* 能够在 pH 为 6.0～8.5、温度为 20～40℃时将 Cr(VI)还原成 Cr(III)。*Escherichia coli* 的 Cr(VI)还原是在 pH 为 3～8、温度为 10～45℃进行的,而它的还原速率在 pH 为 7、温度为 36℃的情况下达到最高。细菌浸出后铬渣浸出毒性均远低于国家标准。

表 4.8　不同初始 pH 条件下浸出渣中 Cr(VI)全量随时间变化

时间/天	初始 pH=9.0		初始 pH=9.5		初始 pH=10.0		初始 pH=10.5		初始 pH=11.0	
	渣全量 Cr(VI)质量分数/（g/kg）	渣浸出率/%	渣全量 Cr(VI)质量分数/（g/kg）	渣浸出率/%	渣全量 Cr(VI)质量分数/（g/kg）	渣浸出率/%	渣全量 Cr(VI)质量分数/（g/kg）	渣浸出率/%	渣全量 Cr(VI)质量分数/（g/kg）	渣浸出率/%
1	6.623	15.296	6.623	10.427	6.623	10.427	6.623	10.427	6.263	15.296
2	5.710	22.775	5.356	27.441	5.710	22.775	5.710	22.775	6.064	17.988
3	4.700	36.435	4.012	45.740	4.287	42.021	4.287	42.021	5.002	32.351
4	4.165	43.671	2.856	61.374	2.347	68.258	3.079	58.358	4.311	41.696
5	2.826	61.780	1.799	75.669	1.198	83.798	2.126	71.247	4.130	44.144
6	2.403	67.501	1.253	83.054	1.121	84.839	1.682	77.252	3.569	51.731
7	2.127	71.233	0.904	87.774	0.610	91.750	1.345	81.810	3.025	59.088
8	2.092	71.707	0.898	87.855	0.585	92.088	1.321	82.134	2.990	59.562

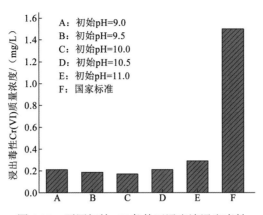

图 4.13　不同初始 pH 条件下浸出渣浸出毒性

2. 温度对细菌解毒铬渣的影响

温度是影响微生物生长的重要环境因素,任何微生物都只能在一定的温度范围内生存。在适宜的温度范围内温度每提高 10℃,酶促反应速率将提高 1～2 倍,微生物的代谢速率和生长速率均可相应提高。

温度对细菌解毒过程浸出液 pH 及浸出液 Cr(VI)浓度均有一定影响(图4.14和图4.15)。但在解毒周期内最终浸出液 pH 均能降低到 9 以下,达到国家的排放标准。浸出液 Cr(VI)浓度在细菌的还原作用下不断降低,直到最后被彻底还原,即浸出液 Cr(VI)浓度为 0。细菌有一定的温度适应能力,在 20～36℃时能较好地生长,同时对浸出液中 Cr(VI)有较强的还原能力并在解毒周期内将浸出液中 Cr(VI)完全还原为 Cr(III)。

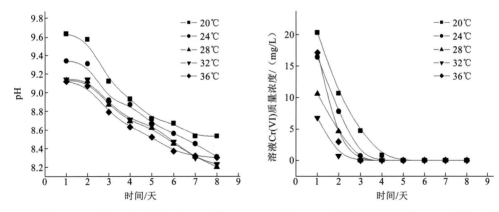

图 4.14　不同温度下浸出液 pH 变化　　　　图 4.15　不同温度下浸出液 Cr(VI)浓度变化

在不同温度条件下,细菌对铬渣的解毒均有一定的效果,特别是在 28℃时 Cr(VI)浸出效果最好,铬浸出率高达 92.088%(表 4.9,图 4.16)。温度过高或过低细菌解毒效果均受到一定影响。这主要是因为过低或过高的温度会使细菌的生长速率降低,此外过高的温度对微生物有致死的作用。温度不仅影响细菌的生长速率和解毒效果,在实际应用当中,还影响能量的消耗和运行的费用。细菌浸出后铬渣浸出毒性均远低于国家标准。

表 4.9　不同温度条件下浸出渣中 Cr(VI)全量随时间变化

时间/天	温度=20℃		温度=24℃		温度=28℃		温度=32℃		温度=36℃	
	渣全量 Cr(VI)质量分数/（g/kg）	渣浸出率/%	渣全量 Cr(VI)质量分数/（g/kg）	渣浸出率/%	渣全量 Cr(VI)质量分数/（g/kg）	渣浸出率/%	渣全量 Cr(VI)质量分数/（g/kg）	渣浸出率/%	渣全量 Cr(VI)质量分数/（g/kg）	渣浸出率/%
1	6.314	14.606	6.263	15.296	6.623	10.427	6.623	10.427	6.245	15.540
2	5.874	20.557	6.064	17.988	5.710	22.775	5.623	23.952	5.641	23.708
3	5.693	23.005	4.821	34.798	4.287	42.021	4.487	39.316	5.002	32.351
4	5.297	28.361	4.320	41.574	2.347	68.258	2.352	68.190	4.389	40.641
5	4.829	34.690	3.284	55.586	1.198	83.798	1.311	82.269	2.973	59.792
6	3.957	46.484	3.042	58.859	1.121	84.839	1.210	83.635	1.568	78.794
7	3.664	50.446	2.921	60.495	0.610	91.750	0.623	91.574	1.167	84.217
8	3.586	51.501	2.887	60.955	0.585	92.088	0.610	91.750	1.145	84.514

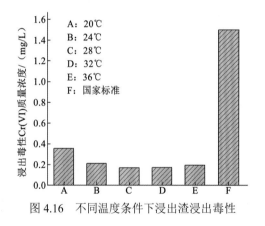

图 4.16　不同温度条件下浸出渣浸出毒性

CH-1 菌对初始 pH 及温度等各种工艺条件的变化均有一定的适应性,在不同温度条件下的浸出过程中均能将浸出液 pH 降低到 9 以下,浸出液 Cr(VI)浓度降低到 0 mg/L,达到国家相关排放标准。但在不同条件下浸出程度有所不同,这也是解毒是否彻底的判断标准。通过这一系列的工艺影响条件的优化可得到细菌解毒铬渣的最优条件,这对 CH-1 菌在工业上的成功应用具有非常重要的指导意义。

4.3　表面活性剂强化铬渣微生物解毒

4.3.1　表面活性剂对 *Achromobacter* sp. CH-1 的生长及还原 Cr(VI)的影响

1. 阴离子型表面活性剂的影响

初始 Cr(VI)质量浓度为 500 mg/L 时,加入 25～75 mg/L 的十二烷基硫酸钠（$C_{12}H_{25}SO_4Na$, SDS）基本不影响 *Achromobacter* sp. CH-1 的生长及其对 Cr(VI)的还原,CH-1 菌在培养 18 h 后 OD_{600} 值超过了 0.8,生长进入对数期,并且体系中 Cr(VI)已经被完全还原。当 SDS 质量浓度超过 100 mg/L 时,菌体生长和 Cr(VI)的还原受到一定抑制,18 h 后细菌浓度未达到 0.8,溶液中约 11% 的 Cr(VI)未被还原;150 mg/L 的 SDS 使菌体生长极其缓慢，且几乎失去了还原 Cr(VI) 的能力。可见，阴离子型表面活性剂 SDS 对 CH-1 菌还原 Cr(VI) 的最小抑制质量浓度为 100 mg/L（图 4.17）。

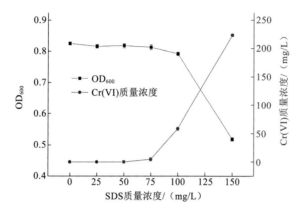

图 4.17　SDS 对 CH-1 菌的生长及其对 Cr(VI) 的还原的影响

十二烷基苯磺酸钠（$C_{18}H_{29}NaO_3S$，SDBS）对 CH-1 菌的生长及其对 Cr(VI) 的还原的影响与十二烷基硫酸钠（SDS）相似。所不同的是，阴离子型表面活性剂 SDBS 对 CH-1 菌还原 Cr(VI) 的最小抑制质量浓度略大，为 200 mg/L（图 4.18）。

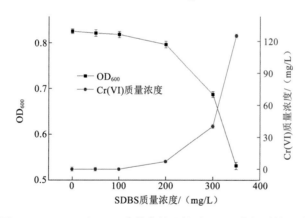

图 4.18　SDBS 对 CH-1 菌的生长及其对 Cr(VI) 的还原的影响

2. 阳离子型表面活性剂 DTAB 的影响

阳离子型表面活性剂十二烷基三甲基溴化铵（$C_{15}H_{34}N \cdot Br$，DTAB）对 CH-1 菌还原 Cr(VI) 的最小抑制质量浓度较小，仅为 20 mg/L，当超过此质量浓度时，CH-1 菌的生长和 Cr(VI) 的还原能力受到了严重影响（图 4.19）。大部分阳离子型表面活性剂通常是杀菌剂，对 CH-1 菌也有较大的毒性，只有在浓度很低的情况下才不抑制其生长及其 Cr(VI) 还原能力。

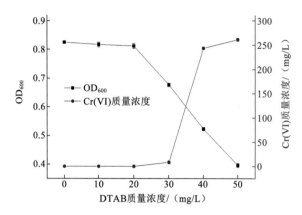

图 4.19　DTAB 对 CH-1 菌的生长及其对 Cr(VI)的还原的影响

3. 非离子型表面活性剂的影响

加入非离子型表面活性剂 Tween-20 在质量浓度低于 200 mg/L 时,对 CH-1 菌的生长没有明显作用,细菌生长 18 h 后 OD_{600} 值达到 0.8 以上,与不加表面活性剂时相同,且 Cr(VI)也能够在 18 h 内被完全还原;250 mg/L 及 300 mg/L 的 Tween-20 对菌体生长和 Cr(VI)的还原有明显的抑制作用。因此,Tween-20 对 CH-1 菌还原 Cr(VI)的最小抑制质量浓度为 200 mg/L(图 4.20)。

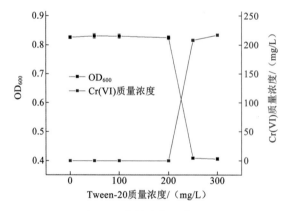

图 4.20　Tween-20 对 CH-1 菌的生长及其对 Cr(VI)的还原的影响

Tween-60 在质量浓度低于 250 mg/L 时,对 CH-1 菌的生长没有明显抑制作用,且 Cr(VI)能够被完全还原;250 mg/L 的 Tween-60 对菌体生长和 Cr(VI)的还原有微弱抑制;CH-1 菌在 350 mg/L 的 Tween-60 存在时完全不能生长。Tween-80 对 CH-1 菌的生长与 Cr(VI)还原的影响基本相似,Tween-60 和 Tween-80 对 CH-1 菌还原 Cr(VI)的最小抑制浓度均为 250 mg/L(图 4.21)。非离子表面活性剂性质均较离子表面活性剂温和,因此其对 CH-1 菌的最小抑制浓度较大。

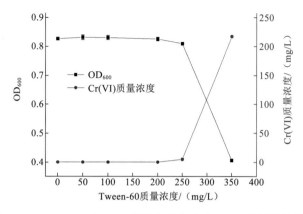

图 4.21　Tween-60 对 CH-1 菌的生长及其对 Cr(VI)的还原的影响

4.3.2　单一表面活性剂对 *Achromobacter* sp. CH-1 解毒铬渣的影响

1. 阴离子型表面活性剂的影响

阴离子型表面活性剂 SDS 质量浓度在 20～100 mg/L 时,SDS 的加入对铬渣中 Cr(VI) 的浸出均有明显促进作用;且以 SDS 质量浓度为 75 mg/L 时效果最佳,5 天后 Cr(VI)浸出 率达到 56.95%, 较不加时 Cr(VI)的浸出率（49.25%）提高 7.7 个百分点（图 4.22）。同时 SDS 的加入对浸出体系 pH 有一定影响,体系 pH 随时间延长逐渐下降而后趋于平稳。总 体而言,当加入 SDS 时, 浸出体系的 pH 比不加时有所降低。

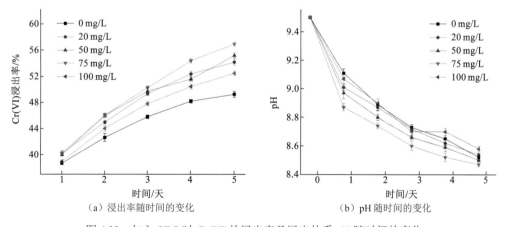

图 4.22　加入 SDS 时 Cr(VI)的浸出率及浸出体系 pH 随时间的变化

SDBS 对 CH-1 菌解毒铬渣的影响与 SDS 影响趋势较为相似,Cr(VI)的浸出率随着时 间的增加而不断上升,当加入 SDBS 质量浓度为 200～300 mg/L 时, Cr(VI)的浸出率比不 加时均有所提高, 浸出体系 pH 较之不加时也有所降低,但是加入 SDBS 对 CH-1 菌解毒 铬渣的强化作用较之 SDS 作用要弱。当 SDBS 质量浓度为 200 mg/L 时, 对 Cr(VI)的浸出 效果最佳, 5 天后 Cr(VI)的浸出率为 53.8%, 较不加时 Cr(VI)的浸出率（49.25%）仅提高 约 4.5～7.7 个百分点（图 4.23）。

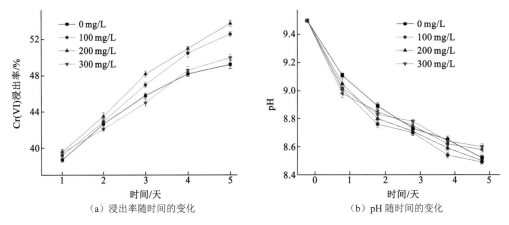

（a）浸出率随时间的变化　　　　　　　　　　（b）pH 随时间的变化

图 4.23　加入 SDBS 时 Cr(VI)的浸出率及浸出体系 pH 随时间的变化

2. 非离子型表面活性剂对 CH-1 菌解毒铬渣的影响

1）Tween-20 的影响

非离子型表面活性剂 Tween-20 对 CH-1 菌解毒铬渣过程中 Cr(VI)的浸出率及浸出体系 pH 的影响趋势与阴离子型表面活性剂的类似。当 Tween-20 质量浓度为 150～200 mg/L 时，其加入对 Cr(VI)的浸出率及浸出体系的 pH 均有影响，最佳加入质量浓度为 150 mg/L，5 天后浸出率为 52.95%，较不加时 Cr(VI)浸出率提高 3.7 个百分点（图 4.24）。加入 Tween-20 对 CH-1 菌解毒铬渣的强化效果不佳。

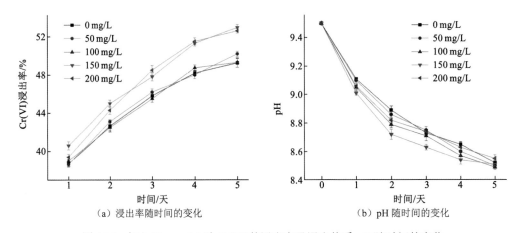

（a）浸出率随时间的变化　　　　　　　　　　（b）pH 随时间的变化

图 4.24　加入 Tween-20 时 Cr(VI)的浸出率及浸出体系 pH 随时间的变化

2）Tween-60 的影响

非离子型表面活性剂 Tween-60 对 CH-1 菌解毒铬渣过程中 Cr(VI)的浸出率及浸出体系 pH 的影响较为明显（图 4.25），铬渣中 Cr(VI)的浸出率及浸出体系 pH 的变化趋势与非离子型表面活性剂 Tween-20 类似。当 Tween-60 加入质量浓度为 200 mg/L 时，5 天后铬渣中 Cr(VI)的浸出率为 58%，较不加时提高 8.75 个百分点。

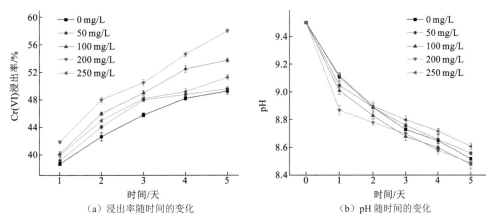

（a）浸出率随时间的变化　　　　　　（b）pH 随时间的变化

图 4.25　加入 Tween-60 时 Cr(VI)的浸出率及浸出体系 pH 随时间的变化

3）Tween-80 的影响

Tween-80 对 CH-1 菌解毒铬渣过程中 Cr(VI)的浸出率及浸出体系 pH 的趋势与加入其他表面活性剂时的结果类似，所不同的是加入 Tween-80 比其他表面活性剂的浸出效果更为显著，5 天后 Cr(VI)的浸出率达到 60%，较不加时 Cr(VI)的浸出率（49.25%）提高约 11 个百分点（图 4.26）。Tween-80 的最佳用量是 250 mg/L，5 天后浸出体系 pH 降至 8.47。

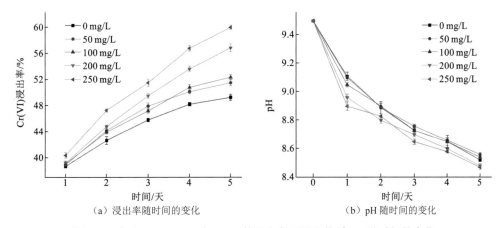

（a）浸出率随时间的变化　　　　　　（b）pH 随时间的变化

图 4.26　加入 Tween-80 时 Cr(VI)的浸出率及浸出体系 pH 随时间的变化

3. 阳离子型表面活性剂 DTAB 对 CH-1 菌解毒铬渣的影响

阳离子型表面活性剂 DTAB 质量浓度为 10～20 mg/L 时，对铬渣中 Cr(VI)的浸出率都无明显提高，浸出体系 pH 随时间的变化趋势也与未加表面活性剂相似。当 DTAB 质量浓度为 20 mg/L 时浸出率略有提高，5 天后浸出率为 50.85%，较之不加时 Cr(VI)的浸出率提高仅约 1.6 个百分点（图 4.27）。大部分阳离子表面活性剂是杀菌剂，对生物体都有较大的毒性，故阳离子型表面活性剂十二烷基三甲基溴化铵（DTAB）对 CH-1 菌也有较大的毒性，只有在浓度很低的情况下才不抑制其生长及其对 Cr(VI)的还原。因此，加入阳离子型表面活性剂 DTAB 对 CH-1 菌解毒铬渣的强化效果不明显。

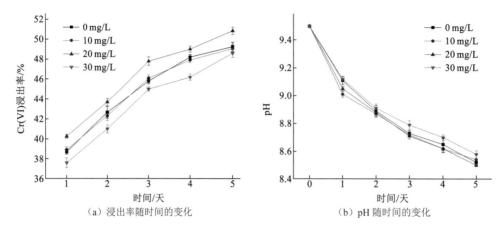

（a）浸出率随时间的变化　　　　　　　　（b）pH 随时间的变化

图 4.27　加入 DTAB 时 Cr(VI)的浸出率及浸出体系 pH 随时间的变化

4.3.3　表面活性剂复配对 *Achromobacter* sp. CH-1 解毒铬渣的影响

1. 阴离子型–阳离子型及阳离子型–非离子型复配体系对 CH-1 菌解毒铬渣的影响

在阴离子型–阳离子型（SDS+DTAB）及阳离子型–非离子型（DTAB+Tween-80）两种复配体系中，CH-1 菌解毒铬渣 5 天后，Cr(VI)的浸出率分别为 56.9%和 58%，较之于未加表面活性剂时 Cr(VI)的浸出率（49.25%）有所提高，但较之于相同浓度单一表面活性剂 SDS 时 Cr(VI)的浸出率（55.2%）提高并不显著（图 4.28）。

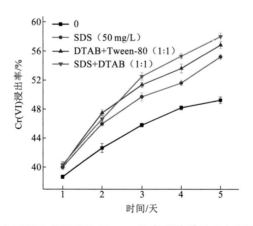

图 4.28　SDS+DTAB 和 DTAB+Tween-80 复配体系对 Cr(VI)浸出率的影响

2. 阴离子型–非离子型复配体系对 CH-1 菌解毒铬渣的影响

阴离子型–非离子型复配体系对 CH-1 菌解毒铬渣影响较为显著，SDS+Tween-20、SDS+Tween-60、SDS+Tween-80 三种体系均使 Cr(VI)的浸出率有很大的提高，并且较之于相同浓度相同的单一表面活性剂 SDS 也有了明显提高。当加入 100 mg/L 的 SDS 单一表面活性剂时，CH-1 菌解毒 5 天后，Cr(VI)的浸出率为 52.5%，SDS 与 Tween-20、Tween-60 和 Tween-80 进行复配后加入细菌解毒铬渣体系中时，解毒 5 天后 Cr(VI)的浸出率分别为 57.8%、59.8% 和 61.3%，较之单一 SDS 体系浸出率分别提高了 5.3 个百分点、7.3 个百分点和 8.8 个百分点（图 4.29）。阴离子型–非离子型复配表面活性剂的加入明显地优化了铬渣的细菌浸出体系，进一步强化了铬渣中酸溶性 Cr(VI)的浸出。

　　SDS 与 Tween-80 复配比分别为 3:2、1:1 和 2:3，在终浓度均为 100 mg/L 的 SDS+Tween-80 阴离子型–非离子型复配表面活性剂、液固比为 20:1 的细菌浸出体系进行铬渣的解毒。SDS 与 Tween-80 的最佳复配比为 1:1，在此条件下，铬渣中 Cr(VI)的浸出率在解毒 5 天后达到 61.3%，较不加表面活性剂解毒时 Cr(VI)的浸出率（49.25%）提高了约 12%（图 4.30）。

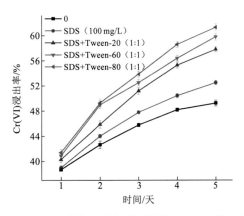 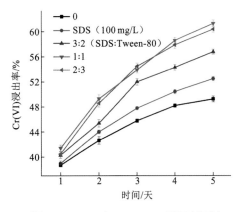

图 4.29　不同非离子型表面活性剂（Tween 类）与　　　　图 4.30　SDS 与 Tween-80 不同复配比
　　　　　SDS 复配体系对 Cr(VI)的浸出率的影响　　　　　　　　　　对 Cr(VI)的浸出率的影响

4.3.4　表面活性剂对铬渣物理性质的影响

　　将液滴滴于固体表面上，随体系性质而定，液滴或铺展而覆盖固体表面，或形成一滴液滴停于其上。表面活性剂使溶液的表面张力变小（表 4.10），故增加了浸出体系对铬渣的润湿性。

表 4.10　表面活性剂的 γ_{cmc}（25℃）

表面张力	SDS	Tween-60	Tween-80	DTAB-SDS
γ_{cmc} /（mN/m）	38	31	32	23
表面张力	DTAB+Tween-80	SDS+Tween-20	SDS+Tween-60	SDS+Tween-80
γ_{cmc} /（mN/m）	24	28	26	25

　　铬渣表面化学成分及形貌观察表明：细菌解毒前的铬渣表面呈规则晶体状 [图 4.31（a）]，经细菌作用后铬渣表面有明显被溶蚀的痕迹 [图 4.31（b）]，光滑的铬渣表面有一定的龟裂现象，说明在细菌的作用下原有的铬渣表面遭到一定程度的破坏，但加入表面活性剂后

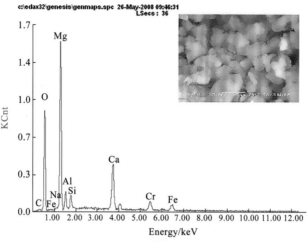

（a）原渣

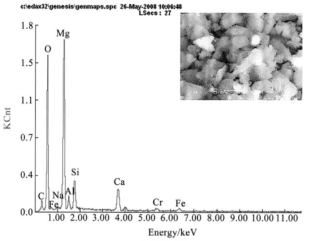

（b）细菌解毒渣

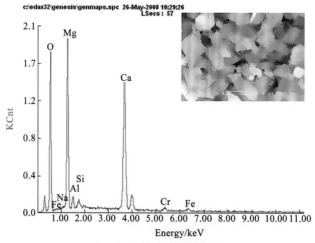

（c）加入 Tween-80 的细菌解毒渣

图 4.31　铬渣的 EDS 及 SEM 图

解毒渣〔图 4.31（c）〕没有呈现更为明显的破坏效果。从铬渣的表面能谱分析可知，未经作用的铬渣 Cr(VI)质量分数为 4.63%〔图 4.31（a）〕，而细菌作用后其值降至 1.55%〔图 4.31（b）〕，加入表面活性剂的细菌解毒渣 Cr(VI)质量分数进一步降低至 1.12%〔图 4.31（c）〕。Mg^{2+}质量分数由浸出前的 30.72%分别下降到 26.02%和 21.90%，反映出细菌浸出对渣中方镁石的溶解作用，加入表面活性剂后这种溶解作用更强。降低铬渣中方镁石的含量，减少渣中游离的氧化镁，对于铬渣的综合利用特别是作为建筑材料方面的应用将具有重要的意义。

4.4　铬渣微生物解毒工艺及应用验证

4.4.1　铬渣微生物解毒工艺流程

铬渣微生物解毒工艺流程如图 4.32 所示，铬渣经制粒后，进行筑堆，渣堆沿两个垂直方向均倾斜 3°～5°，便于集液。渣堆上面均匀布水喷淋，浸出液收集到沉砂池内，去除可沉淀颗粒物，提升至生化池中，与在培菌池中规模化培养的经过驯化的 Cr(VI)还原菌 CH-1

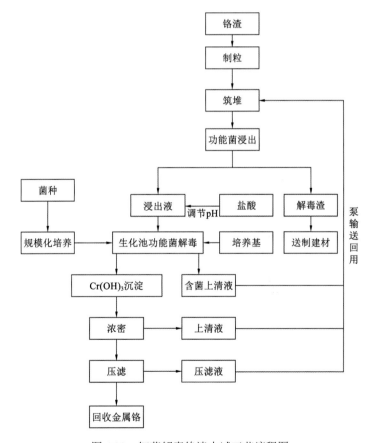

图 4.32　细菌解毒铬渣中试工艺流程图

均匀混合，在生化池中进行充分的生化反应。被还原的 Cr(VI)形成的 Cr(OH)$_3$ 沉淀沉积在生化池底部，而上层的含菌上清液用于渣堆的循环喷淋直至解毒完全。生化池底部的 Cr(OH)$_3$ 沉淀经底部放出收集到浓密池中分离而后进行压滤。浓密、压滤等过程产生的滤液均可返回生化池循环利用，解毒后铬渣可送至水泥厂或制砖厂等制建材。

4.4.2　中试构筑物

1. 筛分及制粒

历史堆存的铬渣由于年限较长（以陈渣为主），都风化成细小颗粒，其中 35 目以下颗粒占总质量的 80%以上。同时，铬渣成分中有很大一部分类似硅酸盐的物相组成，也有一定的水硬性，如果直接堆浸解毒，容易大面积结块，不利于浸出液的渗透，影响微生物的解毒效果。因此，先将铬渣制粒再进行生物解毒。

2. 筑堆

筑堆的目的是使堆放在底垫上面的矿石具有良好且均匀的渗透性和结构上的稳定性，保证在浸出时浸出液能按要求的布液强度均匀渗滤并通过整个矿堆，同时避免发生矿堆边坡坍塌或局部冲垮等现象。筑堆的高度是影响渣堆渗透性和金属浸出率的重要因素，矿堆高度与堆浸场地的利用率呈正相关关系，也可以有效地扩大堆浸的规模和降低生产的成本，但矿堆越高，矿堆的渗透性就越差，浸出的周期也越长，对筑堆的技术要求也越高。矿堆过高，矿堆坡度越大，淋浸空白的边坡三角体也越大，未被浸的矿石就越多，另外，高堆可能出现渣的自动滑塌、矿石密实或堆表面陷落的情况。

铬渣经过制粒后，颗粒间的间隙增大，经过制粒后渣粒的堆积密度为 0.8 t/m^3，10 t 铬渣经过制粒后的堆积体积为 12.5 m^3，渣堆的具体布置如图 4.33 所示。

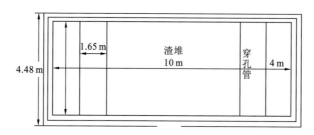

图 4.33　渣堆布置示意图

铬渣堆体积为 12.5 m^3，渣堆的形状为棱台形，渣堆的上底长 10 m、宽 4 m，下底长 10.48 m、宽 4.48 m，渣堆高 0.3 m。为防止堆的坍塌和布水时的冲刷，矿堆必须有一定的坡度，铬渣堆坡度为 38°。

3. 布液与集液

布液首先要保证浸出所要求的布液强度，即单位时间和单位面积的溶液的喷淋量；

其次要保证浸出剂均匀地喷淋全矿堆。为此，需要有一个完好的布液系统，特别是要采用合适的布液方式和设备。铬渣微生物解毒主要布水采取滴灌的方式，用水泵将浸出液通过输液管送到堆浸场，然后经过分支道系统和布液器，按照一定的布液强度向渣堆布液。

设计中的布水分支道系统有一个主管道，经过三通阀分成 7 个穿孔管布液。主管道和泵相连，主管道的直径为 30 mm，穿孔管的直径为 10 mm，穿孔管的长度为 4 m，穿孔管直接铺设在渣堆上，穿孔管上滴液孔径为 0.6 mm。布水管路的具体布置如图 4.34 所示。

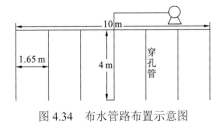

图 4.34　布水管路布置示意图

4. 生化反应系统

1）集液池

集液池的作用主要起到收集渣堆的浸出液及沉降颗粒物的作用。池内存水大约为 0.5 m³，集液池体设计的有效容积为 0.5 m³。集液池中沉淀沙粒的最小直径为 0.2 mm，其相应的沉降速率为 18.7 mm/s。则在 60 s 的时间内沉降 1 122 mm＞0.95 m，因此，0.5 m³ 的集液池能满足收集要求。

2）生化池

生化池是整个系统中最为关键的部位，要在此池内微生物还原解毒 Cr(VI) 为 Cr(III)，完成 Cr(OH)₃ 沉淀的收集。生化池仿照平流式沉淀池和澄清池设计，内衬 PVC 薄膜防渗。生化池设计的容积为 10.5 m³，Cr(VI) 浸出液从池的一端流入，从池的另一端流出，浸出液在池内作水平运动，池平面为长方形，设置三个贮泥斗收集 Cr(OH)₃ 沉淀。

3）浓密池

浓密池主要作用是浓缩排出的 Cr(OH)₃ 沉淀物，而后由污泥泵注入板框压滤机压滤，浓密池的底部为圆锥形，上部为圆柱形，体积为 4 m³，池体总高 1.90 m，直径 2.0 m，底部圆锥底角度为 30°，圆锥高为 0.6 m。池内设置溢流堰，溢流浓密的上清液，溢流出的上清液入滤液储存池中，储存池中的滤液经过离心泵打回喷淋渣堆。浓密后的沉淀经过污泥泵压入板框压滤机，板框压滤机在一定的作用下将污泥中的水分通过滤布挤压出去，使固体和水分离的脱水处理，压滤后的泥饼直接送铬回收工厂。

4）培菌池

解毒铬渣时一次性需加入的微生物菌液量为 1.5 m³，培菌池内培养的菌液量达 2 m³，培菌池的有效体积为 2 m³。考虑解毒铬渣的微生物是兼性好氧菌，为微生物提供一定数量的 O₂，池体设计为圆柱形，培菌池的深度为 1.8 m，有效水深设计为 1.5 m（兼氧环境），直径设计为 1.3 m。池底为平底，池内设置曝气装置。

5）构筑物连接

铬渣微生物解毒工艺构筑物连接示意图如图 4.35 所示。

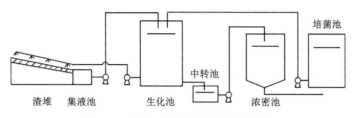

图 4.35　堆浸工艺构筑物竖面示意图

6）细菌解毒中试现场

细菌解毒中试现场如图 4.36～图 4.39 所示。

图 4.36　某铬盐厂铬渣堆远景

图 4.37　某铬盐厂铬渣堆近景

图 4.38　细菌解毒铬渣中试生化反应系统

图 4.39　细菌解毒铬渣中试渣堆及喷淋系统

4.4.3　中试运行工艺条件优化

按 1～2 t/批次的规模进行中试工艺条件优化，将粒度为 3～8 mm、10～15 mm 的铬渣筑成 1 t（4.48 m×1.00 m×0.28 m）的渣堆，渣堆喷淋强度为 3.3 L/（min·m²），按 1/2 的液固比用自来水喷淋 1 天，再按 20% 的接种量将培养的细菌接种到集有 Cr(VI) 离子的生化反应池中，适当曝气，细菌在生化池中将铬渣渗滤液中 Cr(VI) 还原为 Cr(III) 的同时，上清液循环喷淋渣堆以解毒铬渣，而 Cr(III) 形成 Cr(OH)₃ 沉淀于反应池底部待解毒完成后排入浓密池便于回收。

1. 铬渣造粒粒度的影响

随着粒度的增大，浸出液中铬含量是降低的。粒径对水溶性铬影响不大，而对全量铬溶出影响较大。铬渣造粒粒度对细菌解毒铬渣的最终 Cr(VI)浸出毒性无明显影响，但对解毒进程有些影响（图 4.40，表 4.11）。水浸出和培养基浸出铬渣 3 天后加入细菌，浸出液中的铬浓度迅速下降，随后浸出液中的 Cr(VI)很快被还原，之后浸出液中的 Cr(VI)浓度一直维持在较低的水平。渣粒细有利于菌液的扩散和渗透，加速细菌的解毒过程。细菌处理 6 天之后，解毒后渣的浸出毒性低于国家标准。3～8 mm 和 10～15 mm 的铬渣细菌解毒后回收的 $Cr(OH)_3$ 淤泥量分别为 32.48 kg 和 33.60 kg。3～8 mm 的渣粒颗粒细，细菌还原 Cr(VI)为 Cr(III)快，但细粒铬渣相对容易夹杂少量 $Cr(OH)_3$，致使回收的 $Cr(OH)_3$ 淤泥量有所减少；通过测定淤泥中 $Cr(OH)_3$ 的含量，计算得到铬的回收率高达 88.59%。

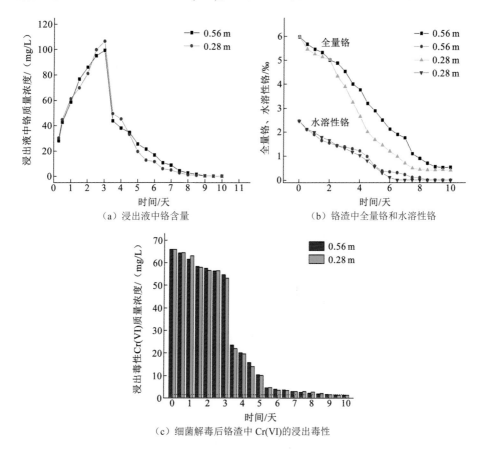

（a）浸出液中铬含量

（b）铬渣中全量铬和水溶性铬

（c）细菌解毒后铬渣中 Cr(VI)的浸出毒性

图 4.40　粒度对细菌解毒铬渣工艺运行效果的影响

表 4.11　不同粒度的铬渣细菌解毒后铬的回收状况

粒度	$Cr(OH)_3$ 淤泥量/kg	$Cr(OH)_3$ 质量分数/%	铬回收率/%
3～8 mm	32.48	32.3	88.59
10～15 mm	33.60	30.4	86.25

2. 铬渣堆高的影响

细菌解毒过程中不同高度铬渣全量铬和水溶性铬如图 4.41 所示。堆高对水溶性铬影响不大，对全量铬影响较大。尽管不同堆高对铬渣细菌解毒过程中浸出液中铬含量影响不大，但对细菌解毒铬渣中 Cr(VI)浸出毒性浓度有一定的影响。渣层薄有利于菌液的扩散和渗透，加速细菌的解毒过程。0.28 m 和 0.56 m 两个高度的铬渣堆经细菌解毒后回收的 Cr(OH)$_3$ 淤泥量分别为 33.68 kg 和 68.96 kg，铬的回收率分别为 90.15%和 89.10%。可见渣层厚，铬渣相对容易夹杂少量 Cr(OH)$_3$，致使回收的 Cr(OH)$_3$ 淤泥量有所减少，回收率稍有降低。

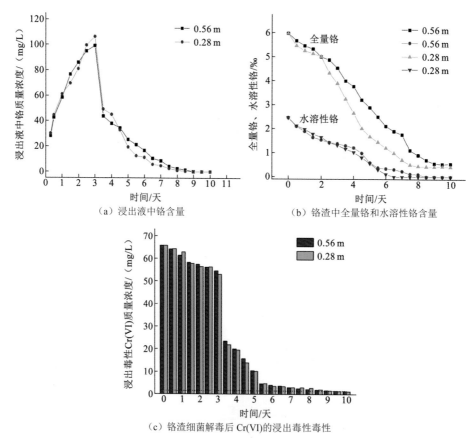

（a）浸出液中铬含量　　　　　　（b）铬渣中全量铬和水溶性铬含量

（c）铬渣细菌解毒后 Cr(VI)的浸出毒性毒性

图 4.41　堆高对细菌解毒铬渣工艺运行效果的影响

3. 细菌解毒工艺制度的影响

为了避免渣堆厚度和铬渣造粒粒度对细菌解毒过程的不利影响和 Cr(OH)$_3$ 少量夹杂于渣堆的问题，进一步考察细菌解毒 4 种工艺制度对解毒效果及回收 Cr(OH)$_3$ 量的影响。工艺制度 I：先用自来水喷淋渣堆 1 天，再用菌液喷淋；工艺制度 II：先用自来水喷淋 1 天，再用菌液喷淋，接着用培养基喷淋；工艺制度 III：先用自来水喷淋 1 天，再用细菌培养基喷淋 2 天，接着用菌液喷淋解毒；工艺制度 IV：先用自来水喷淋 1 天，再用细菌培养基喷淋 2 天，接着用菌液喷淋解毒 6 天，再喷淋稳定剂 1 天。细菌解毒工艺制度 I 和 II 对铬渣的解毒效果不理想；制度 III 和 IV 对铬渣的解毒最彻底，Cr(VI)浸出毒性浓度最低，回收的 $Cr(OH)_3$ 淤泥量高达 32.54 kg，铬回收率达 90.13%，主要是因为细菌培养基对铬渣有很好的润湿性，促使渣粒适度膨胀，有利于酸溶性铬的释放；另一方面，细菌培养基对铬渣渣粒的溶胀作用极大地改善了铬渣对细菌的吸附特性，从而加快了附着细菌在渣堆中的生长繁殖速率，提高了细菌还原铬渣中 Cr(VI)的能力，实现细菌快速彻底解毒铬渣的目的（图 4.42）。稳定剂进一步清除了渣中残存的 Cr(VI)，并确保可能缓释的包裹 Cr(VI)的稳定化。

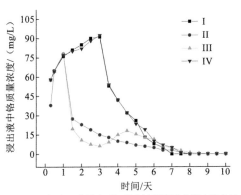

（a）不同解毒工艺制度时细菌铬渣解毒浸出液中铬含量

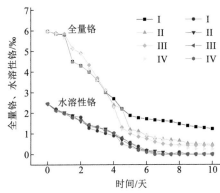

（b）不同解毒工艺制度时铬渣细菌解毒过程中渣中全量铬和水溶性铬

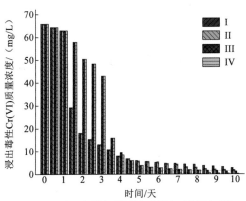

（c）不同解毒工艺制度时铬渣细菌解毒后的浸出毒性

图 4.42　不同解毒工艺制度对细菌解毒铬渣工艺运行效果的影响

铬渣微生物解毒的最佳工艺条件：铬渣造粒粒度为 3～8 mm，堆高 0.28 m，先用水喷淋 1 天，再用细菌培养基喷淋 2 天，然后用菌液喷淋，接着用稳定剂喷淋 1 天。

4.4.4　铬渣微生物解毒应用验证

在最佳工艺条件下，建立了 10 t/批和 20 t/批铬渣细菌解毒中试工程，经过 7～10 天的运行，铬渣解毒彻底，达到国家《危险废物鉴别标准　浸出毒性鉴别》（GB 5085.3—2007）

的限值，且能回收 90%左右的 Cr(VI)（图 4.43 和表 4.12），说明细菌解毒铬渣并选择性回收铬的新技术具有细菌堆浸工艺的放大效应，完全可用于大规模治理铬渣并回收金属铬，可望彻底解决困扰全球的铬渣污染问题。

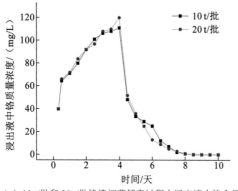

（a）10 t/批和 20 t/批铬渣细菌解毒过程中浸出液中铬含量

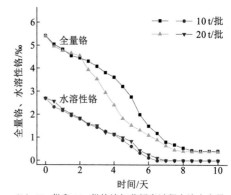

（b）10 t/批和 20 t/批铬渣细菌解毒过程中渣中全量铬和水溶性铬

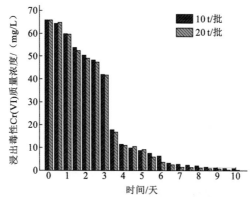

（c）10 t/批和 20 t/批铬渣细菌解毒后的浸出毒性

图 4.43　10 t/批和 20 t/批铬渣细菌解毒工程运行结果

表 4.12　不同粒度的铬渣细菌解毒后铬的回收状况

项目	10 t/批	20 t/批
Cr(OH)$_3$ 淤泥量/kg	338.1	694.2
Cr(OH)$_3$ 质量分数/%	31.7	31.4
铬回收/%	90.51	92.04

第5章 铬污染土壤微生物治理技术

Cr(VI)污染土壤的修复主要有两条思路：一是改变铬在土壤/沉积物中的存在形态，将 Cr(VI)还原为毒性相对较小的 Cr(III)，降低其在环境中的迁移能力和生物可利用性；二是将铬从被污染的土壤中清除。围绕这两条思路，国内外研发出一系列修复技术，如客土法和换土法、固定化/稳定化法、化学还原法、电动力学修复法、植物修复法、微生物修复法。

5.1 铬污染土壤污染特征

5.1.1 铬渣堆场土壤重金属含量

1. 表层土壤总铬含量

铬渣堆场及周边表层土壤总铬含量随着距铬渣堆距离远近发生显著变化。如表 5.1 所示，铬渣堆场土壤总铬质量分数为 821.9～2 130.3 mg/kg，平均值为 1 400.2 mg/kg。铬渣堆场周围土壤总铬质量分数为 212.1～3 500.1 mg/kg，平均值为 1 901.8 mg/kg。厂外农业用地土壤总铬质量分数为 208.6～6207.6 mg/kg，平均值为 995.1 mg/kg。对照区土壤总铬质量分数在 90.3～119.5 mg/kg，平均值为 104.7 mg/kg。三个污染区平均总铬含量按大小顺序排列依次为：铬渣堆场周围土壤＞铬渣堆场土壤＞厂外农业用地土壤。与对照区相比，三个污染区总铬含量极高，铬渣堆场、铬渣堆场周围及厂外农业用地土壤样品平均总铬质量分数分别是对照区的 13.4 倍、18.2 倍和 9.5 倍。

表 5.1　表层土壤总铬含量和水溶态 Cr(VI)含量

采样地	样品数	总铬质量分数/（mg/kg）	水溶态 Cr(VI)质量分数/（mg/kg）	pH
对照区	5	104.7±11.8	0.9±0.02	5.7
场外农业用地	23	995.1±48.9	0.6±0.04	6.1
铬渣堆场	3	1 400.2±92.1	123.8±10.63	10.4
铬渣堆场周围	6	1 901.8±123.3	27.1±1.23	8.3

与我国《土壤环境质量标准　农用地土壤污染风险管控标准（试行）》（GB 15618—2018）的农用地土壤污染风险管制值相比，铬渣堆场、铬渣堆场周围及厂外农业用地土壤总铬平均含量分别是此标准的 1.1 倍、1.5 倍和 1.2 倍。从样品个数来看，铬渣堆场及其周边土壤样品超标率为 100%，污染最重的土壤样品总铬含量是此标准的 1.6 倍（表 5.2）。

表 5.2　各采样区土壤总铬污染状况

采样地	样点	超标数	超标率/%
铬渣堆场	3	3	100
铬渣堆场周围	6	6	100
厂外农业用地	23	23	100

采用单项污染指数法，对土壤铬污染进行评价。结果表明，铬渣堆场和铬渣堆场周围土壤铬单项污染指数的平均值分别为 5.60 和 7.61，属重度污染；厂外农业用地土壤铬单项污染指数的平均值为 4.97，属中度污染（表 5.3）。

表 5.3　各采样区土壤单项污染指数法评价结果

污染情况	单项污染指数 p_i	分级	污染程度
铬渣堆场	5.60	IV	重
铬渣堆场周围	7.61	IV	重
厂外农业用地	4.97	III	中

2. 表层土壤水溶态 Cr(VI)含量

铬渣堆场土壤水溶态 Cr(VI) 平均质量分数为 123.8 mg/kg，最高质量分数为 252.7 mg/kg，最低质量分数为 49.5 mg/kg。厂内铬渣堆场周围土壤水溶态 Cr(VI)质量分数在 0.5～78.8 mg/kg 变动，平均值为 27.1 mg/kg。铬渣堆场和铬渣堆场周围土壤水溶态 Cr(VI)平均质量分数分别是对照区的 137.5 倍和 30.1 倍。但厂外农业用地土壤水溶态 Cr(VI)含量均较低，接近于对照区含量。三个污染区域相比，铬渣堆场土壤水溶态 Cr(VI)含量最高，这进一步表明铬渣堆场土壤污染程度最为严重，与单项污染指数法评价结果一致。

3. 土壤中铬的存在形态

铬渣堆场及铬渣堆场周围土壤是铬污染最严重的区域。因此，选择这两个区域的剖面土壤进行铬形态分析，并与未污染区域（对照区）的铬存在形态作比较（表 5.4 和表 5.5）。铬渣堆场土壤各层水溶性铬、交换性铬和碳酸盐结合态铬的平均质量分数分别为 97.5 mg/kg、3.0 mg/kg 和 16.3 mg/kg，分别占各层次总铬平均质量分数的 6.26%、0.19%和 1.05%；铬渣堆场周围土壤中水溶态铬、交换态铬及碳酸盐结合态铬平均质量分数分别为 16.8 mg/kg、11.5 mg/kg 和 5.7 mg/kg，分别占各层次总铬平均质量分数的 1.93%、1.32%和 0.65%。由此可知，铬渣堆场及周围土壤中水溶态铬、交换态铬和碳酸盐结合态铬的含量较低。

表 5.4　不同形态铬在土壤剖面中的含量变化　　　　　　　　（单位：mg/kg）

项目	土壤深度/cm	铬渣堆场	铬渣堆场周围	对照区
水溶态铬（平均值±标准差）	0～20	123.8±112.0	33.3±40.5	2.5±1.0
	20～40	132.7±145.8	24.1±38.7	1.8±0.5

续表

项目	土壤深度/cm	铬渣堆场	铬渣堆场周围	对照区
水溶态铬（平均值±标准差）	40～60	91.2±112.9	18.9±30.7	1.4±0.2
	60～100	76.2±90.8	6.8±8.0	1.6±0.3
	100～150	63.7±100.2	0.8±0.6	
交换态铬（平均值±标准差）	0～20	3.9±3.1	18.6±22.3	1.6±1.1
	20～40	3.0±0.2	16.2±23.9	1.4±0.6
	40～60	2.9±2.3	11.9±15.9	1.5±0.3
	60～100	3.2±1.9	6.3±5.8	1.4±0.7
	100～150	1.9±0.4	4.6±4.2	
碳酸盐结合态铬（平均值±标准差）	0～20	12.1±8.7	7.7±8.4	2.4±0.1
	20～40	20.7±16.6	10.4±13.7	2.5±0.1
	40～60	21.8±17.7	4.1±3.5	2.5±0.1
	60～100	16.0±14.6	3.8±2.9	2.6±0.2
	100～150	10.8±7.7	2.3±0.0	
有机结合态铬（平均值±标准差）	0～20	291.6±385.8	403.6±618.2	20.3±12.5
	20～40	390.6±270.1	374.9±572.7	17.7±6.1
	40～60	453.5±215.6	83.7±67.1	15.1±3.6
	60～100	172.2±103.2	124.3±125.4	11.7±2.1
	100～150	58.2±36.2	28.9±20.5	
铁锰结合态铬（平均值±标准差）	0～20	471.4±434.1	301.4±343.4	20.8±7.9
	20～40	1459.2±582.9	439.9±557.5	17.2±9.1
	40～60	1679.4±622.2	137.9±112.6	10.9±1.5
	60～100	792.3±406.5	228.0±267.7	9.9±2.5
	100～150	269.4±140.2	59.8±70.3	
残渣态铬（平均值±标准差）	0～20	326.7±161.7	683.8±742.7	57.4±20.2
	20～40	240.7±241.9	677.5±770.6	44.4±21.7
	40～60	113.0±19.1	249.9±50.3	57.6±13.1
	60～100	208.7±195.1	224.2±73.4	40.4±16.4
	100～150	276.6±420.8	169.9±135.8	

表 5.5　不同形态铬在土壤中的分配比例　　　　　（单位：%）

采样区	土壤深度/cm	水溶态	交换态	碳酸盐结合态	铁锰结合态	有机结合态	残渣态
铬渣堆场	0～20	10.07	0.32	0.98	38.34	23.72	26.57
	20～40	5.91	0.13	0.92	64.94	17.38	10.71

续表

采样区	土壤深度/cm	水溶态	交换态	碳酸盐结合态	铁锰结合态	有机结合态	残渣态
铬渣堆场	40～60	3.86	0.12	0.92	71.11	19.20	4.78
	60～100	6.01	0.25	1.26	62.45	13.57	16.45
	100～150	9.36	0.28	1.59	39.58	8.55	40.64
铬渣堆场周围	0～20	2.30	1.28	0.53	20.81	27.86	47.21
	20～40	1.56	1.05	0.67	28.51	24.30	43.91
	40～60	3.73	2.35	0.81	27.23	16.53	49.35
	60～100	1.15	1.06	0.64	38.42	20.95	37.78
	100～150	0.30	1.73	0.86	22.45	10.85	63.80
对照区	0～20	2.38	1.52	2.29	19.81	19.33	54.67
	20～40	2.12	1.65	2.94	20.23	20.82	52.24
	40～60	1.57	1.69	2.81	12.25	16.97	64.72

5.1.2　土壤剖面中铬的迁移与分布

1. 土壤剖面中总铬的迁移与分布

铬渣堆场各土壤剖面不同层次总铬平均质量分数有以下规律：40～60 cm（2 236.8 mg/kg）＞20～40 cm（2 210.9 mg/kg）＞0～20 cm（1 589.3 mg/kg）＞60～100 cm（1 258.4 mg/kg），这表明铬渣堆场土壤中总铬含量在剖面中间层次（40～60 cm）有较多的累积（表 5.6）。

表 5.6　土壤剖面各层总铬及水溶态 Cr(VI)含量　　　　　（单位：mg/kg）

采样深度/cm	参数	铬渣堆场		铬渣堆场周围		厂外农业用地		对照区	
		总铬	水溶态 Cr(VI)	总铬	水溶态 Cr(VI)	总铬	水溶态 Cr(VI)	总铬	水溶态 Cr(VI)
0～20	平均值	1 589.3	123.8	1 456.1	33.3	679.2	0.7	104.9	2.5
	标准误	473.5	112.0	1 784.0	40.5	228.2	0.3	13.9	0.9
20～40	平均值	2 210.9	132.7	1 550.9	24.0	484.1	1.2	84.8	1.8
	标准误	476.8	145.8	1 988.0	38.6	219.2	0.6	18.7	0.5
40～60	平均值	2 236.8	91.2	506.1	18.9	276.8	0.6	89.0	1.4
	标准误	571.0	112.9	230.5	30.7	159.3	0.2	8.1	0.2
60～100	平均值	1 258.4	76.2	398.1	6.8	166.1	0.7	67.5	1.6
	标准误	719.0	90.0	142.1	8.0	46.9	0.3	14.1	0.3

2. 土壤剖面中水溶态 Cr(VI)的迁移分布

土壤剖面各层次水溶态 Cr(VI)平均含量均随土壤剖面深度的增加而减少。其中，铬渣堆场各土壤剖面各层次水溶态 Cr(VI)平均含量最高，铬渣堆场周围次之，厂外农业用地最低，这表明了铬渣堆场和铬渣堆场周围土壤已受到严重污染。不仅如此，铬渣堆场土壤在 100~150 cm 土层处的水溶态 Cr(VI)含量仍然较高，表明大量的水溶态 Cr(VI)被含铬废渣释放，并且迁移至土壤底土层，这种迁移行为会对此区域的地下水资源造成严重威胁。

5.2　铬污染土壤微生物群落

5.2.1　铬渣堆场土壤微生物群落特征

1. 不同铬渣堆场土壤微生物群落特征

通过变性梯度凝胶电泳（denaturing gradient gel electrophoresis，DGGE）揭示不同铬渣堆场土壤样品微生物群落。6 个土壤样品分别具有 17、17、20、12、15 和 21 条微生物 16S rDNA 电泳条带（图 5.1）。对比 DNA 条带数与土壤中水溶态 Cr(VI)数据，结果显示 DNA 条带的个数与水溶态 Cr(VI)的含量并没有明显的关系。R 样品中水溶态 Cr(VI)的质量分数为 481.3 mg/kg，但是 R 泳道中 DNA 条带数为 21 条，而 N 样品中水溶态 Cr(VI)的质量分数为 23.6 mg/kg，但是其泳道中 DNA 条带的数目只有 15 个，而 H 样品中水溶态 Cr(VI)的质量分数为 176.5 mg/kg，其泳道中 DNA 条带的数据有 20 条。6 个样品中微生物群落的相似性从 0.52 到 0.81，而样品 G 和 J 具有最大的相似系数，达到了 0.81（图 5.2）。对土壤样品中各种重金属/类金属含量、pH 及各个泳道中 DNA 条带数相关性分析表明，电泳条带数目与各种重金属/类金属的含量并没有明显的相关性，而和土壤的 pH 呈明显相关（$p=0.05$）（图 5.2）。

图 5.1　土壤样品微生物 16S rDNA DGGE 电泳图谱

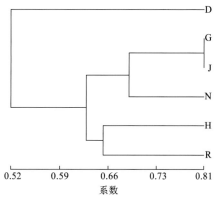

图 5.2　基于 DGGE 电泳条带及位置的聚类分析

　　重金属对土壤微生物群落的影响极大。重金属能够与微生物体内的蛋白质结合,从而使这些蛋白失活,并对细菌造成致命的伤害;有些重金属能够促使微生物在代谢过程中产生羟基自由基,从而会对细菌体内的遗传基因或者其他正常的代谢造成损害,从而影响细菌的生存(Sharma et al., 2009)。长期高浓度的重金属污染造成了水体中微生物群落多样性的下降,并且造成了代谢多样性的下降。但是,在重金属压力存在的情况下,土壤中微生物群落的多样性并没有出现下降的情况(Bamborough et al., 2009);土壤特性及营养条件在长期形成土壤微生物群落过程中更为重要,相对来说重金属的毒性对微生物群落的影响并没有那么重要。所取的铬渣堆场土壤都经过 Cr(VI)和其他重金属长期污染,但是土壤中微生物群落的多样性并没有和土壤中的重金属含量具有明显的相关性(表 5.7),可见 Cr(VI)污染与土壤微生物群落多样性并没有明显的联系,其他土壤环境、地球化学因素,比如温度、湿度、pH、有机质含量等对微生物群落的形成可能在微生物群落变化中起着更为重要的作用。

表 5.7　　电泳条带与土壤理化特性的皮尔逊相关性分析

DNA	相关性	1									
	显著性										
pH	相关性	−0.087*	1								
	显著性	0.023									
Cr	相关性	0.681	−0.086 5*	1							
	显著性	0.136	0.026								
Pb	相关性	−0.027	0.351	−0.255	1						
	显著性	0.959	0.495	0.626							
Cd	相关性	0.096	0.327	−0.298	−0.955**	1					
	显著性	0.857	0.527	0.567							
Cu	相关性	0.481	−0.118	−0.053	−0.034	0.260	1				
	显著性	0.334	0.823	0.920	0.949	0.619					
Hg	相关性	0.030	0.306	−0.118	0.399	0.552	0.593	1			
	显著性	0.955	0.556	0.824	0.433	0.256	0.215				
As	相关性	0.252	−0.277	0.492	0.593	0.415	−0.461	0.055	1		
	显著性	0.630	0.594	0.321	0.215	0.413	0.357	0.918			
有机质	相关性	0.098	−0.214	0.152	−0.341	−0.315	0.026	0.224	0.038	1	
	显著性	0.854	0.684	0.773	0.509	0.543	0.961	0.670	0.944		
湿度	相关性	0.384	−0.080	−0.071	−0.141	0.133	0.922**	0.376	−0.601	−0.287	1
	显著性	0.453	0.880	0.893	0.790	0.802	0.009	0.463	0.207	0.582	

注:*表示相关性显著性＜0.05（双侧检验）;**表示相关性显著性＜0.01（双侧检验）

2. Cr(VI)抗性菌株

根据菌落颜色及形状的不同成功筛选出 22 株具有 Cr(VI)抗性的细菌菌株。并利用 16S rDNA 测序对其进行鉴定，并构建系统发育树（图 5.3）。由图可知，22 株 Cr(VI)抗性菌株分别属于 5 个属，包括 *Exiguobacterium* sp.、*Micrococcus* sp.、*Alcaligenes* sp.、*Pannonibacter phragmitetus* 及 *Brevundimonas* sp.，分别占筛选出的 Cr(VI)抗性菌株的 13.6%、9.1%、31.8%、9.1%和 36.4%。

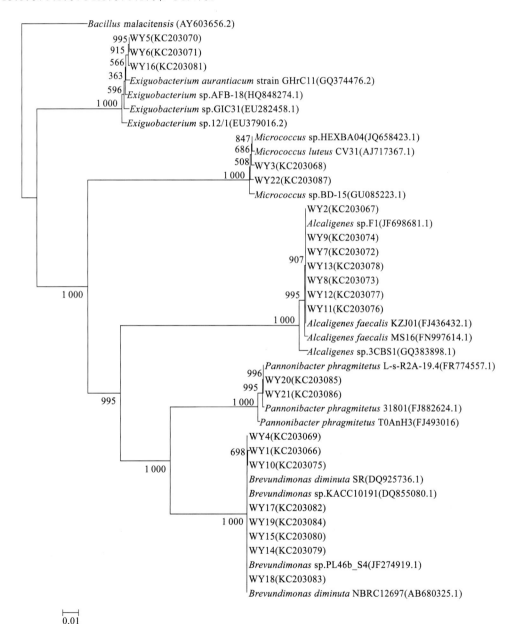

图 5.3　基于 22 株 Cr(VI)抗性菌株 16S rDNA 构建的系统发育树

3. Cr(Ⅵ)抗性菌株多样性

为了研究 Cr(Ⅵ)污染土壤中可培养微生物的基因多样性,利用三对引物对 22 株 Cr(Ⅵ)
抗性的菌株进行 rep-PCR 实验,并对其电泳图谱进行分析,结果如图 5.4 所示。BOXAIR
引物扩增的电泳图谱中在 500～3 000 bp 有 4～10 条单独的 DNA 条带;而 ERIC 引物则
产生了 2～6 条大小在 200～2 500 bp 的单独的 DNA 条带;REP 引物则产生了 2～10 条大
小在 200～3 000 bp 的单独的 DNA 条带（图 5.4）。总的来说,BOXAIR 引物产生了最为
复杂的带型,最适合用于 Cr(Ⅵ)抗性的微生物基因多样性的分析,而且每种引物扩增的电
泳图谱都会有 9 种 DNA 带型。*Brevundimonas* sp. WY17、*Brevundimonas* sp. WY18 和
Brevundimonas sp. WY19 属于同一种的不同菌株,而 *Alcaligenes* sp. WY7、*Alcaligenes* sp.
WY8、*Alcaligenes* sp. WY9、*Alcaligenes* sp. WY11、*Alcaligenes* sp. WY12、*Alcaligenes* sp.
WY13 属于产碱杆菌属（图 5.5）。各个菌株的序列号、每个引物的扩增出的带型号及 NCBI
中相似的序列见表 5.8。

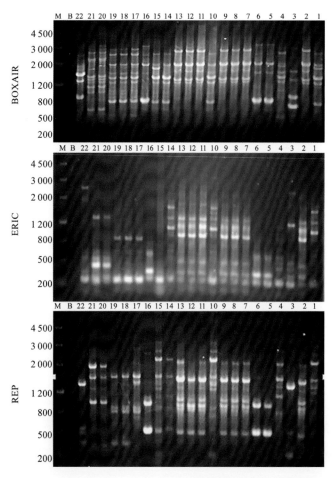

图 5.4　BOX、ERIC、REP 对 22 株 Cr(Ⅵ)抗性菌株的 rep-PCR 的电泳图谱

1～22 为 WY1～WY22；M 为 marker；B 为空白对照（无 DNA 模板）

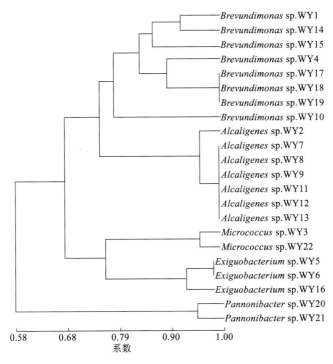

图 5.5 REP、BOX 和 ERIC 分型结果的聚类分析

表 5.8 22 株 Cr(VI)抗性菌株不同的基因型

菌株（编录号）	REP 分型	BOX 分型	ERIC 分型	最相似菌株（相似度和编录号）
WY1 (KC203066)	R1[*]	B1[*]	E1[*]	*Brevundimonas* sp. PL46b_S4 (100%; JF274919.1)
WY2 (KC203067)	R2	B2	E2	*Alcaligenes faecalis* strain KZJ01 (100%; FJ436432.1)
WY3 (KC203068)	R3	B3	E3	*Micrococcus* sp. HEXBA04 (99%; JQ658423.1)
WY4 (KC203069)	R4	B4	E4	*Brevundimonas* sp. SGJ (100%; HM998899.1)
WY5 (KC203070)	R5	B5	E5	*Exiguobacterium* sp. ERGBD-1 (99%; HM854020.1)
WY6 (KC203071)	R5	B5	E5	*Exiguobacterium* sp. AFB-18 (99%; HQ848274.1)
WY7 (KC203072)	R2	B2	E2	*Alcaligenes faecalis* strain KZJ01 (100%; FJ436432.1)
WY8 (KC203073)	R2	B2	E2	*Alcaligenes* sp. C8 (100%; EU563336.1)
WY9 (KC203074)	R2	B2	E2	*Alcaligenes faecalis* strain KZJ01 (100%; FJ436432.1)
WY10 (KC203075)	R1	B6	E1	*Brevundimonas* sp. PL46b_S2 (100%; JF274917.1)
WY11 (KC203076)	R2	B2	E2	*Alcaligenes faecalis* strain KZJ01 (100%; FJ436432.1)
WY12 (KC203077)	R2	B2	E2	*Alcaligenes faecalis* strain KZJ01 (100%; FJ436432.1)
WY13 (KC203078)	R2	B2	E2	*Alcaligenes faecalis* strain KZJ01 (100%; FJ436432.1)
WY14 (KC203079)	R4	B6	E1	*Brevundimonas diminuta* strain 3P04AD (100%; EU977701.1)
WY15 (KC203080)	R1	B1	E6	*Brevundimonas* sp. 183 (100%; EU593764.1)
WY16 (KC203081)	R6	B7	E5	*Exiguobacterium* sp. AFB-18 (99%; HQ848274.1)
WY17 (KC203082)	R7	B8	E7	*Brevundimonas* sp. PL46b_S4 (100%; JF274919.1)

菌株（编录号）	REP 分型	BOX 分型	ERIC 分型	最相似菌株（相似度和编录号）
WY18 (KC203083)	R7	B8	E7	*Brevundimonas* sp. LSH-3 (100%; DQ825665.1)
WY19 (KC203084)	R7	B8	E7	*Brevundimonas diminuta* strain 764 (100%; EU430091.1)
WY20 (KC203085)	R8	B9	E8	*Pannonibacter* sp. W1 (100%; EU617334.1)
WY21 (KC203086)	R8	B9	E8	*Pannonibacter* sp. W1 (100%; EU617334.1)
WY22 (KC203087)	R9	B1	E9	*Micrococcus* sp. M10 (100%; JN596114.1)

* R、B 和 E 分别是 REP、BOX 和 ERIC-PCR 指纹图谱的缩写

4. Cr(VI)抗性菌株的 Cr(VI)还原性能

不同菌属的 Cr(VI)抗性菌株具有不同的 Cr(VI)还原能力。WY20 和 WY21 具有最强的 Cr(VI) 还原能力，在 24 h 内能够完全处理 300 mg/L 的 Cr(VI)，而 WY2 等 9 株菌对 300 mg/L Cr(VI)的去除能力都在 40%以上，只有 WY1 等 11 株菌对 Cr(VI)的去除能力比较低。同一属的菌对 Cr(VI)的去除能力也存在明显的差异。WY17、WY18 和 WY19 的 rep-PCR 带型基本上完全吻合，但是其对 Cr(VI)的处理能力却有明显的差异。WY18 能够去除溶液中 45%左右的 Cr(VI)，而 WY17 和 WY19 只能够处理 15%以下的 Cr(VI)（图 5.6）。铬污染土壤中 Cr(VI)抗性菌 *Brevundimonas* sp.对 Cr(VI)的去除能力有明显的区别，其基因多样性更为丰富。而 *Alcaligenes* sp.菌对 Cr(VI)的去除能力却非常相似，WY7、WY8、WY9、WY11、WY12 和 WY13 的 rep-PCR 带型几乎相同，而且这些菌对 Cr(VI)的去除能力也非常相近，都在 40%左右。由此可知，铬污染土壤中的 *Alcaligenes* sp.菌对 Cr(VI)的去除能力没有明显的差异。

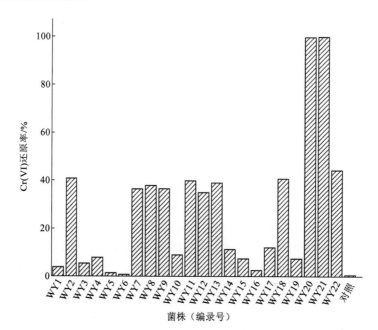

图 5.6　22 株 Cr(VI)抗性菌株的 Cr(VI)去除能力

5.2.2　铬污染土壤修复过程中微生物群落特征

1. 土壤微生物群落多样性随淋洗时间的变化

在不同时间段取的 7 个样品中分别对 182、188、178、189、188、188 和 188 个阳性 PCR 产物进行 RFLP 双酶切分析。所挑取的阳性克隆子酶切图谱大部分比较清晰，极个别的比较难分辨带型，而且整个酶切带型比较丰富（图 5.7）。

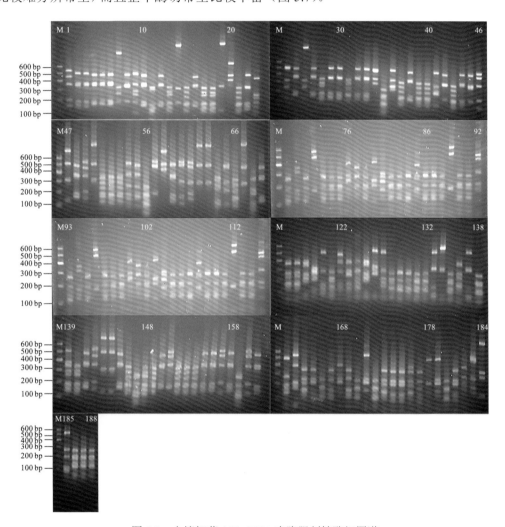

图 5.7　土壤细菌 16S rDNA 克隆限制性酶切图谱

RFLP 图谱分型分别得到 17、14、15、16、16、22 和 14 种带型。这些条带类型的差异初步反映出文库中细菌种类的多样性及群落结构的组成差异。从这些带型中挑取 61 个克隆子进行测序，序列比对得到 OTUs 个数分别为 15、13、14、15、16、16 和 14。为了评估每个克隆文库是否具有足够代表性，对每个样本分别构建了饱和曲线（图 5.8）。饱和曲线趋于平缓，可以认为所挑取的克隆子的数目能够代表土壤微生物的多样性。

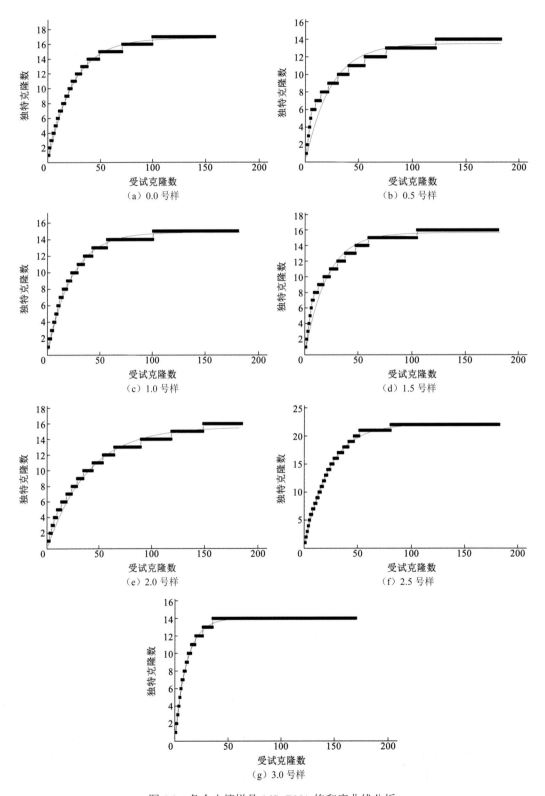

图 5.8　各个土壤样品 16S rDNA 饱和度曲线分析

测序结果显示 7 个样品中一共包括了 14 个属的细菌，它们分别属于 *Streptococcus* sp.、*Acinetobacter* sp.、*Delftia* sp.、*Brevibacterium* sp.、*Pseudomonas* sp.、*Porphyromonas* sp.、*Comamonas* sp.、*Pannonibacter* sp.、*Exiguobacterium* sp.、*Acidobacteria* sp.、未培养微生物（uncultured bacterium）、*Beta proteobacterium* sp.、*Serratia* sp.、*Clostridium* sp.。初步评估表明克隆文库一定程度上可以反映出样本中的微生物群落结构及其多样性（表 5.9）。基于 16S rDNA 序列构建的系统发育树分析显示其进化亲缘关系（图 5.9）。

表 5.9　样本覆盖率及其微生物多样性分析

样本	0.0	0.5	1.0	1.5	2.0	2.5	3.0
克隆子总数	150	177	178	179	183	181	171
OTUs	15	13	14	15	16	16	14
覆盖率/%	86	75	96	96	89	97	89
uncultured bacterium	25（2）[*]	—	9（2）	11（2）	17（2）	15（3）	12（5）
Streptococcus sp.	2（1）	7（1）	—	1（1）	—	—	—
Acinetobacter sp.	3（1）	2（2）	—	—	4（1）	2（1）	—
Delftia sp.	29（2）	4（1）	—	—	5（1）	—	—
Brevibacterium sp.	3（1）	—	—	—	—	—	—
Pseudomonas sp.	11（1）	10（1）	6（1）	7（1）	2（1）	2（1）	4（1）
Acidobacteria sp.	1（1）	—	—	—	—	—	—
Porphyromonas sp.	3（1）	—	—	—	—	—	—
Comamonas sp.	6（1）	9（1）	—	—	—	—	—
Pannonibacter sp.	4（1）	82（3）	87（3）	77（2）	65（3）	104（2）	128（4）
Beta proteobacterium sp.	—	15（1）	2（1）	—	—	—	—
Exiguobacterium sp.	63（3）	48（3）	52（4）	66（7）	69（4）	4（6）	12（3）
Serratia sp.	—	—	—	—	9（1）	1（1）	—
Clostridium sp.	—	—	22（3）	17（2）	12（3）	14（3）	15（1）

注：相似度大于 97% 的 16S rRNA 基因序列定义为一个 OUT；*细菌各个属的克隆子个数（相关属的 OUT 个数）

2. 铬污染土壤修复过程中微生物群落结构变化

在原始土壤样品中的微生物可以分为 10 个属，还有一类为未培养微生物（图 5.10）。其中 *Exiguobacterium* sp. 在原始土壤样品微生物群落中所占的比例最大，达到了 42%，而 *Delftia* sp. 菌在整个原始土壤样品微生物群落中所占的比例也达到了 19.33%，在原始土壤样品中还有 16.67% 的未培养微生物。同时，用于修复该土壤的菌 *Pannonibacter* sp. 在原始土壤样品中占 2.67%。但是在淋洗实验中，对照组体系中的总 Cr(VI) 含量并没有出现明显的下降，可见占 2.67% 的 *Pannonibacter* sp. 在 Cr(VI) 处理过程中并不能起到相应的作用。

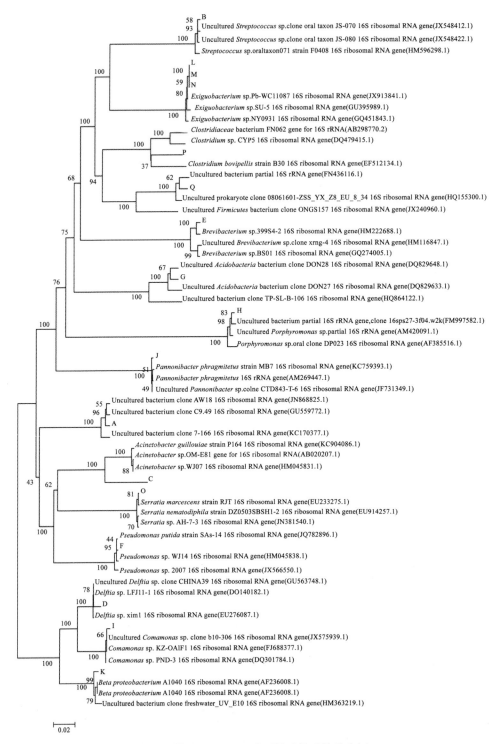

图 5.9　基于 16S rDNA 序列构建的系统发育树

A～Q 分别代表 uncultured bacterium、*Streptococcus* sp、*Acinetobacter* sp、*Delftia* sp、*Brevibacterium* sp、*Pseudomonas* sp、

Acidobacteria sp、*Porphyromonas* sp、*Comamonas* sp、*Pannonibacter* sp、*Beta proteobacterium* sp、*Exiguobacterium* sp、

Exiguobacterium sp、*Exiguobacterium* sp、*Serratia* sp、*Clostridium* sp

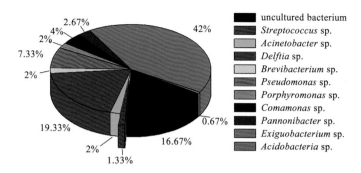

图 5.10　原始土壤样品中微生物群落组成

在整个微生物修复过程中,土壤中的微生物的群落结构发生了明显的变化(图 5.11)。在修复的前 0.5 天,土壤样品中 *Exiguobacterium* sp. 所占的比例已经出现了非常明显的下降,在土壤微生物群落中所占的比例从原始样品的 42%下降到 27.12%,在后续 2.5 天的修复过程中,该菌在整个土壤微生物群落中保持了一个相对稳定的相对丰度,基本都在 20%~35%,但是,在第 3 天土壤样品中该菌的相对丰度已经下降到了 7.02%。由此可见,在有 Cr(VI)存在,并加入 *P. phragmitetus* BB 菌和营养物质的情况下,*Exiguobacterium* sp. 能够在土壤微生物激烈的竞争中获得稳定并保持相对丰度,而这个过程正和 Cr(VI)下降的时间相吻合。当土壤中水溶性 Cr(VI)的浓度降低到很低的程度时,*Exiguobacterium* sp. 菌具有适应不同环境的能力,比如不同的 pH、温度、紫外光照射及重金属含量等。

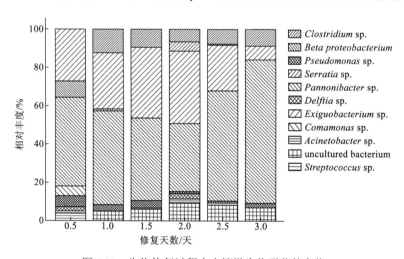

图 5.11　生物修复过程中土壤微生物群落的变化

此外,*Comamonas* sp. 菌在原始土壤中的相对丰度为 4.0%,但是修复的过程中该菌逐渐消亡,应该是加入的 *P. phragmitetus* BB 菌或者其代谢产物对 *Comamonas* sp.菌的存在构成了致命的威胁。相反,*Clostridium* sp. 菌在原始土壤样品中并没有被检测到,但是在修复进行到 2 天以后该菌就在土壤中出现了,并且保持了相对稳定的相对丰度。

在整个修复过程中,进行强化淋洗修复所用的 Cr(VI)还原菌 *P. phragmitetus* BB 在土壤微生物群落中所占的比例有了一定的波动。在淋洗的前 2 天,*P. phragmitetus* BB

菌在土壤体系中所占的比例有了一定的下降，从 46%降低到 35%。此后该菌在土壤微生物中所占的比例迅速上升，修复完成时（第 3 天）所占的比例已达到了 74.85%。虽然 *P. phragmitetus* BB 菌也进行了繁殖，但是从纯培养到一个更加复杂的体系需要一个适应的阶段。因此在前 2 天，虽然土壤及淋洗液中的 Cr(VI)总量有了很大程度的降低，但是 *P. phragmitetus* BB 菌在土壤微生物群落体系中的所占比例会有一定程度的下降。随着淋洗过程的进行，土壤中某些原有的细菌种群会越来越少甚至会消失，比如 *Beta proteobacterium*，*Acidobacteria* sp.，*Porphyromonas* sp.和 *Comamonas* sp.。在 0.5 天的样品中，*Beta proteobacterium* 在土壤微生物中占比为 8.47%，在淋洗 1 天样品中所占的比例已经下降到了 1.12%，而且在后续的淋洗过程中，在样品中已经完全检测不到。*Comamonas* sp. 也只在淋洗 0.5 天样品中出现。这可能是由于加入的营养物质或者 *P. phragmitetus* BB 菌与该种菌群具有很强的拮抗作用，该菌群在短时间内从污染土壤样品中消亡。

3. 铬污染土壤微生物修复过程中 *P. phragmitetus* BB 数量变化

设计 *P. phragmitetus* BB 菌 16S rDNA 特异性引物，以原始土壤样品中细菌基因组为模板，并未检测到特征 DNA 条带。而当加入 *P. phragmitetus* BB 以后，每个样品泳道中都在相应的位置发现目的条带。然后对该 PCR 产物进行了测序，结果表明扩增片段为 *P. phragmitetus* BB 菌 16S rDNA 的特异性序列，可见引物特异性和专一性良好，能够适用于后续的 real-time PCR 分析。

虽然原始土壤样品中 *Pannonibacter* sp.在微生物群落中所占的比例达到 2.67%，但是 *P. phragmitetus* BB 菌的 16S rDNA 在原始土壤样品中的拷贝数基本上为 0 拷贝数/克土壤（图 5.12 和图 5.13）。当加入 *P. phragmitetus* BB 菌以后其数量出现了明显的上升，达到了 1.75×10^9 拷贝数/克土壤，在第 0.5～2 天，*P. phragmitetus* BB 菌 16S rDNA 拷贝数维持相对稳定的量（2.0×10^9 拷贝数/克土壤）。在第 2 天以后，该菌的 16S rDNA 拷贝数出现了急剧的上升，从 2.0×10^9 拷贝数/克土壤上升到 1.25×10^{10} 拷贝数/克土壤，即该菌在这个过程中在土壤中的数量上升了 6 倍以上。从第 2.5～3 天的过程中，该菌的 16S rDNA 拷贝数又趋于稳定，说明第 2.5～3 天是该菌株在土壤中生长的对数期。

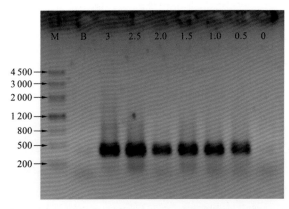

图 5.12　以各个土壤细菌总 DNA 为模板的 PCR 扩增

M 为 DNA marker；B 为空白；0～3 为不同的 DNA 样品

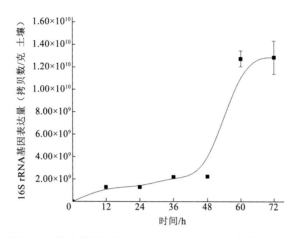

图 5.13 生物修复过程中 *P. phragmitetus* BB 菌浓度变化

在第 2 天土壤中的 Cr(VI)已经基本上还原完全,只有微量的 Cr(VI)存在,而之后 *P. phragmitetus* BB 菌才出现大量繁殖,可见 Cr(VI)的存在对 *P. phragmitetus* BB 菌的生长具有一定的抑制作用。同时表明,*P. phragmitetus* BB 菌只需要进行稍微的生长就能够完成环境中大量 Cr(VI)的还原,也表明 Cr(VI)的还原和该菌株的生长并没有明显的联系。

传统的 Cr(VI)污染土壤修复中用到的还原剂一般是硫酸亚铁或者亚铁的其他化合物(Cundy et al., 2008)。这种方式会造成土壤中存在大量铁盐,同时还会造成土壤肥力下降,而且亚铁在空气中就能够被 O_2 氧化成为三价铁,向土壤中多添加的亚铁被氧化以后被这种化学药剂修复的铬污染土壤基本上不会具有进一步的自净能力,这种处理方式对处理铬渣污染的土壤就有了很严重的局限。事实上,国内大量的铬渣处理已经完成,但是遗留下来的铬渣污染土壤却大量存在,这些土壤具有极大的复杂性,需要一种能够进一步自动净化的方法才能彻底对这种土壤完成修复。利用化学药剂修复完成以后,土壤中的铬渣会缓慢释放出大量 Cr(VI),但是再次对释放的 Cr(VI)进行处理不仅会使工程量急剧增大,而且还会造成极大的资金浪费,因此这种土壤不适合利用化学药剂进行治理。在生物修复 Cr(VI)污染土壤过程中,2 天就可以把土壤中大部分的 Cr(VI)还原,而第 3 天添加的具有 Cr(VI)还原性能的菌株在土壤中的数量急剧上升,并且在土壤微生物体系中的相对丰度也达到了很高的比例。因此,当这种土壤在处理后堆存时土壤中存在大量的 *P. phragmitetus* BB 菌,若有部分 Cr(VI)从铬渣中缓慢溶出的话,应该仅需要添加少量的营养物质就能够对新溶出的 Cr(VI)进行进一步修复,可见微生物修复 Cr(VI)污染土壤会赋予土壤进一步的自净能力,特别是修复铬渣与土壤混合的土壤,具有非常明显的优势。

5.3 铬渣堆场土壤微生物修复效应

添加了灭菌水和灭菌培养基的灭菌土及添加灭菌水的未灭菌土,土壤总 Cr(VI)均没有明显变化,这表明培养基和土壤成分不含有任何能还原 Cr(VI)的物质。相比之下,添加培养基的未灭菌土壤中,土壤总 Cr(VI)含量逐渐降低,到培养后的第 4 天,从最初的

462.8 mg/kg 降至 36.4 mg/kg，总 Cr(VI)的去除率达到 92%；到培养实验结束之时（10 天），土壤总 Cr(VI)仅为 10 mg/kg，其去除率达到 98%。这说明向铬渣堆场污染土壤中直接添加培养基，可以刺激土著微生物的活性（图 5.14）。

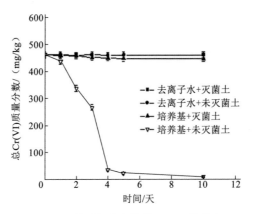

图 5.14　铬渣污染土壤总 Cr(VI)的修复

5.3.1 *Pannonibacter phragmitetus* BB 对土壤不同形态 Cr(VI)的修复

除土壤总 Cr(VI)之外，铬渣堆场土壤水溶态、交换态、碳酸盐结合态、有机结合态、铁锰结合态及残渣态 Cr(VI)随培养时间而变化（图 5.15～图 5.17）。灭菌土壤中，经过 10 天的培养后，土壤水溶态、交换态和碳酸盐结合态 Cr(VI)含量都没有明显变化。然而，在未灭菌土壤中这三种形态 Cr(VI)都随着培养时间的递增而减少。其中，培养 4 天后，水溶态 Cr(VI)质量分数从初始的 381.3 mg/kg 降至 5.5 mg/kg，水溶态 Cr(VI)去除率为 99%；培养 5 天后，土壤中水溶态 Cr(VI)已基本去除。交换态 Cr(VI)在培养 2 天后去除率近 50%；培养 5 天后，铬渣堆场污染土壤中交换态 Cr(VI)质量分数从最初的 36.4 mg/kg 降为 4.1 mg/kg，去除率达到 89%；经过 10 天的培养，交换态 Cr(VI)基本被去除。而土壤碳酸

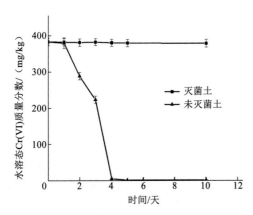

图 5.15　*Pannonibacter phragmitetus* BB 对土壤水溶态 Cr(VI)的还原

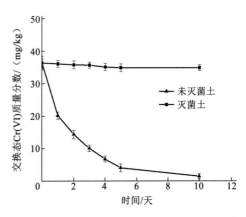

图 5.16　*Pannonibacter phragmitetus* BB 对土壤交换态 Cr(VI)的还原

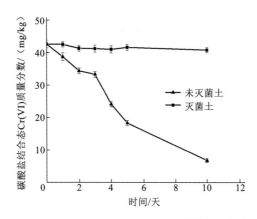

图 5.17　*Pannonibacter phragmitetus* BB 对土壤碳酸盐结合态 Cr(VI)的还原

盐结合态 Cr(VI)在培养 5 天后，从初始的 42.6 mg/kg 降至 18.3 mg/kg；培养 10 天后，只剩余 6.8 mg/kg 尚未被还原。由此可见，铬渣堆场铬污染土壤中土著微生物 *Pannonibacter phragmitetus* BB 不仅能还原土壤水溶态 Cr(VI)，而且能还原土壤交换态和碳酸盐结合态 Cr(VI)。而其他三种形态 Cr(VI)[有机结合态、铁锰结合态和残渣态 Cr(VI)]在原始土壤中的含量低于检测限值。

5.3.2　*Pannonibacter phragmitetus* BB 对模拟 Cr(VI)污染土壤修复

1. 菌液培养基对模拟土壤中 Cr(VI)修复的影响

由于 *Pannonibacter phragmitetus* BB 是从铬渣堆场污染土壤中分离得到的，铬渣堆场土壤的 pH 高达 10 以上，Cr(VI)质量分数高达 360 mg/kg，*Pannonibacter phragmitetus* BB 可适应于高 pH、高 Cr(VI)污染土壤。模拟铬污染土壤用培养基及菌液培养基分别处理后，定期测定土壤中 Cr(VI)质量分数（表 5.10 和图 5.18）。未加培养基或菌液培养基的对照土壤中 Cr(VI)的质量分数在整个实验过程中变化很小，基本维持在 355 mg/kg 不变。加入培养基的土样，在 316 h 后 Cr(VI)质量分数由初始 355 mg/kg 下降到 289 mg/kg，表明培养基的加入能降低土壤中的 Cr(VI)含量。培养基中葡萄糖可以作为微生物的电子供体，土壤中存在大量微生物，可能利用葡萄糖电子供体，将土壤中 Cr(VI)还原，从而降低土壤中 Cr(VI)的含量。另一方面，葡萄糖可能会还原土壤中 Cr(VI)。土壤中有机酸也对 Cr(VI)具有不同程度的还原作用。然而，将含 *Pannonibacter phragmitetus* BB 菌液培养基加入模拟铬污染的土壤中，Cr(VI)的质量分数急剧降低，在 316 h 内由 355 mg/kg 降至 0.5 mg/kg。由此可见，通过微生物 *Pannonibacter phragmitetus* BB 的作用，污染土壤中的水溶态 Cr(VI)显著降低，这将大大减缓 Cr(VI)对周围环境的危害。

表 5.10　*Pannonibacter phragmitetus* BB 及培养基对 Cr(VI)的去除速率的影响

样品	对照（超纯水）	培养基	细菌+培养基
Cr(VI)去除速率/[mg/(kg·天)]	0	5.394±1.18	32.24±2.47

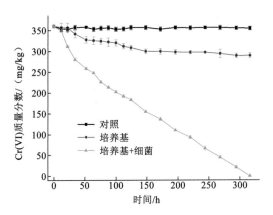

图 5.18　*Pannonibacter phragmitetus* BB 及培养基对污染土壤中 Cr(VI)修复的影响

2. 细菌接种量对修复的影响

以菌液占整个液体培养基的质量分数作为细菌接种量或微生物接种量。模拟污染土壤 Cr(VI)质量分数为 360 mg/kg,未接种 *Pannonibacter phragmitetus* BB 时,土壤中的 Cr(VI) 含量基本维持不变(图 5.19),表明土壤中不存在其他 Cr(VI)还原菌。当接种 *Pannonibacter phragmitetus* BB 后,土壤中 Cr(VI)浓度随培养时间延长而逐渐减少。不同接种量（5%、10%、20%、30%和50%）的 *Pannonibacter phragmitetus* BB 均能在 316 h 内将土样中的 Cr(VI)完全去除,且随接种量的增加,去除 Cr(VI)所需要的时间从 316 h 缩短为 12 h,Cr(VI) 的去除速率从 32.24 mg/（kg·天）提升到 718.9 mg/（kg·天）（图 5.20）。

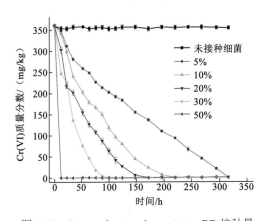

图 5.19　*Pannonibacter phragmitetus* BB 接种量
对污染土壤中 Cr(VI)修复的影响

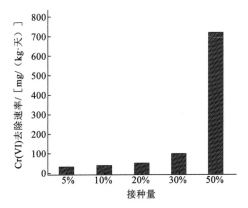

图 5.20　*Pannonibacter phragmitetus* BB 接种量
对 Cr(VI)去除速率的影响

3. pH 对修复的影响

Pannonibacter phragmitetus BB 还原 Cr(VI)的 pH 范围较宽,随着 pH 的升高,Cr(VI) 的去除效果逐渐提升（图 5.21）。培养基 pH 分别为 5.5、6.5 和 7.5 时,污染土壤与菌液培养基混合培养 316 h 后,Cr(VI)质量分数分别为 95.78 mg/kg、96.04 mg/kg 和 14.45 mg/kg。当 pH 继续升高,培养 316 h 后,土壤中 Cr(VI)能被完全去除。其中,当 pH 分别为 8.5、

9.5、10.5 和 11.5 时，土壤中 Cr(VI)完全被去除所需要的时间分别为 316 h、172 h、100 h 和 64 h。可见 pH 越高，Cr(VI)的去除速率越快。这主要是由于菌株 *Pannonibacter phragmitetus* BB 是从碱性铬渣堆场土壤中分离得到的，对高 pH 环境具有良好的适应性。pH 的升高有助于提高细菌的活性，增强细菌的繁殖，从而有利于土壤中 Cr(VI)的去除。从 Cr(VI)的去除速率来看，随着 pH 的升高，Cr(VI)的去除速率加快（图 5.22）。当 pH 为 5.5 时，Cr(VI)的去除速率为 20.07 mg/（kg·天），当 pH 为 11.5 时，Cr(VI)的去除速率增加至 134.7 mg/（kg·天）。

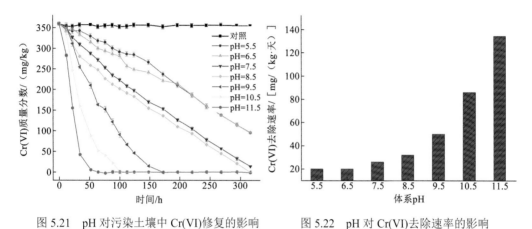

图 5.21　pH 对污染土壤中 Cr(VI)修复的影响　　　图 5.22　pH 对 Cr(VI)去除速率的影响

4. 初始 Cr(VI)含量对修复的影响

污染土壤初始 Cr(VI)含量越低，*Pannonibacter phragmitetus* BB 完全去除 Cr(VI)所需时间越短（图 5.23 和图 5.24）。当 Cr(VI)初始质量分数为 1 010 mg/kg、610 mg/kg、410 mg/kg 和 360 mg/kg 时，316 h 后 Cr(VI)质量分数分别为 614.5 mg/kg、227.7 mg/kg、16.6 mg/kg 和 0.4 mg/kg。当 Cr(VI)初始质量分数为 210 mg/kg 时，112 h 后 Cr(VI)质量分数就降低至 0.8 mg/kg。然而从 Cr(VI)的去除速率来看，初始 Cr(VI)含量增加，Cr(VI)的去除速率降低

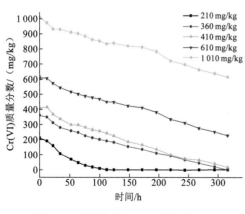
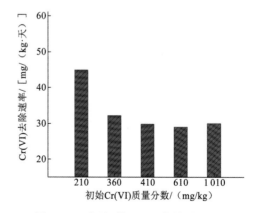

图 5.23　不同初始 Cr(VI)含量对 Cr(VI)　　　图 5.24　不同初始 Cr(VI)含量对 Cr(VI)
　　　　修复的影响　　　　　　　　　　　　　　　去除速率的影响

（图 5.24）。初始 Cr(VI)质量分数为 210 mg/kg 和 360 mg/kg 时，Cr(VI)的去除速率分别为 45 mg/（kg·天）和 32.24 mg/（kg·天）；初始 Cr(VI)质量分数在 410～1 010 mg/kg，Cr(VI)去除速率基本维持在 30 mg/(kg·天)。这是由于细菌的生长和繁殖受 Cr(VI)的抑制，Cr(VI)含量越高，生物毒性越剧烈，对细菌还原能力的抑制性就越强。

5. 氧气含量的影响

具有 Cr(VI)还原能力的微生物有厌氧型和好氧型（Wani et al.，2018）。*Pannonibacter phragmitetus* BB 在不同氧气含量下都能完全修复土壤中 Cr(VI)（图 5.25）。第 1 天内修复效果基本相同，Cr(VI)质量分数均由初始的 383 mg/kg 降到 352 mg/kg 左右；第 2 天后开始略有不同；第 3 天后封口处理下土样 Cr(VI)质量分数为 161.9 mg/kg，而未封口土样 Cr(VI)质量分数只有 121.5 mg/kg；未封口土样中 Cr(VI)在 4 天内被完全去除，封口土样 4 天后 Cr(VI)质量分数仍有 26.2 mg/kg。可知氧气充足条件有利于 *Pannonibacter phragmitetus* BB 对土壤中 Cr(VI)的修复。

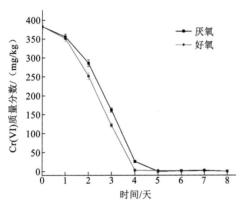

图 5.25　氧气含量对微生物修复 Cr(VI)的影响

5.3.3　土壤 Cr(VI)的还原动力学

1. 好氧条件下 Cr(VI)还原过程动态模拟

在好氧条件下，考察 Cr(VI)含量随时间的变化规律（图 5.26）。Cr(VI)的还原过程明显分为两个阶段：

A 阶段：0～36 h，Cr(VI)质量分数呈指数下降趋势，采用指数拟合，其方程为

$$C = -5.56\exp(t/7.33) + 15\ 338.88, \quad R^2 = 0.995 \tag{5.1}$$

式中：C 为 Cr(VI)质量分数（mg/kg）；t 为时间（h）；R^2 为拟合度。

B 阶段：Cr(VI)质量分数变化呈线性关系，其方程为

$$C = 1157.65 - 14.43t, \quad R^2 = 0.999 \tag{5.2}$$

式中：R^2 为拟合度。

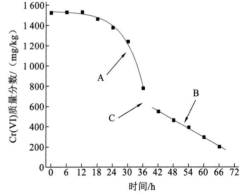

图 5.26　好氧条件下 Cr(VI)含量随时间的变化

C 点为转折点，反应前 36 h，土著微生物对 Cr(VI)的还原起主导作用，后一阶段 Cr(VI)的还原可能受化学还原控制。

2. 厌氧条件下 Cr(VI)还原过程动态模拟

在厌氧条件下,考察 Cr(VI)含量随时间的变化（图 5.27）。反应前 12 h, Cr(VI)质量分数基本上没有变化。12 h 后, Cr(VI)质量分数变化符合多项式方程,这与好氧条件下前段的指数和后半段的线性关系相比要复杂得多,表明 N_2 取代体系中的 O_2,从而形成初始低氧化还原电位的体系,随着微生物作用的加强及体系中其他矿物元素和培养基等的作用,使体系中 Cr(VI)质量分数的变化比较复杂,其方程如下:

$$C = 1\,776.95 - 75.825t + 2.891t^2 - 0.038\,8t^3, \quad R^2 = 0.998 \tag{5.3}$$

Cr(VI)的还原反应主要发生在 12～54 h,且厌氧条件下反应后期 Cr(VI)的还原速率比好氧条件下快。

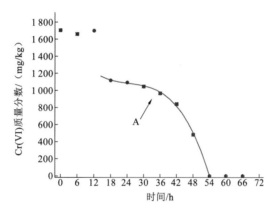

图 5.27　厌氧条件下 Cr(VI)浓度随时间的变化

5.4　铬污染土壤微生物修复工艺

土著微生物对土壤中 Cr(VI)具有较强的还原性,能够在一定时间内实现对土壤中 Cr(VI)的修复。为加速菌液在土壤中的均匀分布,采用土柱淋溶实验,加速铬渣堆场污染土壤修复过程,探求培养基成分、初始 pH、Cr(VI)初始浓度、淋溶液流速和循环方式等修复工艺条件,为中试试验奠定基础（图 5.28）。

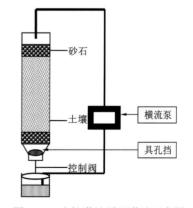

5.4.1　微生物所需碳源、氮源的选择

1. 碳源种类

所用碳源有稻草、乳酸钠和葡萄糖。稻草、乳酸钠和葡萄糖作为培养基时,尽管在 7 天内皆不能完全修复土壤中 Cr(VI),但不同碳源对淋滤液中 Cr(VI)的还原有明显区别（图 5.29）。稻草培

图 5.28　土柱淋溶循环淋溶示意图

养基处理下的修复效果最差，其淋滤液中 Cr(VI)质量分数和对照组较为接近，淋溶实验结束后淋滤液中 Cr(VI)质量浓度为 398.9 mg/L，土壤中 Cr(VI)几乎没有被还原。乳酸钠和葡萄糖作为培养基的处理中，淋滤液中 Cr(VI)质量浓度分别由初始的 470.7 mg/L 和 675.8 mg/L 分别降至 301.2 mg/L 和 293.9 mg/L。由此可见，乳酸钠和葡萄糖单独作为培养基时对淋滤液中 Cr(VI)还原效果没有明显的区别。

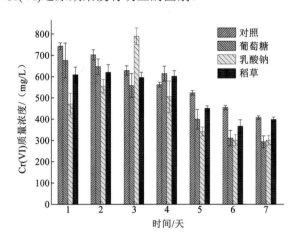

图 5.29　不同碳源对淋滤液中 Cr(VI)含量影响

　　分别加入三种碳源时，修复后土壤中水溶态 Cr(VI)含量较高（表 5.11），其中稻草和乳酸钠作为培养基时，土壤中 Cr(VI)质量分数都在 150 mg/kg 以上。葡萄糖作为培养基时，修复后土壤中 Cr(VI)含量降至最低，水溶态 Cr(VI)质量分数只有 53.2 mg/kg。交换态 Cr(VI)质量分数由对照组的 36.4 mg/kg 分别降到 29.1 mg/kg、28.3 mg/kg 和 20.0 mg/kg。修复后土壤中碳酸盐结合态 Cr(VI)含量基本上没有发生变化。去除效果最好的是葡萄糖，去除量和去除速率分别为 201.52 mg 和 28.79 mg/天。当稻草和乳酸钠作为培养基时，Cr(VI)去除量分别为 88.45 mg 和 114.05 mg，去除速率分别为 12.64 mg/天和 16.29 mg/天（表 5.12）。

表 5.11　不同碳源对修复后铬渣堆场污染土壤中各形态 Cr(VI)含量的影响（单位：mg/kg）

处理	水溶态质量分数	交换态质量分数	碳酸盐结合态质量分数
对照	193.4	36.4	42.6
稻草	157.8	29.1	42.8
乳酸钠	152.6	28.3	41.5
葡萄糖	53.2	20.0	40.9

表 5.12　不同碳源对铬渣堆场污染土壤中 Cr(VI)的去除量和去除速率的影响

处理	Cr(VI)去除量/mg	Cr(VI)去除速率/（mg/天）	处理	Cr(VI)去除量/mg	Cr(VI)去除速率/（mg/天）
对照	15.00±10.25	2.14±1.03	乳酸钠	114.05±8.44	16.29±2.1
稻草	88.45±6.31	12.64±0.88	葡萄糖	201.52±10.02	28.79±2.32

2. 不同碳源与氮源配合

除稻草和酵母浸膏组合外,其他碳源与酵母浸膏的组合在 7 天内可将淋滤液中 Cr(VI) 完全还原（图 5.30）。葡萄糖与酵母浸膏结合作为培养基时,淋滤液中 Cr(VI) 含量降低最 快,第 4 天时 Cr(VI) 的质量浓度降低至 90.26 mg/L,第 5 天后淋滤液中 Cr(VI) 完全去除。 当乳酸钠和酵母浸膏作为培养基时,第 7 天时淋滤液中 Cr(VI) 才被完全去除。

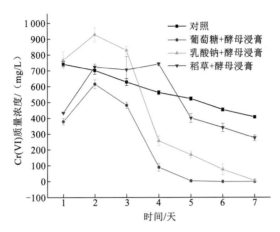

图 5.30　不同碳源和氮源结合对淋滤液中 Cr(VI) 浓度的影响

稻草和酵母浸膏作为培养基淋溶修复后,土壤中水溶态 Cr(VI) 质量分数降低至 96.8 mg/kg;乳酸钠和葡萄糖分别与酵母浸膏组合作为培养基时,土壤中水溶态 Cr(VI) 质 量分数分别降低至 1.8 mg/kg 和 1.6 mg/kg,说明土壤中水溶态 Cr(VI) 基本被完全去除 （表 5.13）。土壤中交换态和碳酸盐结合态 Cr(VI) 在淋溶修复后含量均有急剧降低,质量 浓度在 3 mg/kg 以下,这主要是因为培养基的加入激发了微生物的活性,菌液培养基能浸 出土壤中非水溶态 Cr(VI) 并进行还原。

表 5.13　不同碳源和氮源结合对修复后土壤中 Cr(VI) 各形态含量的影响（单位：mg/kg）

处理	水溶态质量分数	交换态质量分数	碳酸盐结合态质量分数
对照	193.4	36.4	42.6
稻草+酵母浸膏	96.8	1.6	3.2
乳酸钠+酵母浸膏	1.8	2.1	0.6
葡萄糖+酵母浸膏	1.6	0.8	1.9

三种培养基组合对铬渣堆场污染土壤中 Cr(VI) 去除量和去除速率区别较大（表 5.14）。 去除效果最好的是葡萄糖和酵母浸膏组合,5 天内 Cr(VI) 去除量为 347.16 mg,去除速率达 69.43 mg/天。稻草和酵母浸膏作为培养基时修复效果最差,其 Cr(VI) 去除量为 260.63 mg, 去除速率仅为 37.23 mg/天。

表 5.14　不同碳源和氮源配合对土壤中 Cr(VI)的去除量和去除速率的影响

处理	Cr(VI)去除量/mg	Cr(VI)去除速率/(mg/天)
对照	15.00±10.25	2.14±1.03
稻草+酵母浸膏	260.63±7.21	37.23±2.31
乳酸钠+酵母浸膏	313.48±7.18	44.78±2.18
葡萄糖+酵母浸膏	347.16±8.4	69.43±2.4

3. 葡萄糖添加量

葡萄糖添加量越大淋滤液中 Cr(VI)浓度降低越快(图 5.31)。当葡萄糖添加量为 1 g/L、2 g/L 和 3 g/L 时,5 天内淋滤液中 Cr(VI)才能被完全去除。当葡萄糖添加量达 4 g/L 时,4 天内淋滤液中 Cr(VI)被彻底还原。继续增加葡萄糖用量时,淋滤液中 Cr(VI)的浓度变化与用量为 4 g/L 时基本相当。

随着葡萄糖添加量的增加,微生物对 Cr(VI)的去除量和去除速率也随之升高(图 5.32)。当葡萄糖添加量从 1 g/L 增加至 4 g/L 时,Cr(VI)去除量和去除速率分别由 316.41 mg 和 63.28 mg/天增加到 329.3 mg/天和 82.33 mg/天。当葡萄糖添加量继续增加时,两者没有明显的增加。

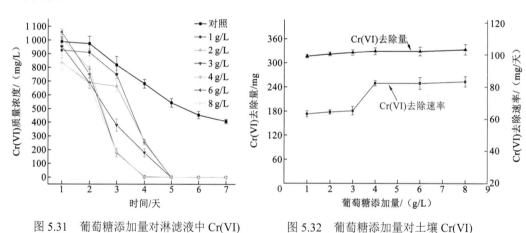

图 5.31　葡萄糖添加量对淋滤液中 Cr(VI)　　　图 5.32　葡萄糖添加量对土壤 Cr(VI)
　　　　浓度的影响　　　　　　　　　　　　　　　　去除的影响

4. 氮源添加量

不同酵母浸膏添加量对淋滤液中 Cr(VI)还原的影响较大（图 5.33）。当酵母浸膏添加量为 1 g/L 时,淋溶实验结束后淋滤液中 Cr(VI)为 403 mg/L。酵母浸膏添加量由 3 g/L 增至 5 g/L,Cr(VI)完全还原时间由 6 天缩短至 4 天。

Cr(VI)去除量和去除速率随着酵母浸膏添加量的增加而增大（图 5.34）。当酵母浸膏为 3 g/L 时,铬渣堆场污染土壤中 Cr(VI)去除量和去除速率分别为 325.5 mg 和 55.9 mg/天。但是,酵母浸膏添加量继续增加时,Cr(VI)去除量和去除速率没有明显的增大趋势。

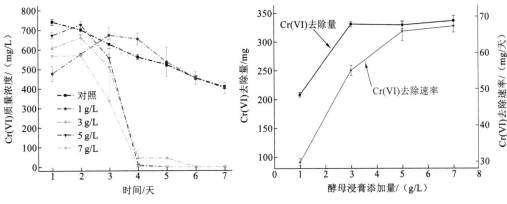

图 5.33　酵母浸膏添加量对淋滤液中 Cr(VI)　　　图 5.34　酵母浸膏添加量对铬渣堆场污染
含量的影响　　　　　　　　　　土壤中 Cr(VI) 去除的影响

5.4.2　培养基 pH

　　培养基 pH 显著影响淋滤液中 Cr(VI)浓度（图 5.35）。当培养基 pH 为 5.5 和 10.5 时，淋滤液中 Cr(VI)需 7 天才能低于检出限，当培养基 pH 调为 6.5 和 9.5 时，在 6 天内就能使淋滤液中 Cr(VI)完全消失，当培养基 pH 调至 7.5～8.5 时，淋滤液中 Cr(VI)浓度降低速率最快，淋溶 4 天后,基本没有检测到 Cr(VI)的存在。

　　当 pH 从 5.5 升至 7.5 时，微生物对土壤中 Cr(VI)去除量和去除速率随着 pH 升高而增加，当 pH 超过 8.5 时，Cr(VI)去除量和去除速率随着 pH 的升高而降低（图 5.36）。最佳 pH 范围为 7.5～8.5,此时 Cr(VI)去除量为 345.29～344.24 mg，去除速率为 69.96～68.87 mg/天。

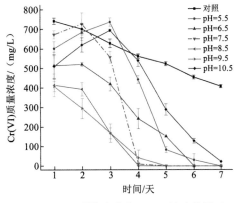

图 5.35　pH 对淋滤液中 Cr(VI)浓度的影响

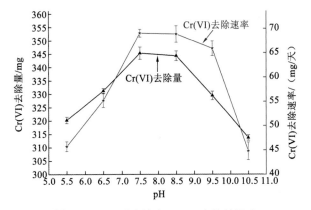

图 5.36　pH 对土壤中 Cr(VI)去除的影响

5.4.3　循环喷淋时间

循环喷淋能促进微生物对 Cr(VI)的还原,循环喷淋时间越长,还原速率越快(图 5.37)。非循环喷淋、循环喷淋 6 h、循环喷淋 12 h 都在 4 天内使淋滤液中 Cr(VI)完全还原。当循环喷淋时间达 24 h 时,3 天内淋滤液中 Cr(VI)含量低于检出限。非全天循环喷淋需要 4 天内使淋滤液中 Cr(VI)被完全还原。随着循环喷淋时间的增加,Cr(VI)还原速率越快。

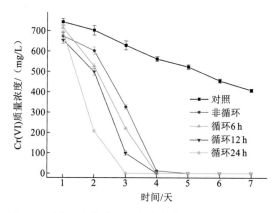

图 5.37　循环喷淋时间对淋滤液中 Cr(VI)浓度的影响

5.4.4　喷淋强度

在一定的喷淋强度范围内,土壤中水溶态 Cr(VI)的还原速率随喷淋速率的增大而加大,但当喷淋强度达到一定程度时,喷淋速率的继续增大对土壤中水溶态 Cr(VI)的还原速率影响不大（图 5.38）。具体而言,当喷淋强度由 7.4 mL/min 增强至 29.6 mL/min 时,利用微生物完全还原土壤水溶态 Cr(VI)需要的时间由 9 天缩短至 6 天。但喷淋强度继续增大（达到 59.2 mL/min）修复所需时间基本不变,且修复过程中土壤水溶态 Cr(VI)的变化情况基本一致。而且增大喷淋强度会使土壤中的杂质淋滤量增多,并降低土壤的透水性,影响 Cr(VI)的进一步溶出。

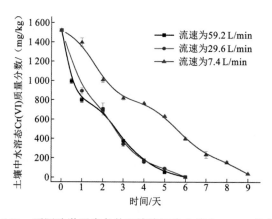

图 5.38　不同喷淋强度条件下铬渣污染土壤中 Cr(VI)的变化

5.4.5　土壤粒径

在微生物淋洗过程中,土壤粒径越大,水溶态 Cr(VI)的淋滤和还原效果越差(图 5.39)。经过 6 天微生物淋洗后,粒径>3~4 cm 和<1 cm 的铬污染土壤中水溶态 Cr(VI)分别为 173 mg/kg 和 2.1 mg/kg,其去除率分别为 88.7%和 99.9%。铬污染土壤破碎的粒度越细,铬单体解离和暴露的程度就越高,液相与固相的接触面也就越大,铬污染土壤中水溶态 Cr(VI)的淋滤和还原效果就越好。

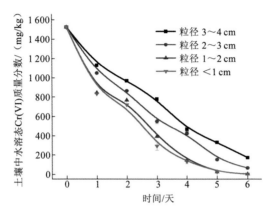

图 5.39　不同粒径条件下铬污染土壤中 Cr(VI)的变化

5.4.6　最优条件下土壤中 Cr(VI)的修复效果

铬渣堆场重污染土壤微生物淋洗修复的最佳工艺参数为:以葡萄糖和酵母浸膏分别为碳源与氮源,葡萄糖用量为 4 g/L,酵母浸膏用量为 3 g/L,培养基 pH 为 7.5~8.5、土壤粒径为1~2 cm,全天连续循环喷淋,喷淋强度为29.6~59.2 mL/min。在最佳条件下,Cr(VI)初始质量分数为 500 mg/kg 时, 6 天内淋滤液中 Cr(VI)被完全还原,初始质量分数为 300 mg/kg 和 380 mg/kg 时,4 天内淋滤液中 Cr(VI)被彻底还原。Cr(VI)初始浓度越低,其被还原速率越快 (图 5.40)。

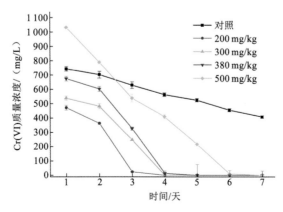

图 5.40　最佳条件下铬渣堆场重污染土壤微生物淋洗修复效果

5.5　修复工程验证

5.5.1　某铁合金厂铬污染土壤微生物修复验证

1. 工程概况

某铁合金生产企业自 20 世纪 60 年代初开始生产金属铬,年产金属铬 3 000 t,由于铬污染严重,金属铬生产车间于 1996 年停产。经过近 40 多年的生产,该公司历年堆存有 20 万 t 铬渣,铬渣中的 Cr(VI)经雨水冲洗、浸泡,渗入地下,受污染的土壤数量有数万吨以上,污染面积约为 926 亩,污染的土层深度达 10 m 以上,土壤中水溶态 Cr(VI)的质量分数高达 1 500 mg/kg。2009 年开展了 25 t/批的铬污染土壤微生物修复验证。

2. 技术路线

将过筛后的铬渣污染土壤筑堆,土堆沿一个方向倾斜 5°～10°,在土堆上方均匀布液喷淋,淋滤液通过土堆底的集水管汇集起来,经由排水管输送到中间池,在中间池停留一段时间后经泵注入生化池,利用在实验室分离培养的 Cr(VI)还原菌 *Pannonibacter phragmitetus* BB 将淋滤液中的 Cr(VI)和铬渣污染土壤中剩余的 Cr(VI)还原成 Cr(III),并形成 Cr(OH)₃沉淀。对 Cr(OH)₃沉淀进行浓缩回收,上清液经泵回流到喷淋系统,循环使用。微生物淋洗修复铬渣污染土壤的工艺流程如图 5.41 所示。

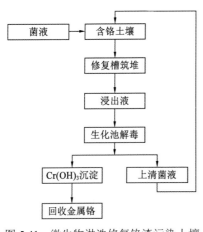

图 5.41　微生物淋洗修复铬渣污染土壤的扩大试验工艺流程图

3. 构筑物与工艺现场

1)土壤处理槽

为了促进菌株在土壤中的均匀分布,加快土壤修复进程,确定采用微生物淋洗修复工艺对铬污染土壤进行修复。土壤处理槽的槽体为敞口,为内衬 PVC 板的钢质结构。槽体一端抬高,使整个土壤处理槽处于倾斜状态,以方便渗滤液从排水管流出,在槽体底端的前方为一 10 cm×10 cm 开口,内衬带孔(孔径为 0.5～1.0 cm)隔板,为渗滤液出水口,整个槽体采用槽钢支撑,支撑高度为 100 cm。

铬渣污染土壤过筛以后,其颗粒的间隙减少,经过过筛后土壤的堆积密度约为 1.3 t/m³,通过计算可知 25 t 铬渣污染土壤经过过筛以后的堆积体积约为 15.38 m³,堆积厚度约为 83 cm。土壤处理槽的基本设施如图 5.42 所示。

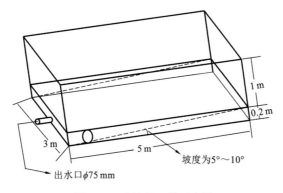

图 5.42　土壤处理槽示意图

2）布液系统

　　布液既要保证淋洗所要求的布液强度，又要保证菌液能均匀地喷淋在整个铬渣污染土壤堆上。布液系统如图 5.43 所示。布水桶（50 L 塑料水桶）由可调速牵引电机在固定的轨道上做往返运动，在距布水桶底部约 5 cm 的地方均匀地开有 31 个 3 mm 的小孔，上面布满了一次性输液管。用泵将液体通过输液管送到布水桶，然后按照一定的布液强度经由一次性输液管向铬渣污染土壤堆布液。微生物淋滤修复的水平衡包括工艺溶液循环和自然水平衡。铬渣污染土壤的吸水率大致为 10%，修复过程中循环水和吸附水体积比为 1∶1，在加微生物前清水体积为 4 m³，其中 20 t 铬渣污染土壤吸附水体积约为 2 m³，生化池内存水约为 2 m³，微生物菌液全部投加入生化池后，生化池内存水的体积约为 3 m³。

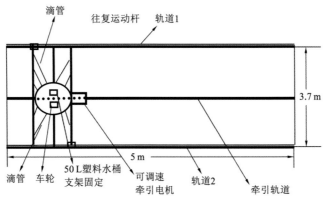

图 5.43　布液系统示意图

　　修复后的土壤浸出液中含有大量的 Cr(VI)还原菌 *Pannonibacter phragmitetus* BB 和少量的营养液，可以作为下批铬渣污染土壤的淋滤液，全部回用。溶液循环泵的型号参数列于表 5.15。

3）中间池

　　中间池的主要作用是收集淋滤液及淋滤液中夹带出来的铬渣污染土壤。中间池的容积为 0.5 m³，采用槽钢焊接成高为 0.5 m、直径为 1.2 m 圆柱体构筑物。

表 5.15　电动机和耐碱泵的型号参数

设备	型号	功率/W	电压/V	转速/（r/min）	流量/（m³/h）
电动机	ZLY-008	1.1×10^6	380	1 380	
耐碱泵	HZS-280	0.37	220		1.5

根据沙粒的平均沉降速率进行验算。中间池中沉淀沙粒的最小直径为 0.2 mm，相应的沉降速率 u_0=18.7 mm/s。则在 5 min 的时间内沉降

$$D=u_0 \times t=18.7 \text{ mm/s} \times 300 \text{ s}=5\ 610 \text{ mm}>0.50 \text{ m}$$

即可满足收集要求。中间池如图 5.44 所示。

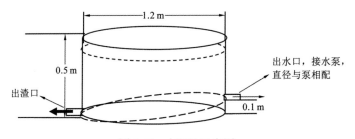

图 5.44　中间池示意图

4）生化池

在生化池中，*Pannonibacter phragmitetus* BB 还原 Cr(VI)成 Cr(III)并形成 Cr(OH)₃ 的过程。生化池容积为 4 m³，采用槽钢焊接成高为 2 m、直径为 1.6 m 圆柱体构筑物，距生化池底端的 0.5 m 和 1.0 m 处设出水口并配水泵。生化池如图 5.45 所示。

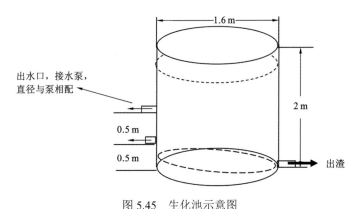

图 5.45　生化池示意图

5）培菌池

修复铬渣污染土壤时一次性需加入的微生物菌液量为 1.0 m³，因而培菌池的体积为 1.5 m³，采用槽钢焊接成高为 1.0 m、直径为 1.4 m 圆柱体构筑物。

构筑物的连接如图 5.46 和图 5.47 所示。

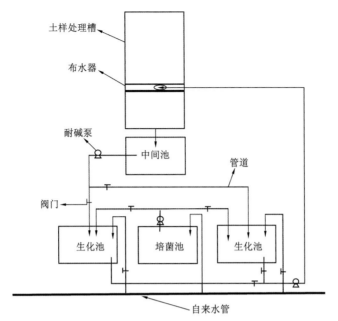

图 5.46　微生物淋洗工艺构筑物连接示意图

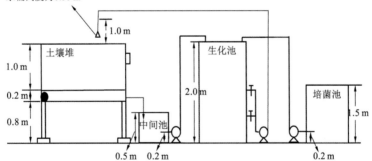

图 5.47　微生物淋洗工艺构筑物设备高程图

6）工程现场

工艺运行现场如图 5.48 所示。

（a）铬渣污染土壤　　　　　　　　（b）破碎与分筛

图 5.48　25 t/批次铬污染土壤微生物修复扩大试验运行现场

（c）土壤处理槽及布液系统

（d）中间池、生化池及培菌池

（e）整体设备图

图 5.48　25 t/批次铬污染土壤微生物修复扩大试验运行现场（续）

4. 实施效果

1）不同铬污染程度土壤中 Cr(VI)的修复效果

　　轻污染铬渣堆场土壤水溶态 Cr(VI)平均质量分数为 48 mg/kg，重污染土壤水溶态 Cr(VI)质量分数达 488 mg/kg，约为前者的 10 倍。不同含量的铬渣污染土壤的最终修复效果没有明显的区别，只是修复的进程略有差异（图 5.49）。轻污染土壤在水和菌液淋洗后的第 2 天，淋滤液中的 Cr(VI)浓度开始逐渐下降，且还原速率较快，之后一直维持在较低水平；而重污染土壤在水和菌液淋洗后的第 2～4 天，淋滤液中的 Cr(VI)质量浓度一直维持在 1 100 mg/L 左右，呈稳定的状态；直到第 5 天，淋滤液中的 Cr(VI)浓度迅速下降，

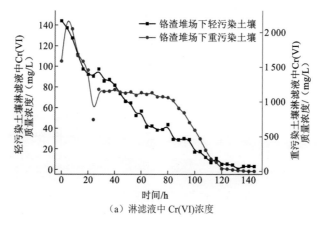
（a）淋滤液中 Cr(VI)浓度

图 5.49　不同铬污染程度的土壤修复效果

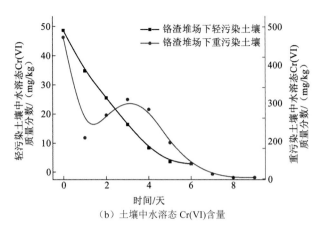

图 5.49　不同铬污染程度的土壤修复效果（续）

淋出的 Cr(VI)同时很快被还原，之后淋滤液中不再有 Cr(VI)浸出。由淋洗过程中土壤水溶态 Cr(VI)含量的变化趋势可以看出，轻污染土壤的处理效率稍优于重污染土壤，因为 *Pannonibacter phragmitetus* BB 对较高浓度的 Cr(VI)具有一定的适应性，对淋滤液中 Cr(VI)的还原比浸出液中低浓度铬的要迟缓一些。

2）渣土共存情况下污染土壤的修复效果

污染土壤中铬渣的掺入量对微生物淋洗修复土壤的进程具有一定的影响，掺有 25% 铬渣污染土壤的修复速率明显低于未掺铬渣的土壤（图 5.50）。这可能是由于铬渣的渗透性和扩散性都比土壤要差，会减缓细菌的修复进程。但从淋滤液中 Cr(VI)浓度和铬渣污染土壤中水溶态 Cr(VI)含量的变化趋势来看，不同渣量的铬渣污染土壤在菌液淋洗第 2 天后，淋滤液中的 Cr(VI)浓度和铬渣污染土壤中的水溶态 Cr(VI)含量逐渐下降，淋滤液中的 Cr(VI)也快速被还原，之后淋滤液中的铬浓度一直维持在很低的水平。因此，*Pannonibacter phragmitetus* BB 对铬渣中赋存的 Cr(VI)也具有很好的还原解毒能力。

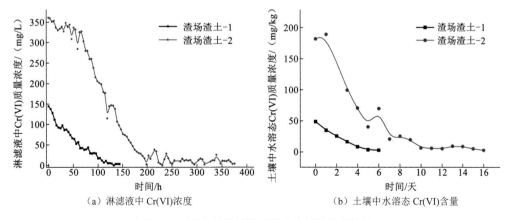

图 5.50　渣土共存情况下污染土壤的修复效果

3）铬渣污染土壤不同深度的修复效果

铬渣污染土壤微生物淋洗修复进程中，不同深度的土壤其水溶态 Cr(VI)的还原进程略有不同（图 5.51）。轻污染土壤中，上层土壤的水溶态 Cr(VI)的还原进程稍快于中下层土壤。因为喷淋过程中停留在土壤上层的菌体往往要大于中下层土壤中的菌体，导致上层土壤中水溶态 Cr(VI)的还原进程相对较快。而重污染土壤中，不同深度土壤的还原进程基本上一致，这是因为在重污染土壤中，*Pannonibacter phragmitetus* BB 对铬有一定的适应期，在此期间，菌株随喷淋液已渗透至土堆的各层次，因而土堆中各层次土壤中的水溶态 Cr(VI)的还原进程基本一致。

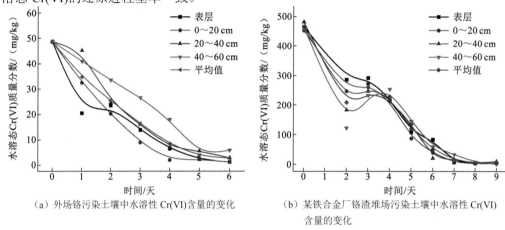

（a）外场铬污染土壤中水溶性 Cr(VI)含量的变化　　（b）某铁合金厂铬渣堆场污染土壤中水溶性 Cr(VI)含量的变化

图 5.51　不同深度铬污染土壤对微生物淋洗工艺运行效果的影响

4）铬渣污染土壤淋洗修复前后浸出毒性

重污染铬渣堆场土壤未处理前，其平均 Cr(VI)浸出毒性质量浓度为 53.80 mg/L。经细菌培养液喷淋 7 天后，其平均 Cr(VI)浸出毒性质量浓度降为 2.27 mg/L；经细菌培养液喷淋 10 天后，其平均 Cr(VI)浸出毒性质量浓度降为 0.41 mg/L（表 5.16）。由此可见，铬渣污染土壤经微生物淋洗修复工艺进行处理后，其 Cr(VI) 浸出毒性浓度低于《铬渣污染治理环境技术规范》（HJ/T 301—2007）中用作路基材料和混凝土骨料的标准限值。

表 5.16　铬渣污染土壤淋洗修复前后 Cr(VI)浸出毒性　　　　　（单位：mg/L）

土样	时间/天		
	1	7	10
土样 1	58.50	4.12	0.51
土样 2	54.24	1.52	0.41
土样 3	51.24	1.22	0.38
土样 4	56.77	2.09	0.28
土样 5	48.24	2.40	0.48
平均值	53.80	2.27	0.41

5.5.2 某铬盐厂渣土混合物微生物修复工程验证

1. 工程概况

某铬盐生产企业于 20 世纪 70 年代开始生产重铬酸钠、铬酐等系列产品,因涉及环境污染,工厂排放的废水、废渣、废气未能得到有效治理,2003 年被关闭。历史堆存的铬渣达 40 多万吨,铬渣解毒完成后,现场遗留了受 Cr(VI)严重污染的土壤和地下水,污染面积约 300 亩。表层土壤(0~20 cm)总铬质量分数为 200.3~19 200.0 mg/kg,平均值为 2444.0 mg/kg;水溶态 Cr(VI)质量分数为 13.9~443.5 mg/kg,平均质量分数为 107.1 mg/kg。该企业铬渣堆场表层土壤渣土混合物共存,污染十分严重,治理难度大。为提高修复效果,针对渣土混合物采用微生物浸出–化学固定工艺进行修复,并于 2013 年开展了 200 m² 的渣土混合物微生物浸出–化学固定修复工程验证。

2. 技术简介

渣土混合物采用破碎–浸出槽筑堆–微生物浸出–化学固定工艺,将渣土破碎、筑堆,用高效 Cr(VI)还原菌菌液循环喷淋渣土,渣土中的 Cr(VI)随菌液淋洗带出渣土进入溶液,淋洗液中 Cr(VI)在 Cr(VI)还原菌的作用下被还原成 Cr(III)沉淀,沉渣脱水后回收铬;渣土中未淋洗出的 Cr(VI)经化学固定剂作用进一步强化 Cr(VI)还原效果,使渣土得以彻底解毒处理。工艺流程如图 5.52 所示。

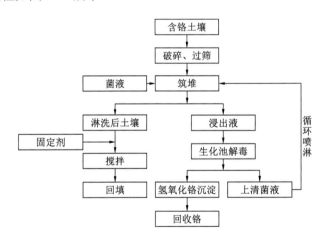

图 5.52 铬渣堆场土壤微生物浸出–化学固定修复工艺流程

3. 药剂及工艺参数

1)药剂比例

Pannonibacter phragmitetus 接种量为30%,菌液:土壤(液固比)=1:1,铁基固定剂:土壤(质量比)=0.03:1,硫基固定剂:土壤(质量比)=0.003:1。

2）工艺参数

铬渣堆场微生物浸出–化学固定修复工艺主要工艺参数如表 5.17 所示。

表 5.17　铬渣堆场土壤微生物浸出–化学固定修复工艺主要工艺参数

名称	参数
土壤筛分斗	土壤粒径<3 cm
浸出槽堆土厚度/cm	50～70
生化槽	生化槽内菌液 pH 保持在 9～10
浸出时间/h	48
陈化时间/h	48

4. 主要设备

铬渣堆场微生物浸出–化学固定修复工艺主要工程设备如表 5.18 所示。

表 5.18　铬渣堆场土壤微生物浸出–化学修复工程主要设备

序号	设备名称	规格及型号	单位	数量	备注
1	浸出槽	10.6 m×29.2 m×1.2 m，钢混结构	座	4	
2	培养基配制槽	1 m³，槽材质 PE，带 0.75 kW 不锈钢搅拌	套	1	
3	培养基提升泵	32FUH-20-5/15，1.5 kW	台	2	一用一备
4	菌液生化槽	60 m³，材质碳钢防腐	套	1	
5	循环泵	50FUH-30-20/20，4 kW	台	2	一用一备
6	喷淋泵	50FUH-30-20/20，4 kW	台	4	两用两备
7	回流泵	50WQ20-20-3，3 kW	台	4	两用两备
8	底泥提升泵	50FUH-30-20/20，4 kW	台	2	一用一备
9	浓密槽	30 m³，碳钢防腐，配 0.55 kW 浓密机	套	1	
10	压滤泵	G30-1，5 m³/h，H=60 m，2.2 kW	台	2	一用一备
11	压滤机	XMY20-630-30U，自动拉板	台	1	
12	淋洗行车	材质碳钢防腐，跨距 8.3 m，电机功率 1.5 kW，工作桥宽 1 m，行走速度 3 m/min	套	2	
13	碱液槽	1 m³，材质 PE	台	1	
14	真空泵	DSC30，8.7 L/s，0.75 kW	台	2	
15	破碎筛分斗	DH3-23 X75	台	5	

5. 工程现场

铬渣堆场土壤微生物浸出–化学固定修复工程现场如图 5.53 所示。

（a）筛分机　　　　　　　　　　　　（b）破碎机

（c）培菌罐　　　　　　　　　　　　（d）渣土处理槽及布液系统

（e）含铬污泥沉淀池　　　　　　　　（f）含铬污泥压滤系统

（g）工程试验现场

图 5.53　铬渣堆场土壤微生物浸出–化学固定修复工程现场

6. 实施效果

渣土混合物经微生物浸出后，Cr(VI)浸出毒性质量浓度由 20.0～21.2 mg/L 降低至 4.75～4.96 mg/L，低于《危险废物鉴别标准—浸出毒性》（GB 5085.3—2007）的标准限值。在微生物浸出修复的基础上，渣土经化学固定，其 Cr(VI)浸出毒性质量浓度降低至

0.5 mg/L 以下，达到《铬渣污染治理环境保护技术规范（暂行）》中铬渣作为路基材料和混凝土骨料的标准限值。

渣土混合物经微生物浸出–化学固定修复后，Cr(VI)的去除率达 98%，淤泥中 Cr(VI)的质量分数高达 30%，Cr(VI)回收率达 90%以上。修复过程中微生物菌液闭路循环使用，无废水外排、不产生二次污染。Cr(VI)在室温条件下，经 Cr(VI)还原菌酶还原成 Cr(III)，无外源还原剂、沉淀剂加入，淤泥产生量少，减少含铬淤泥安全处置量。微生物将渣土中的 Cr(VI)浸出，减少总铬含量，降低渣土后续堆存过程产生的环境风险。渣土中 Cr(VI)以 $Cr(OH)_3$ 的形式沉淀，可进行金属冶金系统回收铬，可实现铬资源回收利用。

5.6　修复后土壤铬稳定性

5.6.1　修复土壤中 Cr(III)的稳定性

1. 不同初始 pH 土壤中 Cr(III)的稳定性

灭菌和不灭菌处理的微生物修复后铬污染土壤，在 pH 为 6、7 和 10 的条件下，240 天内水溶态 Cr(VI)均未检测出（表 5.19）。

表 5.19　不同初始 pH 条件下修复后土壤中 Cr(VI)含量随时间的变化

处理	时间	Cr(VI)质量分数/（mg/kg）			处理	时间	Cr(VI)质量分数/（mg/kg）		
		pH=6	pH=7	pH=10			pH=6	pH=7	pH=10
未灭菌	15 天	ND	ND	ND	灭菌	15 天	ND	ND	ND
	30 天	ND	ND	ND		30 天	ND	ND	ND
	45 天	ND	ND	ND		45 天	ND	ND	ND
	60 天	ND	ND	ND		60 天	ND	ND	ND
	75 天	ND	ND	ND		75 天	ND	ND	ND
	90 天	ND	ND	ND		90 天	ND	ND	ND
	105 天	ND	ND	ND		105 天	ND	ND	ND
	120 天	ND	ND	ND		120 天	ND	ND	ND
	135 天	ND	ND	ND		135 天	ND	ND	ND
	150 天	ND	ND	ND		150 天	ND	ND	ND
	165 天	ND	ND	ND		165 天	ND	ND	ND
	180 天	ND	ND	ND		180 天	ND	ND	ND
	195 天	ND	ND	ND		195 天	ND	ND	ND
	210 天	ND	ND	ND		210 天	ND	ND	ND
	225 天	ND	ND	ND		225 天	ND	ND	ND
	240 天	ND	ND	ND		240 天	ND	ND	ND

注: ND 表示未检测出

2. 不同土壤水分管理下 Cr(III)的稳定性

风干、淹水和干湿交替处理的微生物修复后铬污染土壤，在初始 pH 为 6、7 和 10 的条件下，240 天内水溶性 Cr(VI)均未检测出（表 5.20）。由此可见，利用土著微生物处理的铬渣堆场在不同水分管理下，土壤中 Cr(III)都具有很好的稳定性。

表 5.20 不同水分管理条件下修复后土壤中 Cr(VI)含量随时间的变化

时间	风干处理后 Cr(VI)质量分数			干湿交替处理后 Cr(VI)质量分数			淹水处理后 Cr(VI)质量分数		
	pH=6	pH=7	pH=10	pH=6	pH=7	pH=10	pH=6	pH=7	pH=10
15 天	ND	ND	ND	ND	ND	ND	ND	ND	ND
30 天	ND	ND	ND	ND	ND	ND	ND	ND	ND
45 天	ND	ND	ND	ND	ND	ND	ND	ND	ND
60 天	ND	ND	ND	ND	ND	ND	ND	ND	ND
75 天	ND	ND	ND	ND	ND	ND	ND	ND	ND
90 天	ND	ND	ND	ND	ND	ND	ND	ND	ND
105 天	ND	ND	ND	ND	ND	ND	ND	ND	ND
120 天	ND	ND	ND	ND	ND	ND	ND	ND	ND
135 天	ND	ND	ND	ND	ND	ND	ND	ND	ND
150 天	ND	ND	ND	ND	ND	ND	ND	ND	ND
165 天	ND	ND	ND	ND	ND	ND	ND	ND	ND
180 天	ND	ND	ND	ND	ND	ND	ND	ND	ND
195 天	ND	ND	ND	ND	ND	ND	ND	ND	ND
210 天	ND	ND	ND	ND	ND	ND	ND	ND	ND
225 天	ND	ND	ND	ND	ND	ND	ND	ND	ND
240 天	ND	ND	ND	ND	ND	ND	ND	ND	ND

注: ND 表示未检测出

3. 修复土壤中铬形态

铬污染土壤修复完毕初始时段及放置 240 天后，土壤中未检测出水溶态 Cr(VI)、交换态 Cr(VI)和碳酸盐结合态 Cr(VI)。而 99.86%的 Cr(VI)以残余态存在，此形态铬在土壤中能长期稳定存在（表 5.21）。铬污染土壤经微生物修复后，Cr(III)能在较长时期内保持相对稳定。

表 5.21 修复后土样中各种形态 Cr(VI)含量 （单位: mg/kg）

土样	水溶态质量分数	交换态质量分数	碳酸盐结合态质量分数	铁锰结合态质量分数	有机结合态质量分数	残余态质量分数	总铬质量分数
刚修复	ND	ND	ND	1.86	1.006	2 197.134	2 200
修复后 8 个月	ND	ND	ND	2.60	1.053	2 196.347	2 200

注: ND 表示未检测出

5.6.2 铬污染土壤修复前后肥力变化

1. 修复前后土壤养分变化

微生物法修复对土壤有机质含量变化影响较小。修复后土壤全氮和有效氮含量略有增加，其中轻污染土壤全氮和速效氮分别增加 8.7%和 11.4%，重污染土壤经微生物修复后，全氮和速效氮分别增加86%和2.1%。微生物修复后的土壤中全磷和速效磷含量增加更为明显。轻污染土壤全磷和速效磷分别增加31%和1.65倍，重污染土壤经微生物修复后，全磷和速效磷分别增加4.2%和63%（表5.22）。

表 5.22 修复前后土样养分含量

污染土壤	处理	有机质质量分数/（g/kg）	全氮质量分数/（g/kg）	速效氮质量分数/（mg/kg）	全磷质量分数/（g/kg）	速效磷质量分数/（mg/kg）
轻污染土壤	修复前	27.2	2.98	71.8	0.42	1.49
	修复后	27.6	3.24	80.0	0.55	3.95
重污染土壤	修复前	7.5	0.42	48.0	0.24	0.92
	修复后	7.6	0.78	49.0	0.25	1.50

2. 修复前后土壤酶活性变化

微生物修复后的土壤多酚氧化酶、脱氢酶、脲酶和碱性磷酸酶活性明显高于修复前的土壤，表明修复后土壤微生物的活性较高，且有利于有机质、氮和磷在土壤中的转化。但过氧化氢酶活性相较于修复前略有下降（表5.23）。

表 5.23 修复前后土样酶活性

污染土壤	处理	脱氢酶活性/（mg/kg·d）	过氧化氢酶活性/（mL/g·h）	脲酶活性/（mg/kg·h）	碱性磷酸酶活性/（mg/kg·h）	多酚氧化酶活性/（mg/kg·h）
轻污染土壤	修复前	8.0	15.56	0.5	2.5	0.4
	修复后	37.0~52.5	14.0~14.9	4.9~6.2	7.6~9.1	0.2~0.5
重污染土壤	修复前	6.6	14.4	0.6	2.6	0.1
	修复后	34.5~103.7	9.5~10.3	1.2~5.0	4.8~6.9	1.3~2.5

3. 修复前后土壤化学肥力质量评价

轻污染土壤修复前综合土壤质量指数是 0.622，土壤质量等级为中上，主要是由于原始土壤中含有很多垃圾，其中含有很多有机物质。经微生物法修复后综合土壤质量指数变为 0.758，土壤质量等级上升为高（表 5.24）。重污染土壤修复前后土壤质量等级均在同一等级（中下）（表5.24）。

表 5.24　土壤化学肥力质量综合指标与质量等级划分

土壤类型	处理	综合土壤质量指数	土壤质量等级
轻污染土壤	修复前	0.622	中上
	微生物修复后	0.758	高
重污染土壤	修复前	0.260	中下
	微生物修复后	0.264	中下

4. 修复前后土壤生物学肥力质量评价

轻污染土壤修复前生物学肥力质量综合指数是 0.106，经微生物法修复后生物学肥力质量指数变为 0.797，比修复前土壤生物学肥力提高了约 6.5 倍，说明针对轻污染土壤的修复，微生物修复能在很大程度上提高土壤的生物学肥力水平（图 5.54）。重污染土壤修复前生物学肥力质量指数是 0.082，其肥力水平相当低。经微生物修复后，其土壤的生物学肥力综合指数为 0.704，明显比修复前提高了约 7.6 倍。外界营养源的补充，激活了土壤中的微生物，土壤中的微生物大量繁殖，微生物在处理铬污染的同时，加速了土壤中物质的循环和转化，使土壤的潜在肥力有明显的上升趋势。

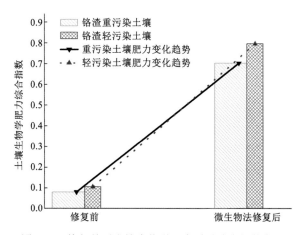

图 5.54　修复前后土壤生物学肥力质量综合指数变化

5.6.3　铬污染土壤修复后对地下水安全风险评价

1. 地下水安全风险评价方法

（1）应用模糊综合评价模型对修复前后的铬污染土壤进行地下水安全风险评价，模糊综合评价有三个关键性的问题：①隶属函数的选择；②权重因子的计算；③模糊算法的确定。目前，在环境风险评价领域应用最广的为半梯形分布隶属函数和三角形分布隶属函数，其中降半梯形分布隶属函数参数设置与土壤标准较为贴近。因此，选用降半梯形分布隶属函数来刻画修复前后土壤风险的模糊性，其函数形式如下：

$$m_{i,j} = \begin{cases} 1 - m_{i,j-1}, & (X \leqslant S_{i,j}) \\ (S_{i,j+1} - X_i)/(S_{i,j+1} - S_{i,j}), & (S_{i,j} < X \leqslant S_{i,j+1}) \\ 0, & (X \geqslant S_{i,j+1}) \end{cases} \tag{5.4}$$

式中：$m_{i,j}$ 为因素 i 在 j 等级的隶属度；$S_{i,j}$ 为因素 i 在 j 等级的指标；X_i 为各因素实测值。由隶属度计算综合评判矩阵 **R**，再计算出权重因子。权重因子的计算公式为

$$a_i = \frac{X_i}{\dfrac{1}{m}\sum_{j=1}^{n} S_{i,j}} \bigg/ \sum_{i=1}^{n} \frac{X_i}{\dfrac{1}{m}\sum_{j=1}^{n} S_{i,j}} \tag{5.5}$$

式中：a_i 为权重。模糊算法的选用，选用加权平均算法进行模糊运算，其计算公式为

$$b_j = \sum_{i=1}^{n} (a_i m_{i,j}) \quad (j = 1, 2, \cdots, n) \tag{5.6}$$

（2）采用美国环境保护局（U.S. EPA）Method 1312 中浸出液危害成分浓度限值为基准评价地下水安全，并按照 Lee 建议的分级方法（11-Level ranking system）将其分为 11 个等级，其中六级（class 6）为良好（OK）等级（表 5.25）。美国环境保护局 Method 1312 中浓度限值是为了保护地下水不受固体废物浸出液的危害。评价的基准浓度是根据国家标准《危险废物鉴别标准 浸出毒性鉴别》（GB 5085.3—2007）规定的浸出毒性鉴别标准值，当浸出液中危害浓度限值 Cr(VI)质量浓度不超过 5 mg/L、总铬质量浓度不超过 15 mg/L 时，此固体废物为不具有浸出毒性的危险废物，浸出浓度越低于此限值，表明地下水越安全，越高于此限值，表明固体废物对地下水的危害更大。

表 5.25 评价指标体系

评价等级	绝对低 (absolutely low)	极低 (extreately low)	很低 (quite low)	低（low）	较低 (mildly low)	良好（OK）
	一级（class 1）	二级（class 2）	三级（class 3）	四级（class 4）	五级（class 5）	六级（class 6）
←—— 有利于地下水安全						基准
总 Cr 质量浓度/（mg/L）	0	3	6	9	12	15
Cr(VI)质量浓度/（mg/L）	0	1	2	3	4	5
评价等级	较高 (mildly high)	高（high）	很高 (quite high)	极高 (extreately high)	绝对高 (absolutely high)	
	七级（class 7）	八级（class 8）	九级（class 9）	十级（class 10）	十一级（class 11）	
不利于地下水安全 ——→						
总 Cr 质量浓度/（mg/L）	18	21	24	27	30	
Cr(VI)质量浓度/（mg/L）	6	7	8	9	10	

2. 地下水安全风险评价结果

1）综合评判矩阵

根据修复前后土壤浸出滤液 Cr(VI)和土壤总 Cr 浓度,利用式(5.4)计算得到铬渣污染土壤修复前后土壤的综合评判矩阵 $\boldsymbol{R}$ 如下:

$$\boldsymbol{R}_{修复前}=\begin{pmatrix} 0.0000 & 0.0000 & 0.0000 & 0.0000 & 0.0000 & 0.0000 & 0.0000 & 0.0000 & 0.0000 & 0.0000 & 1.0000 \\ 0.0000 & 0.0000 & 0.0000 & 0.0000 & 0.0000 & 0.0000 & 0.0000 & 0.0000 & 0.1364 & 0.8636 & 0.0000 \end{pmatrix}$$

$$\boldsymbol{R}_{微生物修复后}=\begin{pmatrix} 0.0000 & 0.0000 & 0.0000 & 0.0000 & 0.3500 & 0.6500 & 0.0000 & 0.0000 & 0.0000 & 0.0000 & 0.0000 \\ 0.0000 & 0.0000 & 0.0000 & 0.0000 & 0.7166 & 0.0014 & 0.2820 & 0.0000 & 0.0000 & 0.0000 & 0.0000 \end{pmatrix}$$

$$\boldsymbol{R}_{化学修复后}=\begin{pmatrix} 0.0000 & 0.0000 & 0.0035 & 0.0000 & 0.3249 & 0.6716 & 0.0000 & 0.0000 & 0.0000 & 0.0000 & 0.0000 \\ 0.0000 & 0.0000 & 0.0000 & 0.0000 & 0.5779 & 0.3714 & 0.0507 & 0.0000 & 0.0000 & 0.0000 & 0.0000 \end{pmatrix}$$

其中横向量分别代表 Cr(VI)和总 Cr 两个风险因子,而列向量分表代表 11 个等级,而矩阵中的数值表示不同风险因子的等级隶属度。

2）权重因子 A

按照式(5.5)计算铬渣污染土壤修复前后土壤中的 Cr(VI)和总 Cr 对地下水安全的影响权重因子如下:

$$A_{修复前}=\begin{pmatrix} 0.9978 & 0.0022 \end{pmatrix}$$

$$A_{微生物修复后}=\begin{pmatrix} 0.3298 & 0.6702 \end{pmatrix}$$

修复前的铬渣污染土壤对地下水安全的影响表现为 Cr(VI)占主导因子,这与铬渣污染土壤修复前浸出结果中 Cr(VI)严重超出浓度限值有关;微生物修复后的土壤表现为总 Cr 占主导因子,Cr(VI)的权重降低,说明微生物修复后的土壤对地下水安全的影响为总 Cr＞Cr(VI)。

3）模糊评价集 B

$$B_{修复前}=\begin{pmatrix} 0.0000 & 0.0000 & 0.0000 & 0.0000 & 0.0000 & 0.0000 & 0.0000 & 0.0000 & 0.0003 & 0.0019 & 0.9978 \end{pmatrix}$$

$$B_{微生物修复后}=\begin{pmatrix} 0.0000 & 0.0000 & 0.0000 & 0.0000 & 0.5953 & 0.2153 & 0.1894 & 0.0000 & 0.0000 & 0.0000 & 0.0000 \end{pmatrix}$$

根据最大隶属度原则,对地下水安全而言,修复前土壤风险等级为十一级(class 11),影响水平为绝对高(absolutely high);微生物修复后土壤的风险等级为五级(class 5),影响水平为较低(mildly low)。因此,铬污染土壤的修复有效地降低了污染土壤对周边环境和地下水的风险,修复效果显著。

5.6.4　铬污染土壤修复后的生态风险评价

1. 土壤中铬的潜在生态危害指数

瑞典科学家 Hakanson 的潜在生态危害指数法是国际上研究土壤(沉积物)中重金属先进方法之一(Hakanson,1980),反映了某一特定环境各种污染物的影响,结合环境化学、生物毒理学、生态学等方面的内容,并以定量的方法划分出土壤中重金属潜在危害的程度,是目前重金属研究中应用广泛的一种生态风险评价方法。

其计算公式如下：

$$C_f^i = \frac{C_s^i}{C_n^i} \tag{5.7}$$

$$E_r^i = T_r^i \times C_f^i \tag{5.8}$$

式中：C_f^i 为土壤中重金属单项污染系数，重金属单项污染系数分级标准如表 5.26 所示；C_s^i 为土壤中的重金属的实测值；C_n^i 为土壤中重金属的背景值，采用《土壤环境质量标准》（GB 15618—1995）中规定的自然背景值为依据，保障农林业正常生产和植物正常生长的土壤临界值；T_r^i 为重金属的毒性系数，反映其毒性水平和生物对其污染敏感程度；E_r^i 为土壤中重金属单因子的潜在生态危害指数。土壤中铬的潜在危害指数与生态危害程度关系见表 5.27。

表 5.26　重金属单项污染系数分级标准

项目	污染系数			
	$C_f^i \leqslant 1$	$1 < C_f^i \leqslant 2$	$2 < C_f^i \leqslant 3$	$C_f^i > 3$
污染程度	非污染	轻微污染	中度污染	重度污染

表 5.27　重金属潜在生态危害系数与生态危害程度关系

E_r^i	生态危害程度	E_r^i	生态危害程度
$E_r^i < 40$	轻微	$160 \leqslant E_r^i < 320$	很强
$40 \leqslant E_r^i < 80$	中等	$320 \leqslant E_r^i$	极强
$80 \leqslant E_r^i < 160$	强		

由表 5.26 可知，铬渣污染土壤经修复后潜在的生态危害程度相对而言都有大幅度降低，如铬渣轻污染土壤生态危害程度由修复前的强等级（$E_r^i = 141$）降低到修复后的中等等级（E_r^i 为 40～60）；铬渣重污染土壤由修复前的极强等级（$E_r^i = 305$）降低到修复后的中等等级（E_r^i 为 70～80）。

2. 修复前后土壤植物生长状况

1）小白菜和萝卜发芽率

小白菜的发芽率都非常低，发芽率最低的是在铬渣重污染土壤，其发芽率几乎为 0（图 5.55）。铬渣重污染土壤经过化学修复后其发芽率仅为 3.3%，从数量上来计算仅 1～2 颗种子发芽。经微生物修复后的铬渣重污染土壤中小白菜发芽率有轻微的提高，但也仅为 6.1%。铬渣轻污染土壤中的小白菜发芽率比在重污染土壤中相对要高。微生物修复后的铬渣轻污染土壤中小白菜发芽率为 13.2%，化学修复后的铬渣轻污染土壤中的小白菜发芽率为 7.8%。从总体观察得出修复前后的土壤中小白菜的发芽率都很低，而且已经发芽的小白菜在出芽后有死亡的迹象，难以存活。可能原因是铁合金厂的铬加工生产工艺中使用大量钠盐，铬渣中钠盐含量极高，导致土壤中盐成分升高，特别是钠盐含量很高，从而明显抑制小白菜的成长。

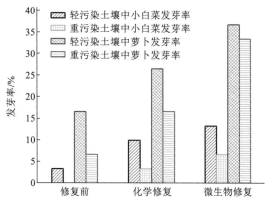

图 5.55　土壤中小白菜和萝卜的发芽率

　　萝卜的发芽率相对而言比小白菜的发芽率要稍高（图 5.55）。铬渣轻污染土壤修复前后萝卜的发芽率相差不大，为 23%～30%。铬渣重污染土壤中萝卜的发芽率为 6.5%，经过化学修复后的土壤其发芽率为 16.4%，而经过微生物修复后的土壤中萝卜发芽率为 33.3%。微生物修复后铬渣重污染土壤中发芽率有显著提高，说明不同的修复方法对铬渣重污染土壤的再利用用途有很大影响。

　　2）黑麦草和狗牙根生物量

　　铬渣污染土壤经过不同修复方法后植物生物量都不同（表 5.28）。

表 5.28　土壤中植物地上部分干重

项目	铬渣轻污染土壤地上部分生物量/（g/盆）			铬渣重污染土壤地上部分生物量/（g/盆）		
土壤处理	修复前	化学修复	微生物修复	修复前	化学修复	微生物修复
黑麦草	8.614	10.001	12.598	3.981	4.951	17.273
狗牙根	6.042	5.755	8.560	1.064	4.358	10.909

　　从黑麦草的生物量来看，未修复的土壤中黑麦草地上部分生物量干重达 8.614 g/盆，经过化学修复后比修复前增加了 16%，经过微生物修复后比修复前增加了 46.3%。铬渣重污染土壤修复前黑麦草地上部分生物量干重达 3.981 g/盆（图 5.56 和表 5.28），经过化学修复后增加了 24.4%，而经过微生物修复后增加了 3.3 倍。由此可见，铬渣污染土壤经过修复后黑麦草的生物量都有一定程度的增加，但微生物修复比化学修复增加的幅

图 5.56　黑麦草生长状况

度大，这表明铬渣污染土壤经微生物修复后更利于黑麦草的生长。

从狗牙根的生物量来看，未经修复的铬轻污染土壤中生长的狗牙根地上部分生物量干重达 6.042 g/盆，经过化学修复后比修复前减少了 4.8%，经过微生物修复后比修复前增加了 41.7%。铬渣重污染土壤修复前狗牙根地上部分生物量干重达 1.064 g/盆，说明铬渣重污染土壤中铬含量严重抑制狗牙根的生长（图 5.56 和表 5.28）。经过化学法修复后增加了近 3 倍，而经过微生物修复后增加了 9.25 倍。总体而言铬渣污染土壤经过修复后狗牙根的生物量有一定程度的增加，微生物修复后的土壤中狗牙根长势更好。说明铬渣污染土壤经微生物修复后更利于狗牙根的生长。

黑麦草是牧草，是很好的经济作物；而狗牙根是一种优良的水土保持植物，是应用较为广泛的草坪草。因此修复后的土壤可以用于种植牧草或者一些水土保持作物，利于生态恢复。

3）黑麦草和狗牙根体内铬含量

铬渣污染土壤修复前后黑麦草和狗牙根体内的铬含量都有明显变化（表 5.29）。铬渣轻污染土壤中黑麦草体内铬质量分数为 51.135 mg/kg，而铬渣轻污染土壤经过化学修复和微生物修复后的土壤中黑麦草体内铬质量分数分别为 23.158 mg/kg 和 25.142 mg/kg。铬渣重污染土壤中黑麦草体内铬质量分数为 135.34 mg/kg，而铬渣重污染土壤经过化学修复和微生物修复后的土壤中黑麦草的铬质量分数分别为 88.173 mg/kg 和 81.280 mg/kg。铬渣轻污染土壤中狗牙根体内铬质量分数为 63.042 mg/kg，而铬渣轻污染土壤经过化学修复和微生物修复后的土壤中狗牙根体内铬质量分数分别为 28.425 mg/kg 和 27.560 mg/kg。铬渣重污染土壤中狗牙根体内铬质量分数为 156.86 mg/kg，而铬渣重污染土壤经过化学修复和微生物修复后的土壤中狗牙根的铬质量分数分别为 85.250 mg/kg 和 90.360 mg/kg。总体而言，铬渣污染土壤经修复后黑麦草和狗牙根体内的铬含量都明显降低，而且黑麦草体内累积铬含量比狗牙根累积的铬含量更低。

表 5.29　修复前后土壤中的黑麦草和狗牙根体内的铬含量

植物	轻污染土植物体内铬质量分数（干重）/（mg/kg）			重污染土植物体内铬质量分数（干重）/（mg/kg）		
	修复前	化学修复	微生物修复	修复前	化学修复	微生物修复
黑麦草	51.135	23.158	25.142	135.34	88.173	81.280
狗牙根	63.042	28.425	27.560	156.86	85.250	90.360

3. 铬污染土壤修复前后植物生长安全风险评价

1）植物生长安全风险评价方法

应用模糊综合评价模型对修复前后的铬污染土壤进行植物生长安全风险评价，选用降半梯形分布隶属函数来刻画修复前后土壤风险的模糊性，其函数形式见式（5.4）和式（5.5）。

然而，此方法也存在缺陷，其片面强调污染物全量的作用而忽略了污染物的有效性和毒性，在涉及生物体的评价过程中，这种缺陷体现得尤为明显。在进行植物风险评价的过程中，需综合考虑重金属对植物体的有效部分，采用了改进的算法计算重金属权重，其计算公式如下：

$$a_i^* = a_i f_i \Big/ \sum_{i=1}^m (a_i f_i) \qquad (5.9)$$

式中：a_i^* 为修正后的权重因子；a_i 为传统方法计算得到的权重；f_i 为铬对植物体的有效部分，即为交换态比例。选用加权平均算法进行模糊运算，其计算公式见式（5.6）。

目前，对于修复后场地而言，并没有特定的标准可供参考，本小节选用《展览会用地土壤环境质量评价标准（暂行）》（HJ 350—2007）中重金属的 B 级标准作为基准，并按照 Lee 建议的分级方法（11-Level ranking system）将其分为 11 个等级，其中六级（class 6）为良好（OK）等级。B 级标准主要用于场馆用地、绿化用地、商业用地、公共市政用地等。对于植物生长安全来说，评价结果越往左越有利于植物的生长，评价结果越往右越不利于植物生长（表 5.30）。

表 5.30　评价指标体系

评价等级	绝对低（absolutely low）	极低（extreately low）	很低（quite low）	低（low）	较低（mildly low）	良好（OK）
	一级（class 1）	二级（class 2）	三级（class 3）	四级（class 4）	五级（class 5）	六级（class 6）
	⟵　有利于植物生长安全					基准
总 Cr 质量浓度/（mg/L）	0	122	244	366	488	610
Cr(VI)质量浓度/（mg/L）	0	10	20	30	40	50
评价等级	较高（mildly high）	高（high）	很高（quite high）	极高（extreately high）	绝对高（absolutely high）	
	七级（class 7）	八级（class 8）	九级（class 9）	十级（class 10）	十一级（class 11）	
	⟶　不利于植物生长安全					
总 Cr 质量浓度/（mg/L）	732	854	976	1 088	1 220	
Cr(VI)质量浓度/（mg/L）	80	110	140	170	200	

2）土壤中植物生长安全风险评价

（1）综合评判矩阵。根据前文检测的修复前后土壤中的铬形态数据，利用式（5.4）计算得到铬渣污染土壤修复前后土壤的综合评判矩阵 **R** 如下：

$$R_{修复前} = \begin{pmatrix} 0.0000 & 0.0000 & 0.0000 & 0.0000 & 0.0000 & 0.0000 & 0.2646 & 0.0000 & 0.7354 & 0.0000 & 0.0000 \\ 0.0000 & 0.0000 & 0.0000 & 0.0000 & 0.0000 & 0.0000 & 0.0000 & 0.0000 & 0.0000 & 0.0000 & 1.0000 \end{pmatrix}$$

$$R_{微生物修复后} = \begin{pmatrix} 0.0000 & 0.0000 & 0.0000 & 0.0000 & 0.0000 & 0.3894 & 0.4240 & 0.1866 & 0.0000 & 0.0000 & 0.0000 \\ 0.0000 & 0.0000 & 0.0000 & 0.4355 & 0.0000 & 0.5478 & 0.0000 & 0.0167 & 0.0000 & 0.0000 & 0.0000 \end{pmatrix}$$

$$R_{化学修复后} = \begin{pmatrix} 0.0000 & 0.0000 & 0.0000 & 0.0000 & 0.3249 & 0.5419 & 0.0000 & 0.1332 & 0.0000 & 0.0000 & 0.0000 \\ 0.0000 & 0.0000 & 0.0000 & 0.3559 & 0.0000 & 0.4854 & 0.1587 & 0.0000 & 0.0000 & 0.0000 & 0.0000 \end{pmatrix}$$

其中横向量分别代表总 Cr 和 Cr(VI)两个风险因子,而列向量分表代表 11 个等级,而矩阵中的数值表示各风险因子的等级隶属度。

(2)权重因子 A。按照式(5.5)计算铬渣污染土壤修复前后土壤中的总 Cr 和 Cr(VI)对植物生长安全的未修正的权重因子如下:

$$A_{修复前} = \begin{pmatrix} 0.3462 & 0.6538 \end{pmatrix}$$

$$A_{微生物修复后} = \begin{pmatrix} 0.7315 & 0.2685 \end{pmatrix}$$

$$A_{化学修复后} = \begin{pmatrix} 0.4153 & 0.5847 \end{pmatrix}$$

按照式(5.9)计算得到修正后的权重因子如下:

$$A^*_{修复前} = \begin{pmatrix} 0.2973 & 0.7027 \end{pmatrix}$$

$$A^*_{微生物修复后} = \begin{pmatrix} 0.6573 & 0.3427 \end{pmatrix}$$

$$A^*_{化学修复后} = \begin{pmatrix} 0.3216 & 0.6784 \end{pmatrix}$$

修复前的铬渣污染土壤对植物生长安全的影响表现为 Cr(VI)占主导因子,这与铬渣污染土壤中 Cr(VI)严重超出浓度限值有关;微生物修复后的土壤表现为总 Cr 占主导因子,说明微生物修复后的土壤总 Cr 对植物生长安全的影响大于 Cr(VI)对其的影响;化学修复后的土壤表现为 Cr(VI)的权重降低,Cr(VI)权重大于总 Cr 权重,说明化学修复后的土壤 Cr(VI)对植物生长安全的影响大于总 Cr 对其的影响。

从修正前后的权重因子可以看出,主要表现为修正后的权重因子中总 Cr 的权重因子有所降低,而 Cr(VI)的权重因子有一定程度的升高。铬形态分布中的交换态含量在总 Cr 中占的比例不高。土壤中重金属交换态含量与植物吸收量具有较好的相关性。对权重因子的修正能够客观地反映土壤中重金属全量和有效性两个因素,不仅考虑了土壤的污染负荷,也考虑了污染的有效形态,能够较好地反映铬对植物生长的风险权重。

(3)模糊评价集 B。

$$B_{修复前} = \begin{pmatrix} 0.0000 & 0.0000 & 0.0000 & 0.0000 & 0.0000 & 0.0000 & 0.0120 & 0.0000 & 0.2853 & 0.0000 & 0.7027 \end{pmatrix}$$

$$B_{微生物修复后} = \begin{pmatrix} 0.0000 & 0.0000 & 0.0000 & 0.2085 & 0.0000 & 0.5436 & 0.1983 & 0.0496 & 0.0000 & 0.0000 & 0.0000 \end{pmatrix}$$

$$B_{化学修复后} = \begin{pmatrix} 0.0000 & 0.0000 & 0.0000 & 0.1625 & 0.1396 & 0.5012 & 0.1015 & 0.0952 & 0.0000 & 0.0000 & 0.0000 \end{pmatrix}$$

根据最大隶属度原则,对植物生长安全而言,修复前土壤风险等级为十一级(class 11),影响水平为绝对高(absolutely high);微生物修复后土壤的风险等级为六级(class 6),影响水平为良好(OK);化学修复后土壤的风险等级为六级(class 6),影响水平为良好(OK),但微生物修复后土壤中的最大隶属度值为 0.543 6,大于化学修复后土壤中的最大隶属度值，说明微生物修复后土壤对植物生长安全的系数略高。从评价结果可见，修复前的铬渣污染土壤严重影响植物生长的安全，而经过微生物修复和化学修复后的土壤对植物生长安全系数上升了 5 个等级（表 5.31）。因此，这两种修复方法有效地降低了污染土壤对周边环境和植物生长的风险，修复效果显著。

表 5.31　修复前后土壤污染生态危害指数

土壤类型	铬渣轻污染土壤	铬渣重污染土壤
修复前土壤	141	305
化学修复后土壤	48	75
微生物修复后土壤	50	72

参 考 文 献

古昌红，单振秀，王瑞琪，2005. 铬渣对土壤污染的研究. 矿业安全与环保，32(6): 18-20.

华洋林，赵继伦，潘力，2004. 嗜碱菌的特性及其应用前景. 生命的化学，24(4): 358-360.

金光炎，汪家权，郑三元，1997. 地下水计算参数的测定与估计. 水科学进展，8(l): 19-20.

李新荣，沈德中，1999. 硫酸盐还原菌的生态特性及应用. 应用生物学报，5: 10-13.

马延和，1999. 嗜碱微生物. 微生物学通报，26(4): 309.

任爱玲，2000. 含铬污液在土壤中迁移规律的研究. 城市环境与城市生态，2(13): 154-157.

水利部长江水利委员会水文局，2002. 水利水电工程水文计算规范 SL 278—2002.//中华人民共和国水利部: 30-40.

孙讷正，1989. 地下水污染-数学模型和数值方法. 北京: 地质出版社.

唐兵，唐晓峰，彭珍荣，2002. 嗜冷菌研究进展. 微生物学杂志，22(1): 51-53.

王洪涛，2008. 多孔介质污染物迁移动力学. 北京: 高等教育出版社.

王兴润，颜湘华，赵涛，等，2015. 铬盐行业不同工艺废渣的产生特性和污染特性比较. 环境工程，33(S1): 740-744.

闫皙，薛丹，崔海妹，等，2016. 制革工艺废水的产生过程. 西部皮革，38(2): 2, 5.

杨天行，傅泽周，刘金山，等，1980. 地下水流向井的非稳定运动的原理及计算方法. 北京: 地质出版社.

叶锦绍，尹华，彭辉，2002. 微生物抗重金属毒性研究进展. 环境污染治理技术与设备，3(4): 1-4.

ALVAREZ A H, MORENO-SÁNCHEZ R, CERVANTES C, 1999. Chromate efflux by means of the *ChrA* chromate resistance protein from *Pseudomonas aeruginosa*. Journal of Bacteriology, 181(23): 7398-7400.

BAE W C, LEE H K, CHOE Y C, et al., 2005. Purification and characterization of NADPH-dependent Cr(VI) reductase from *Escherichia coli* ATCC 33456. Journal of Microbiology, 43(1): 21-27.

BAMBOROUGH L, CUMMINGS S P, 2009. The impact of increasing heavy metal stress on the diversity and structure of the bacterial and actinobacterial communities of metallophytic grassland soil. Biology and Fertility of Soils, 45(3): 273-280.

BIESINGER M C, BROWN C, MYCROFT J R, et al., 2004. X-ray photoelectron spectroscopy studies of chromium compounds. Surface and Interface Analysis, 36(12): 1550-1563.

BRANCO R, CHUNG A P, JOHNSTON T, et al., 2008.The chromate-inducible *chrBACF* operon from the transposable element Tn*OtChr* confers resistance to Chromium(VI) and superoxide. Journal of Bacteriology, 190(21): 6996-7003.

CAMARGO F, OKEKE B, BENTO F, et al., 2004. Hexavalent Chromium reduction by immobilized cells and the cell-free extract of *Bacillus* sp. ES 29. Bioremediation Journal, 8(1-2): 23-30.

CHOWDHURY S R, YANFUL E K, PRATT A R, 2012. Chemical states in XPS and Raman analysis during removal of Cr(VI) from contaminated water by mixed maghemite–magnetite nanoparticles. Journal of

Hazardous Materials, 235-236(20): 246-256.

CUNDY A B, HOPKINSON L, WHITBY R L, 2008. Use of iron-based technologies in contaminated land and groundwater remediation: A review. Science of the Total Environment, 400(1): 42-51.

DAMBIES L, GUIMON C, YIACOUMI S, et al., 2001. Characterization of metal ion interactions with chitosan by X-ray photoelectron spectroscopy. Colloids & Surfaces A Physicochemical & Engineering Aspects, 177(2-3): 203-214.

DUBIS A T, GRABOWSKI S J, ROMANOWSKA D B, et al., 2002. Pyrrole-2-carboxylic acid and its dimers: Molecular structures and vibrational spectrum. The Journal of Physical Chemistry A, 106(44): 10613-10621.

FERGUSON S J, INGLEDEW W J, 2008. Energetic problems faced by micro-organisms growing or surviving on parsimonious energy sources and at acidic pH: Acidithiobacillus ferrooxidans as a paradigm. BBA-Bioenergetics, 1777(12): 1471-1479.

GARBISU C, ALKORTA I, LLAMA M J, et al., 1998. Aerobic chromate reduction by *Bacillus subtilis*. Biodegradation, 9(2): 133.

GVOZDYAK P L, MOGILAVICH N F, RYLSKII A F, et al., 1986. Reduction of hexavalent chromium by collection strain of bacteria. Mikrobioligiva, 55(6): 958-966.

HAKANSON L, 1980. An ecological risk index for aquatic pollution control: A sedimentological approach. Water Research, 14(8): 975-1001.

HAMEED B H, AHMAD A A, AZIZ N, 2007. Isotherms, kinetics and thermodynamics of acid dye adsorption on activated palm ash. Chemical Engineering Journal, 133(1): 195-203.

LEE J B, 1981. Elevated temperature potential-pH diagrams for the Cr-H_2O, Ti-H_2O, Mo-H_2O, and Pt-H_2O systems. Corrosion, 37(8): 467-481.

LEE S E, LEE J U, CHON H T, et al., 2008. Reduction of Cr(VI) by indigenous bacteria in Cr-contaminated sediment under aerobic condition. Journal of Geochemical Exploration, 96(2): 144-147.

LIN Z, ZHU Y, KALABEGISHVILI T L, et al., 2006. Effect of chromate action on morphology of basalt-inhabiting bacteria. Materials Science & Engineering C, 26(4): 610-612.

LIOVERA S, BONET R, SIMON PUJIL M D, et al., 1993. Chromium reduction by resting cells of *Agrbacterium radiobacter*. Appl. Microbiol. Biotechnol., 39(3): 422-427.

MABBETT A N, MACASKIE L E, 2001. A novel isolate of *Desulfovibrio* sp. with enhanced ability to reduce Cr(VI). Biotechnology Letters, 23(9): 683-687.

MCLEAN J, BEVERIDGE T J, 2001. Chromate reduction by a pseudomonad isolated from a site contaminated with chromated copper arsenate. Applied and Environmental Microbiology, 67(3): 1076-1084.

MIDDLETON S S, LATMANI R B, MACKEY M R, et al., 2003. Cometabolism of Cr(VI) by *Shewanella oneidensis* MR-1 produces cell-associated reduced chromium and inhibits growth. Biotechnology and Bioengineering, 83(6): 627-637.

MOHAN D, SINGH K P, SINGH V K, 2006. Trivalent chromium removal from wastewater using low cost activated carbon derived from agricultural waste material and activated carbon fabric cloth. Journal of

Hazardous Materials, 135(1): 280-295.

OHTAKE H, FUJII E, TODA K, 1990. Reduction of toxic chromate in an industrial effluent by use of a chromate-reducing strain of *Enterobacter cloacae*. Environmental Technology Letters, 11(7): 6.

PALENIK B, REN Q, DUPONT C L, et al., 2006. Genome sequence of *Synechococcus* CC9311: Insights into adaptation to a coastal environment. Proceedings of the National Academy of Sciences of the United States of America, 103(36): 13555-13559.

QUIINTANA M, CURUTCHET G, DONATI E, 2001. Factors affecting chromium(VI) reduction by *Thiobacillus ferrooxidans*. Biochemical Engineering Journal, 9(1): 11-15.

SAMPSON M I, BLAKE R C, 1999. The cell attachment and oxygen consumption of two strains of *Thiobacillus ferrooxidans*. Minerals Engineering, 12(6): 671-686.

SAMPSON M I, PHILLIPS C V, BLAKE R C, 2000. Influence of the attachment of acidophilic bacteria during the oxidation of mineral sulfides. Minerals Engineering, 13(4): 373-389.

SHARMA S S, DIETZ K J, 2009. The relationship between metal toxicity and cellular redox imbalance. Trends in Plant Science, 14(1): 43-50.

THACKER U, MADAMWAR D, 2005. Reduction of toxic chromium and partial localization of chromium reductase activity in bacterial isolate DM1. World Journal of Microbiology & Biotechnology, 21(7): 891-899.

THATOI H, DAS S, MISHRA J, et al., 2014. Bacterial chromate reductase, a potential enzyme for bioremediation of hexavalent chromium: a review. J Environ Manage, 146 :383-399.

WANG P C, MORI T, TODA K, et al., 1990. Membrane-associated chromate reductase activity from *Enterobacter cloacae*. Journal of Bacteriology, 172(3): 1670-1672.

WANI P A, WANI J A, WAHID S, 2018. Recent advances in the mechanism of detoxification of genotoxic and cytotoxic Cr (VI) by microbes. Journal of Environmental Chemical Engineering, 6(4): 3798-3807.

XU W, LIU Y, ZENG G, et al., 2005. Enhancing effect of iron on chromate reduction by *Cellulomonas flavigena*. Journal of Hazardous Materials, 126(1): 17-22.

ZAKARIA Z A, ZAKARIA Z, SURIF S, et al., 2007. Hexavalent chromium reduction by *Acinetobacter haemolyticus* isolated from heavy-metal contaminated wastewater. Journal of Hazardous Materials, 146(1-2): 30-38.

ZHOU G W, YANG X R, LI H, et al., 2016. Electron shuttles enhance anaerobic ammonium oxidation coupled to Iron(III) reduction. Environmental science & technology, 50(17): 9298-9307.

ZHU W J, YANG Z H, MA Z M, et al., 2008. Eduction of high concentrations of chromate by *Leucobacter* sp. CRB1 isolated from Changsha, China. World Journal of Microbiology & Biotechnology, 24(7): 991-996.